남극의 바다(高橋晃周 제공)

돌산호(Stony coral)의 산란(오키나와 게라마열도 아카섬)

열수분출공과 Munidopsidae과 (cf, *Shinkaia crosnieri*) 등의 생물군집
중부마리아나해역, 수심 3,619m {(독)海洋研究開發機構 제공}

외해역 오야시오수역의 중심층 동물플랑크톤
요각류의 *Paraeuchaeta* 및 *Chiridius* (체장 2~5mm), 그리고 모악류의 *Eukrohnia* (체장 10~20mm)가 보인다. (池田勉 제공)

바다의 생물다양성
Marine Biodiversity
Understanding Ocean Ecosystems to Protect the Earth

원저 : Makoto Omori(大森 信) · Boyce Thorne-Miller
역자 : 윤양호 · 신종암

Chonnam National University PRESS

생명의 법칙

자연의 활동을 방해하지 말자.
육지가 사람으로 넘쳐
섬에서 밀려 떨어지지 않도록 하자.
만일 고기가 먹고 싶다면
섬사람 모두에게 고기를 나눌 수 있을 정도는 준비해야 한다.
이 섬에 풍요함이 유지될 수 있도록 하자.
특히 산호초와 산림에 !
모든 우리의 은혜는 외부에서 들어와
우리 몸을 통해 자연으로 돌아갈 것이기에 !
우리 모든 것은 자연의 은혜와 연결되어 있다.
우리 모든 은혜는 무한하지 않고, 유한한 것임을 잃지 말자.

— 얍프섬의 조석역 2000년도, 얍프자연과학연구소 간행에서 —

역자 서문

지구를 물의 행성이라 할 수 있는 것은 막대한 용량의 바닷물이 존재하고 있기 때문이다. 지구에서 바다는 생명 탄생의 원천이자 우리의 일상생활에 막대한 영향을 미치는 기상의 원동력을 제공한다. 그렇기에 인간은 일상생활에서 풀리지 않거나 답답함을 느낄 때, 바다를 찾아 엄마의 품 같은 따뜻함에 마음을 달래곤 한다. 바다는 유체인 물을 매질로 거대한 한 개의 연속된 시스템으로 최고 수심이 11km가 넘고, 평균도 4km나 되는 지구 생명유지와 생명현상을 조절하는 거대한 저수지이다. 그러나 바다는 지구에 소속되면서도 지구에서 몇 십만 광년 이상 떨어진 천체보다 알려진 것이 적은 미지의 세계이기도 하다.

바다를 서식지로 하는 해양생물은 아직도 많은 부분이 알려져 있지 않은 신비의 세상이라 할 수 있다. 지금까지 심해환경은 고압, 암흑 및 낮은 수온으로 생물이 살 수 없을 것으로 생각되었다. 그러나 최근 이곳의 저서생물군집은 지구에서 생물다양성이 가장 높은 열대우림에 필적할 수 있는 다양성을 보인다고 한다.

생물다양성이란 용어도 지금은 보통명사로 생물학 외의 다른 분야에도 광범위하게 사용되지만, 바다와 같이 유체라는 해수를 매질로 하는 공간에서 생물다양성을 이해하기는 쉽지 않다. 이러한 이유는 본문에서도 설명되고 있지만, 생물다양성은 단순하게 어떤 생물군집에 얼마나 많은 종과 개체수에 의해 구성되고 있는가 하는 종 다양성에 한정되고 있는 것이 아니다. 유전적 다양성, 기능군 다양성, 군집·생태계의 다양성 및 경관 또는 서식지의 다양성까지 종 수준에서 상위분류군은 물론 서식지에 해당하는 생물의 모든 내용을 포함하고 있다고 할 수 있다. 즉 바다의 생물다양성을 이해하기 위해서는 생물의 서식지 환경을 비롯하여 성장을 지배하는 무생물학적 및 생물학적 환경에 대한 이해가 선행되어야만 된다.

미래의 지구환경에서 인류는 바다에 의존하는 부분이 현재보다 더욱 다양한 역할을 기대하게 될 것이다. 즉 한정된 지구 공간에서 증가하는 인구와 그에 따른 식량문제, 지구온난화에 따른 환경문제 및 화석에너지 고갈에 따른 에너지자원을 해결시킬 수 있는 생물자원, 에너지자원, 망간단괴 등 부존자원, 해수의 용존자원 및 인공 섬과 같은 공간자원까지 바다에 의존하게 부분이 더욱 높아지게 될 것이다.

그러나 현재 인간은 바다에 대한 많은 부분을 알지 못하고 있다. 효율적인 바다 이용과 관리는 해양환경과 바다를 서식지로 하는 생물군집의 올바른 이해에서 출발한다고 할 수 있다. 본문 중에 "불행하게 대부분 국가는 수산학이 생물해양학에서 분리되어 발전하여, 어업대상 종은 언제나 독립된 생물자원으로 생각하여 해양생태계 일부분이라는 사고를 하지 않는다. 때문에 남획이 만연되었고, 결과 어획대상자원은 세계적인 붕괴에 직면하고 있다. 명백한 것은 자연과 생물다양성을 생각하지 않았던 수산과학자는 수산자원을 살려내지 못했다는 사실이다."라고 하는 문장이 있다. 바다에서 다양한 생물자원을 이용하지만, 바다를 정확하게 이해하지 못한 결과에 대한 "후회-한"을 기술하는 것으로 판단된다. 두 번 다시 바다를 이용하고 관리하는 과정에서 이와 같은 잘못이 발생해서는 안 된다.

그렇기 위해서는 바다 환경과 생물에 대해 보다 정확하게 이해하여야 한다. 같은 맥락에서 인류는 보다 나은 삶의 질을 위해 보다 안락한 환경에서 생활할 권리를 가진다. 하지만 안락한 환경이란 무엇이며, 어떻게 지켜야 되는 것인지? 각자의 노력 없이 누가 안락한 환경을 만들 것인가? 쉽게 할 수 있는 이야기이지만 주체를 찾기는 쉽지 않다. 인류의 안락한 삶을 위해 지구환경과 인간을 포함한 생물다양성 보호는 무엇보다 중요한 과제가 되어 있다.

바다는 지구 표면적의 70% 이상을 점유하면서 지구환경, 에너지 및 식량 등 매우 중요한 위치를 점유하고 있지만, 다양한 지구 환경보호와 생물다양성에 대한 도서에서 바다의 중요성을 제대로 지적하는 자료는 매우 제한적이다. 즉 바다를 포함한 지구환경에서 생물을 중심으로 무생물학적 환경과 생물의 상호관련성을 체계적으로 고찰하여, 환경과 생물의 보호를 어떻게 할 것인가를 체계적으로 정리한 도서를 찾기는 쉽지 않다. 이 책을 읽으면서 보다 많은 사람들에게 바다 환경 및 생물다양성 보호에 이해를 넓히기에 매우 적합하다는 생각에서 쉽지는 않았지만 번역작업을 하게 되었다.

이 책을 집필한 이유에 대해서는 원저자의 서문 말미에 잘 기술되어 있다. 즉 "우리는 지금 과학기술 진보에 따라 생물다양성의 변화를 관찰하고 보전방법을 생각할 수 있게 되었다. 이 책은 우리가 바다의 생물다양성 과학과 인간사회 및 정책과의 관련성을 해설하여 생태계를 보호하고, 아름다운 지구와 생물을 다음 세대에 남기기 위해 우리가 행동하여야 할 일이 무엇인가를 생각하기 위해 집필되었다. 생태계의 보호와 생물다양성 보전은 자연과학, 경제학, 법학, 사회학, 정치학, 윤리학, 종교학 등이 혼재하는 다양한 영역의 학제적 분야이다. 바다와 육지에서 효율적인 환경정책을 추진하기 위해서는 다양한 분야의 전문가와 일반인, 그리고 행정 정보를 공유하여 서로의 의견을 교환하여야 한다. 이와 같은 토론을 시작으로 인류가 바다에 서식하는 생물의 중요성을 스스로 알고 보존에 힘을 합심해야 할 것이다"라고 기술하고 있다.

이 책이 국내의 환경보호 및 생물권 보호에 관련되는 정책수립자는 물론 NGO, 학생 및 일반인에게도 바다 환경과 생물다양성에 대한 이해를 넓히는데 조금이나마 도움이 될 수 있었으면 하는 바램이다.

2014. 11

양지골에서 윤양호

차례

서 문

찰스 다윈과 비글호(Ascension, 1982)

찰스 다윈은 비글호의 5년에 걸친 세계일주 항해(1831-1835)에서의 관찰과 경험으로 진화론을 제기한 "종의 기원"을 저술하였다.

지구 생명체의 특성은 무엇일까?

그것은 아마도 다양한 형태와 종을 가진다는 것이다. 찰스 다윈은 유명한 비글호의 항해에서 이와 같은 사실을 몸소 체험하여 생물의 형태는 무한하게 다양한 변화를 계속하고 있다는 진화론을 발표하였다. 진화의 연구는 화석과 유전자 등의 조사와 해석으로 더욱 발전하였고, 연구자들은 다윈의 진화론을 개정하거나 비판하면서 계속하여 새로운 이론을 만들어 내고 있다. 그 결과 분명해진 하나의 사실은 지구에 출현했던 종의 99.99% 이상은 이미 멸종하였다는 것이다.

그렇게 많은 종들이! 라고 생각할 수도 있다. 그러나 지금 바다 생물을 포함하여, 지구에 얼마나 많은 종이 서식하고 있는 가를 알게 된다면, 모두가 놀랄 것이다. 생물에는 크기가 거대한 종, 색상이 아름다운 종, 기묘한 행동을 하는 종 등 매우 다양하기 때문에 더욱 과학적인 호기심을 발동시키다. 그러나 우리가 생물종에 대해 아는 지식은 매우 제한적이다. 많은 종들은 발견되기도 이전에 사라지고 있기 때문에, 존재조차 알려지지 않는 종이 매우 많다. 이와 같이 압도적으로 많은 종의 존재를 생물다양성(生物多樣性, biodiversity)이라는 용어로 표현하고 있다. 지구에서 생물다양성이 가장 풍부한 곳은 육상의 열대우림지역이지만, 최근 바다의 산호초도 이에 못지않은 생물다양성을 가지는 것으로 알려진다(Lewontin, 1990).

생물다양성이란 용어가 탄생한 것은 매우 최근이 일이다. 즉 1988년 윌슨과 피터(E.O. Wilson and M. Peter)가 편집한 "Biodiversity"라는 단행본의 책 제목에서 출발되었다고 할 수 있다. 지금은 생물다양성이 매우 일반화된 보통명사로 사용되고 있지만, 모든 사람들이 이 용어가 의미하는 바를 잘 알고 있다고는 할 수 없다. 국제정치나 대중매체에서 자주 사용하는 다양성이라는 용어에서는 무엇인가 쉽게 이미지가 떠오르게 된다. 그러나 생물다양성이란 무엇을 의미하는 것일까? 왜 이 용어가 현대과학에 화려한 등장을 하게 되었을까? 그리고 우리가 이것을 연구하고, 보전방법을 찾는 것은 무엇 때문일까(Wilson and Peter, 1988)?

생물다양성을 설명하기 이전에 생태계에 대한 이야기부터 시작하여 본다. 작은 조수 웅덩이(tidal pool)에서 거대한 갯벌 또는 대양이라는 특정 환경에 서식하는 생물군집과 생물에 영향을 주는(작용) 온도, 빛, 해수의 흐름과 같은 비생물학적 환경이 만들어내는 기능적 시스템을 우리는 생태계(ecosystem)라고 한다. 생태계는 쉽게 말하면 "자연(Nature)"이다. 자연계를 구성하는 생물군집은 주어진 기능에 따라 생산자(producer), 소비자(consumer), 분해자(decomposer)로 구분된다. 생산자는 광합성이나 화학합성에 의해 무기물에서 유기물을 생산하여 유기물을 먹이로 하는 모든 동물, 즉 소비자에게 전달된다. 소비자는 먹고 먹히는 관계를 통하여 영양단계의 상위 소비자에게 순차적으로 영양을 공급하게 되고 생산자와 소비자의 유해나 배설물은 분해자에 의해 재차 무기화되어 생산자에게 공급된다.

생태계는 하나의 폐쇄계로서 탄소, 질소, 인과 같은 중요한 친생물화학물질은 순환되어 생물체 사이에서 활발하게 교환되지만, 기본적으로 전체 저장량은 변화하지 않는다. 이와 같은 물질순환에서 생산자에 의해 동화, 저장된 에너지는 소비자와 분해자에게 전송되며, 최종적으로는 호흡으로 산화되어 생태계 밖으로 유출된다. 이러한 폐쇄시스템에서 생물군집은 비생물학적 환경에 영향을 주게 되며(반작용), 각 생물 사이에서 서식처를 둘러싼 경쟁과 공생은 물론 먹고 먹히는

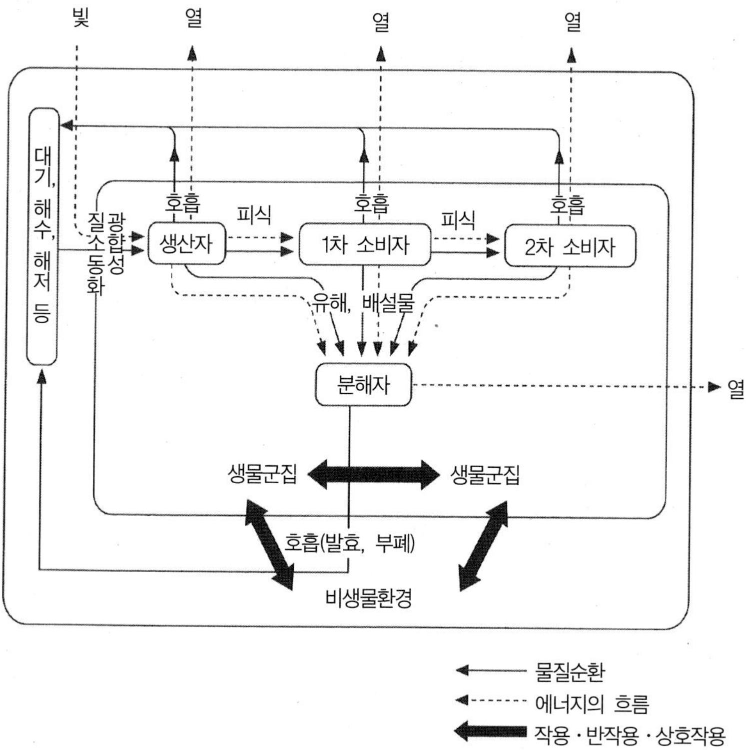

그림 1. 생태계의 물질순환과 에너지의 흐름

(비생물학적 환경과 생물군집, 그리고 생물군집 사이의 작용, 반작용, 상호작용은 진한 화살표로 나타내었다)

관계 등 다양한 상호작용이 발생한다(그림 1).

어떤 장소에서도 환경과 지리적 특성에 적응한 생물은 상호 의존적 관계를 통하여 군집을 형성하여 생활하게 된다. 38억년 지구의 시간 흐름 동안에 생명체는 진화하여 종 분화가 진행되면서 다양한 서식지로 분포를 확장시켜 왔다. 지구에서 가장 혹독한 환경이라는 남극해역의 얕은 웅덩이 및 110℃에 달하는 심해의 열수분출공의 주변

해역에도 다양한 생명체가 서식하고 있다. 이와 같은 생물군집은 비생물학적 환경에 의해 교란이 발생하여도 쉽게 붕괴되지 않으며, 어떤 종의 개체수가 감소하더라도 그를 대신하는 종의 개체수가 증가하여 전체적인 생태계의 기능은 변화하지 않는다. 생태계에서 이와 같은 탄력성을 제공하고 유지하는 것이 생물다양성이다. 즉 오랜 지구의 역사에서 생태계의 안정성과 복원력은 생물진화와 물질순환계의 상호작용에 의해 만들어진 최고의 걸작이라 할 수 있다. 그러나 생물다양성은 종이 환경에 적응하여 진화하는데 필요한 충분한 시간을 제공 할 수 없을 정도의 거대 스트레스에 취약성을 나타낸다. 스트레스에 의해 크게 타격을 받으면 종은 멸종하게 되고, 적응시간이 충분하지 못하면 시스템을 유지할 수 있는 새로운 종의 출현이 없게 되어 물질순환이 정체되면서 생태계는 회복하기 어려운 악화과정으로 진행된다.

세계 인구의 급격한 증가와 더불어 1인당 에너지 소비량이 급증하면서 지구환경은 해가 거듭 될수록 악화되고 있다. 이와 같은 경향은 최근 40여년 사이 뚜렷하게 진행되었다. 인구증가에 따라 사육 가축수도 증가하여, 지금은 사람과 가축의 무게가 육상생물 전체의 절반을 차지한다. 때문에 이전에 어디서나 쉽게 볼 수 있었던 야생화와 수생 곤충의 모습은 점차 사라지고 바다의 암반해안에 서식하는 생물도 감소하고 있다. 인구증가의 주요 원인인 신흥국 국민들이 선진국과 같은 생활수준을 추구하는 것은 탓할 수도 멈출 수도 없다. 그러기에 앞으로도 세계의 식량자원과 에너지 소비는 더욱 증가하게 될 것이다. 이러한 상황이 지속되면 결국 지구에서 인간 이외의 생명체가 서식하는 장소는 축소될 수밖에 없기에. 앞으로도 계속하여 많은 종이 멸종하게 된다. 결국 지구생태계는 복원력을 상실하여, 풍요로운 생물자원은 영원히 사라지고 인류도 멸망의 길을 걷게 된다. 산업혁명 이후 사람들이 알지 못하는 사이에 지구에는 6번째의 생물 대멸종이 시작되었다. 속도도 지금까지의 그것보다 10~100배 빠른 것이라고 한다. 우리는 생명의 없는 회색의 세계를 원하지는 않지만, 자연환경의 악화와 생물다양성이 감소하는 현상을 보면서 지구의 긴 역사 속에 우리는 찰나라고 한 순간에 해당하는 매우 위험한 상황에 살고 있음을 인식하여야 할 것이다(그림 2).

오랫동안 인간활동은 바다 생물에 영향을 미치지 않을 것으로 생각되었지만, 실제로는 전혀 그렇지 않았다. 인간은 남획, 해양오염, 그리고 서식지 파괴 등과 같은 해양생태계에 바람직하지 못한 영향을 오랫동안 제공하였다. 지구 표면적의 약 70%는 바다로 수심을 고려하면 바다는 육지의 약 100배 가까운 생물의 서식공간을 제공한다. 육지에서 생물이 서식하는 공간은 지표에서 표고 약 5,000m까지로, 새나 곤충이 날 수 있는 높이는 지상 1,000m 이내이다. 또한 땅 속에 사는 동물의 서식지도 지표에 한정된다. 그러나 바다는 평균 수심이 3,800m, 최대 수심은 10,924m로서 채워진 해수 부분인 표영환경과 바다 밑바닥의 저서환경 모두에 생물이 서식한다. 그렇지만 아쉽게도 지금 우리는 해양생태계와 서식 생물의 종수와 분포 등에 대한 충분한 지식을 갖지 못하고 있다. 때문에 바다에서 멸종되는 종에 대한 정성적, 정량적인 내용이 어느 정도인가를 정확히 평가할 수도 없다. 다만 알고 있는 한 가지는 바다보다 육지에 서식하는 생물 종수가 많지만, 생물 형태의 다양성은 육지보다 바다가 크다는 것이다. 다만 주의할 것은 여기에서 말하는 종수는 생물 종의 수가 아니라 상위 분류군에 해당하는 문이나 강 수준의 수를 말 한다[1]. 압도적으로 많은 곤충류로 대표되는 육상 생물의 비교적 낮은 형태 변화와 바다보다 많은 상위 분류군의 수라는 의미의 차이를 어떻게 평가하면 좋을 것인가?

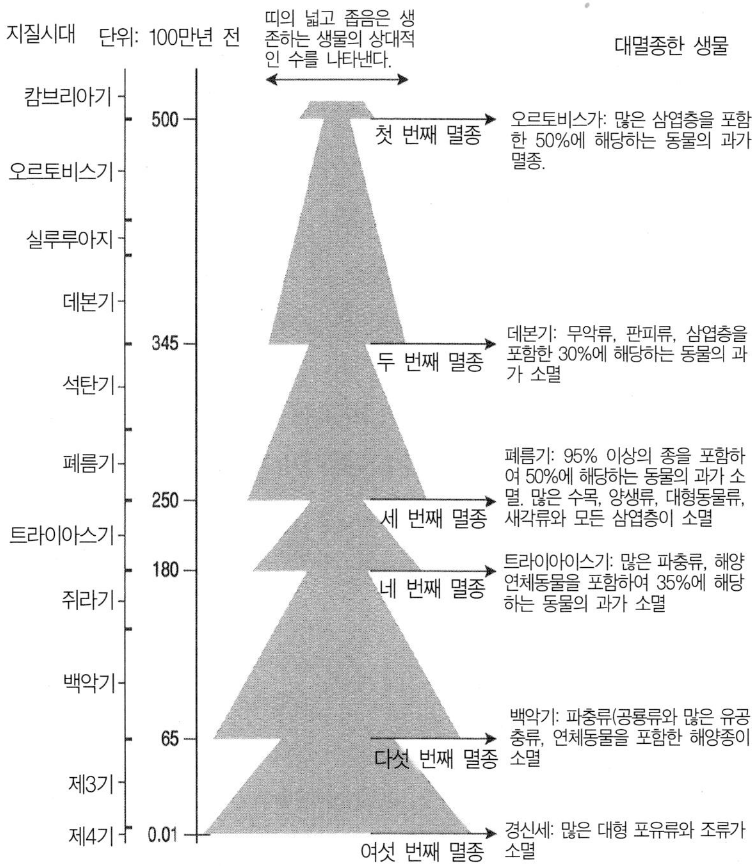

그림 2. 지질시대에 보이는 생물의 6대 멸종

(지금은 6회째의 경신세 대멸종의 초기에 해당한다(프리마크.小堀, 1997 수정 작성))

---

1 실제 생물의 종수는 육지보다 바다에서 더 많은 것으로 알려진다.

바다에 서식하는 생물의 유전적 변화는 육상보다 매우 크다. 그것은 주요한 생물 분류군이 바다 생물에서 분화하였다는 역사적 배경과 한 개의 시스템으로 연결된 바다 환경이 육상보다 분산을 쉽게 할 수 있다는 것으로도 판단할 수 있다.

현재 바다에 서식하는 생물 종 전체 목록은 아직 미완성이다. 바다에 얼마나 많은 생물이 서식하고 있는가는 아직도 분명하지 않다. 확실한 것은 처음에 바다에 서식하는 생물 종을 추정하는 과정에서 종 수가 너무 과소평가 되어 있다는 것이다. 생물 종의 수는 분류학 발전에 따라 증가하여, 얼마 전까지도 특정의 일부 종만 서식할 것으로 판단되었던 심해저 생물의 종 다양성은 육상의 열대우림에 필적할 것이라고 주장하는 과학자도 등장하게 되었다. 또 최근 연구결과 지금까지 형태적으로는 하나의 종으로 알려진 생물도 유전자 해석에서 복수의 종으로 구분되는 것이 존재하는 등 아직 해양미생물의 종수와 분포에 대해 알려진 내용은 거의 없다. 또한 지금까지 희귀종으로 알려진 많은 종에 대해 채집과 관찰 방법이 진보에 따라 실제로는 희귀종이 아니라는 것이 알려진다. 바다는 3차원 공간을 나타내기에 평면인 육상처럼 조사가 단순하지 않기에 아직도 발견되지 않은 종이 많은 것으로 판단된다. 연구의 진행에 따라 새로운 종들이 점차적으로 발견되겠지만, 연구과정에서 사람에게 발견되지 못하고 사라지는 종들도 많을 것이다.

바다 속의 생태계 조사는 육상에 비해 매우 어렵고, 생물다양성의 위협을 정량화하는 것 또한 어렵다. 때문에 자주 많은 내용들을 놓치게 되지만, 남획 및 독성물질과 같은 화학오염과 부영양화 등에 의해 확실히 해양생태계는 활성을 잃고 있다. 이러한 건강하지 않은 해양환경은 조그마한 일이 계기가 되어, 작은 수역의 종을 멸종시키기도 하고, 넓은 범위의 생태계를 악화시키는 원인이 된다. 현재 바다와 육상의 생물다양성을 평가하는데 가장 큰 걸림돌 중의 하나는 종 특성과 종 사이의 상호관계를 파악하는 계통분류학자가 부족하다는 것이다. 분류학은 정책결정에 직접 도움이 되지는 않기에 정부와 정책 담당자들은 연구투자에 그다지 강한 필요성을 느끼지 못한다. 같은 생물학 분야에서도 산업적 응용이 많은 생물공학과 유전생물학은 젊은 연구자들의 관심 속에 활동 영역을 더욱 확대시켜 가는 것과 비교하면 큰 차이를 보인다. 그러나 최근 남조세균에 가까운 극소형의 단세포인 원핵녹조식물(Prochlorophytes)이 새롭게 발견되었다(사진 1).

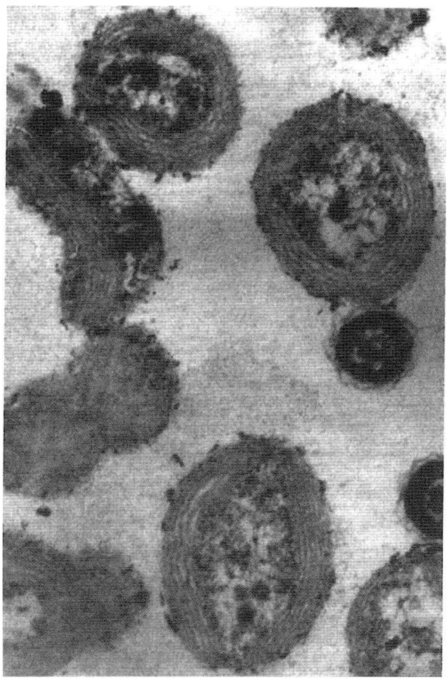

사진 1. 원핵녹조식물 *Prochlorococcus marinus* (河地正伸 제공)
(세포의 직경은 0.8~1.0㎛ 정도이다)

이 분류군의 생물은 바다의 기초생산자로서 매우 중요한 역할을 한다는 것이 알려지면서, 아직도 우리는 바다의 생물 종에 대해 알지 못하는 부분이 많다는 것을 새롭게 인식하게 하였다. 분류학은 생물학의 기본으로 매우 순수하면서 고집스런 학문분야이다. 바다 생물 종의 분류를 목적으로 하는 조사는 많은 비용이 필요하기 때문에 계통분류학과 같은 기초적 연구에 보다 많은 정부의 협력과 국민의 이해가 필요하다.

우리는 바다에 어떠한 종들이 살고 있는가와 함께 이들 생물은 어떻게 생활하고 있는 가를 알고 싶어 한다. 사람들은 지구를 "생명의 행성"이라고 보는 시각에서 지구의 다양한 생물 종이 가지는 각각의 기능의 중요성을 인식하게 되었다. 이는 각 생물의 기능이 지구를 생물이 살기 좋은 환경으로 만드는 지구화학적인 순환을 유지하는데 절대적으로 필요하다는 것을 조금씩 알기 시작한 것이라 할 수 있다. 종(species)은 생태계를 구성하는 기본단위이며, 생태계의 건강도는 생물군집을 구성하는 종이 얼마나 각각의 기능에 충실하고 있는 가에 따라 결정된다. 생태계에 피해를 주는 인간활동을 효과적으로 규제하기 위해서는 종, 분포, 그리고 생물군집의 기능을 더욱 세심하게 파악하는 것이 중요하다. 이들에 대한 내용이 완전하게 파악되기 이전에 인간활동이 생태계에 나쁜 영향을 미칠 가능성이 있다면, 우리는 과학적 근거가 완전하지 않더라도 예방적 조치로서 그 가능성을 제거하여야 한다.

우리는 건강한 바다에서 얻을 수 있는 해택을 과소평가하면 안 된다. 이러한 내용이 국제 정치사회에도 인식되기 시작하여 지구환경을 지키기 위한 중요한 조약과 행동계획이 채택되고 있다. 다만 문제는 채택된 조약과 행동계획에 대해 세계 각국은 얼마나 실천하고 있는가 하는 것이다. 일본은 1995년에 "바다의 날"을 국민의 축제일로 제정하였다(7월 제3월요일)[2]. 또 유엔총회에서 1998년은 국제해양의 해로 지정하였다. 이러한 일들은 해양생태계에 대한 일반인의 관심을 발전시켜, 바다 보호활동을 높이기 위한 지침을 제안하기에 좋은 기회가 되고 있다.

우리는 과학기술의 진보에 따라 생물다양성의 변화를 관찰하고, 보전방법을 생각할 수 있게 되었다. 이 책은 우리가 바다의 생물다양성 과학과 인간사회 및 정책과의 관련성을 해설하여 생태계를 보호하고, 아름다운 지구와 생물을 다음 세대까지 존속시키기 위해서는 반드시 행동하여야만 하는 일을 생각하기 위해 집필되었다. 생태계의 보호와 생물다양성의 보전은 자연과학, 경제학, 법학, 사회학, 정치학, 윤리학, 종교학 등이 혼재하는 다양한 영역의 학제적 분야이다. 바다와 육지에서 효과적인 환경정책을 추진하기 위해서는 다양한 분야의 전문가와 일반인, 그리고 행정의 정보를 공유하고 의견을 교환하여야만 한다. 이와 같은 토론을 시작으로 인류가 바다에 서식하는 생물의 중요성을 알고, 그 보존에 힘을 합심해야만 할 것이다.

2 우리나라는 1996년부터 해양 개발의 중요성과 바다에 대한 국민의 인식을 확산하여 해양사상을 드높이고 종사자들의 자긍심을 북돋우기 위해 국가기념일로서 매년 5월 31일을 바다의 날로 지정하였다. 5월 31일은 해상왕 장보고 대사가 청해진을 건립한 날이다.

제 1 장

바다의 생태계

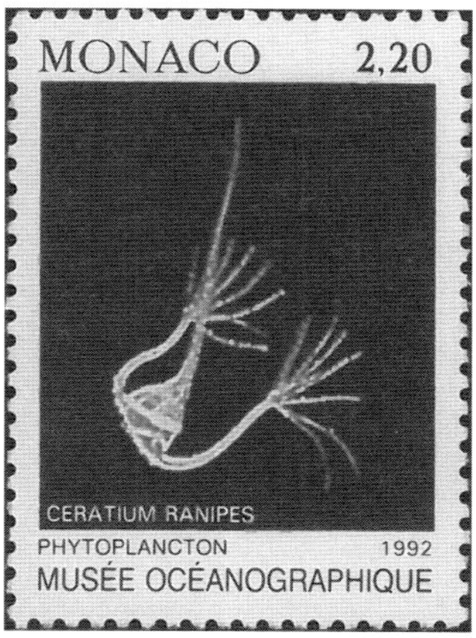

식물플랑크톤 세라티움 라니패스

Ceratium ranipes (Monaco, 1992)

현재는 *Neoceratiuum ranipes* (Cleve) Gomez, Moreira et Lopez-Garcia 2010으로 종명이 변경되었다.

과학과 기술이 발전된 지금도 바다에 서식하는 생물의 종수, 발생량, 개체수의 증감, 유전자의 다양성 등을 평가하는 것은 쉽지 않다. 과거에 남획되었던 신천옹(앨버트로스), 긴수염고래(장수경), 해달과 같은 동물 이외에도 멸종 위기에 있거나, 가능성이 있는 종이 많지만 확실하게 확인할 수는 없다. 일반적으로 해양생물은 육상생물보다 넓은 분포를 하며, 번식능력 또한 높은 것으로 알려져, 어느 해역에서 개체군의 감소되거나 없어지더라도 전체의 종에는 그다지 영향이 없는 것으로 생각되었다. 그러나 실제는 그렇지 않은 종이 많고, 인간활동에 의한 해양생물에의 영향은 지금까지 생각했던 것보다 매우 큰 것으로 알려지며, 또 지금까지 해양생물의 종 다양성은 과소평가 되어 있다. 최근 연구결과에 따르면 바다에는 우리가 알고 있는 것보다 훨씬 많은 생물 종이 서식하는 것으로 추정된다. 특히 심해저와 같이 채집하기 어려웠던 해역과 중형저서동물(meiobenthos)[3]과 같은 미소 생물군집에서 그 경향은 더욱 뚜렷하다.

멸종될 위기의 종과 멸종된 종에 대해서 알지 못하는 것과 이러한 일이 발생하고 있다는 사실조차도 모르는 것은 의미에서 차이는 크다. 지금도 심해저는 물론 연안해역의 퇴적물에 서식하는 종의 50~80%는 알지 못하는 종이라 한다. 바다에서 산호초는 가장 종 다양성이 풍부한 생태계이지만, 다이빙의 명소로 알려진 해역에서도 새로운 종이 많이 발견된다. 만일 지금까지 알려지지도 않고, 조사도 되지 않아 기록되지 못한 종이 많이 존재한다면, 실제로 어떤 종이 위험에 노출되고, 멸종 위기에 있는 종인가?에 대해 좁은 범위에서 파악하는 것은

3 크기가 1mm 이상 되는 대형저서동물과 구분하여, 0.1~1mm의 크기로 퇴적물입자 사이의 공간에서 살고 있는 저서을 가리킨다. 저서성 요각류, 선충류, 갯지렁이류, 일부 섬모충류이 속하며, 한경변화 등을 파악하는데 중요한 대상 생물로 활용된다.

거의 불가능에 가깝다고 할 수 있다(Grassle, 1989; Gage and Tyler, 1991; Coleman et al., 1997).

현재 지구에 서식하는 모든 생물에서 인간활동으로 종의 멸종되는 속도는 장구한 지구 역사에 기록된 자연현상에 따른 종의 멸종 속도보다 수십 배 빠른 것으로 추정하고 있다. 오염, 남획, 서식지의 파괴, 분포지역과 해역의 절단, 외래종의 도입(유입) 등에 따른 상승효과까지 고려하면, 명확하지 않은 인자는 많으나, 이와 같은 추정값이 높다고 할 수만도 없다. 바다에서 지금까지 기록된 멸종된 종은 바닷새 및 포유동물과 같이 쉽게 눈으로 관찰되면서 비교적 개체수가 작은 동물에 한정되어 있다. 그러나 생물학자들은 우리도 모르는 사이에 많은 종들이 멸종되고 있는 것으로 판단하고 있다. 과거 수백 년 사이에 최소 1,200종의 해양생물이 멸종되었고, 100년 후에는 수천 종 또는 백만 종 이상이 멸종될 수 있다고 극단적인 추정을 하는 학자들도 있다(Raup and Stanley, 1978; Gould, 1991; Carlton and Geller, 1993).

가장 최근 지금까지 잘 알려지지 않았던 어떤 종의 무척추동물이 멸종된 것으로 알려졌다. 이것은 우리가 알지 못하는 사이에 멸종되는 종이 많음을 시사하거나, 인간활동으로 해양생태계가 앞으로 더욱 지속적인 스트레스를 받게 될 때 멸종할 수 있는 선구적인 종이라고 할 수 있을지도 모른다. 이러한 현상이 우리에게 주는 교훈은 종의 멸종이란 것과 함께 종 다양성 및 개체군의 감소도 지구 생태계의 위기를 의미하고 있음을 표현하고 있다는 것이다.

1. 생물다양성이란?

생물다양성이라는 용어는 여러 가지 의미를 포함하기에 문장에서 생물다양성이란 용어가 어떠한 의미로 사용되고 있는지를 이해할 필요가 있다. 지금까지 생태학 분야에서 "종 다양성" 그리고 "개체군 다양성"이란 용어가 광범위하게 사용되어 분석의 대상이 되었기에 생물다양성을 특정 생태계에 서식하는 종과 개체군의 수, 그리고 그들의 성질 연구에 한정하려는 연구자도 있다. 종은 진화를 생각할 때, 생물의 기본단위가 되기에 종 다양성은 중요하다. 그러나 생물다양성은 문, 강, 목과 같은 상위 분류체계로 분류군을 평가한다. 특히 이러한 분류단계의 생물다양성은 바다 환경에서 더욱 큰 의미를 갖는다. 즉 바다의 종 다양성은 많은 수의 상위 분류단계에 걸쳐 있어서 곤충류와 같이 특정 하위 분류단계의 분류군에 많은 수를 가지는 육상의 종 다양성과 차별되기 때문이다.

종 다양성만이 생물다양성 개념을 표현하는 것은 아니다. 개체군과 종의 성질은 군집과 경관의 다양성에 영향을 준다. 자주 시용되는 생물다양성에는 다음의 5개 계층이 형성된다(Gray, 1997; Ray, 1988).

① 종 다양성(species diversity) : 생태계와 생물군집에서 종의 풍부함을 나타낸다. 어떤 군집이 몇 종의 생물로 구성되고 있는가를 나타고 있지만, 실제는 종수의 다양함과 종 사이에서 개체수 등 정량적 분포(균형성)라는 두 가지 내용을 포함하고 있다. 일반적으로 단위 면적 또는 단위 체적에 대한 종의 수로 표시한다. 당연히 숫자가 높은 쪽이 다양성이 높다. 다만 예로서 두개의 군집 A와 군집 B가 있고, 군집별 종수는 모두 3종으로 개체수의 합계가 9개로 같다고

가정한다. 군집 A는 종과 개체수가 균일하게 각 종에 3개체씩 분포하지만, 군집 B는 한쪽에 편중하여 한 종은 7개체, 나머지 2종은 각각 1개체씩 분포한다고 가정하면, 군집 A가 군집 B보다 균형성이 높게 되어 종 다양성이 높게 된다. 이것은 각 군집에서 2개체를 임의로 계속 추가하여 더하면, 2개체가 다른 종일 확률이 높다는 것으로도 확인할 수 있다.

② 유전적 다양성(genetic diversity) : 유전정보의 다양성, 즉 유전자 차이에서 같은 종의 개체 사이나 개체군 사이에서 발생하는 유전적 변화의 다양성을 말한다.

③ 기능군 다양성(function diversity) : 예로서 동물의 식성과 먹이를 잡는 방법과 같은 기능과 생물과정의 다양성을 말한다.

④ 군집·생태계의 다양성(community/ecosystem diversity) : 몇 개의 기능군으로 형성된 생물군집과 생태계 유형의 다양함을 말한다.

⑤ 경관(서식지)의 다양성(habitat diversity) : 넓은 공간에서의 서식지 다양성을 나타낸다.

서로 다른 생태계의 종 다양성을 비교할 때는 가능한 스트레스가 없거나, 그 영향이 무시될 수 있는 상태의 다양성을 생각하여야 한다. 또 지리적으로 다른 생태계에서 종 다양성의 차이는 종종 클 수가 있지만, 이 차이만으로 생태계를 평가해서는 안 된다. 예로서 극지생태계는 열대해역의 생태계에 비하여 구성 종수가 작다는 결과만으로 열대해역 생태계가 극지생태계보다 더 중요하다고 평가할 수 없다. 또 생산성이 높아 좋은 어장이 되는 용승해역과 하구역 생태계는 종 다양성과 기능군 다양성이 그다지 높지 않다. 중요한 것은 일반적으로 자연적 생태계가 스트레스를 많이 받는 동일한 생태계에 비해 다양성이 높게 된다. 종 다양성이 높은 생태계는 생물의 서식지가 확보되고, 각 생물군 기능을 충분히 발휘할 수 있기 때문에 물질순환은 원활하게 된다.

기능군 다양성은 생태계 작용의 복잡성을 표현하는 용어로서 일부 종 다양성을 반영하기도 하지만, 반드시 종 다양성을 반영하지는 않는다. 연구자에 따라서는 어떤 생태계에 서식하는 모든 생물종을 파악하여 종 다양성을 평가하는 수고를 하지 않고도 기능군을 중요하게 취급하는 것만으로 생태계를 효과적으로 보호할 수 있다고 한다. 우리는 인간에게 직접적으로 유용한 것인지 또는 아닌지에 따라 생물의 가치를 판단하려 한다. 때문에 유용성이 낮은 종이 위기에 처한 것까지 설명하는 것보다 그 생물이 없어지면 생태계에 어떠한 기능이 상실되고, 그에 따라 인류에게 어떠한 피해를 주게 된다는 것을 설명하는 것이 훨씬 쉽게 이해를 할 수 있게 된다. 결국 기능군의 다양성을 보전하는 것이 생태계를 구성하는 많은 종을 보호하는 것이 된다. 그러나 복잡한 생태계를 구성하는 생물 종 모두에서 중요한 기능을 확인하는 것은 거의 불가능에 가깝다. 그러기에 실제로는 생태계 일부의 기능, 예로서 먹고-먹히는 관계와 생물과정에 중심을 두고, 이들 기능에 관여하는 종을 조사·연구하여 기능군의 다양성을 평가한다.

기능과 종의 연결에 대한 이론은 대립된다. 한편으로 기능이 충분하게 작용하면, 어떤 또는 어느 정도의 종이 생태계에 관여하는가는 그다지 중요하지 않게 된다. 즉 생태계에서 기능적 측면의 역할이 충분하다면, 개별적 종이 없어지는 것에 큰 의미를 부여할 필요가 없다는 것이다. 이러한 생각을 하는 학자들은 생태계에 기능적으로 중요하지 않은 많은 종이 서식하여 종 다양성이 높은 것만으로 안정된 생태계라는 이론에 대해 회의적인 의견을 보인다(Steele, 1985; Hopper et al., 2005).

다른 한편의 연구자들은 생태계에서 종 다양성이 높을수록 생태계의 기능은 복잡하고 효율이 높아지기에 같은 기능을 하는 많은 종이 있을수록 안정된 생태계가 성립된다고 주장한다. 때문에 생태계를 구성하는 불필요한 종은 없고, 만일 있다 하더라도 그런 종은 생태계가 지속되어 적응하면서 진화되는 시스템 능력을 향상시키기 위해 필요한 것으로 믿고 있다. 이와 같은 생각을 하는 과학적 근거는 매우 많고, 생태계를 어떠한 공간과 시간적 스케일로 생각하느냐에 따라 어떠한 이론이 바른 것인가 하는 것도 변화한다고 할 수 있다(Chapin et al., 1997).

어느 쪽을 고려하더라도 종 다양성 보전에는 서식지 보존이 절대적이며 모든 생물다양성 보전에는 경관(서식장소) 다양성 보전을 배제할 수 없다. 지구 전체의 생물권에서 보면 어떤 생태계가 파괴되고 새로운 종으로 형성되는 새로운 생태계로 변화되는 과정과 결과는 문제가 되지 않을 수도 있다. 실제 생물권 전체에 큰 변화가 발생할 때, 인간은 존재하지 않을 지도 모른다. 그러나 우리는 가능한 모든 지식과 과학을 동원하여 좋은 지구환경과 생태계를 구성하는 생물다양성을 영구히 보전하여 인간이 의존하는 생태시스템을 안정시키기 위한 노력이 절실하게 필요하다.

2. 생물다양성은 왜 중요한가?

생물 모두는 필연적으로 다른 종과 의존적 관계를 가지고 생활한다. 이것을 생물의 상호작용이라 한다. 먹고-먹히는 관계, 서식지를 둘러싼 경쟁관계, 공생이나 육상의 식물과 화분을 운반해주는 곤충과 같은 상리공생관계 등 생물군집은 상호관계의 네트워크에 의해 유지된다. 따라서 한 종의 변화는 다른 종에 영향을 미치게 되고 한 종의 멸종은 네트워크를 통해 멸종을 전파하기도 한다. 해양생물은 산란장과 생활장소가 다르고, 연어와 뱀장어와 같이 성장단계에 따라 바다와 강이라는 전혀 다른 생태계로 이동하여 서식하는 종도 흔히 볼 수 있다. 이들 종에게는 서식처와 이동하는 경로가 보호되지 않으면, 생존은 크게 위협을 받게 된다.

유전적 다양성이 낮으면 환경변화에 종 적응 능력이 약해지며 종 다양성이 낮으면 기능군 적응 능력이 약해진다. 그리고 기능군 다양성이 낮으면 생태계의 적응 능력은 약해지며 군집과 생태계의 다양성이 낮아지면 모든 생물권의 적응 능력이 약해진다. 이것에 더하여 생물군집과 비생물적 환경은 상호작용을 하고 있기 때문에 생물다양성의 감소는 물질순환을 손상시켜 크나큰 환경변화를 발생시키게 된다. 환경변화는 생태계의 복원력을 감소시키고 악화를 가속시킨다. 따라서 환경파괴가 진행됨에 따라 생물 종수가 감소하고 유전적 다양성도 잃게 되어 생태계는 생물적 불모지로 변화하게 된다(Cairns and Pratt, 1980). 즉, 종의 위기를 초래할 수 있는 서식지 비파괴, 환경의 비오염, 그리고 위기 요소를 제거하는 것이 생물다양성을 보전하는 길이 된다. 스트레스를 지속적으로 받는 생태계는 그 원인이 자연현상이거나 인간활동이거나 환경변화에 직면될 때 더욱 쉽게 파괴된다. 단지 이러한 상항에서 최후의 실이 끊어지는 순간 및 어떠한 생태계에서 이러한 현상이 발생할 것인지를 추정하는 것은 매우 어렵다.

현실적으로 우리는 어떤 생태계에 생물다양성이 크게 감소하여도 시스템이 충분하게 기능하고 있다면, 그다지 위기에 처해 있다고 생각하지 않는다. 그러나 일부 생태계의 파괴는 광범위한 생태계 파괴로 연결되어, 급속하게 파급되는 것이기 때문에 어쩌면 지구의 생물권은 이미 파멸 직전에 있을 지도 모른다. 한 때 어업의 번성했던 북대서양 뉴잉글랜드 연안해역은 남획으로 생태계가 붕괴되었다. 이곳저곳의 연안해역에서 발생되는 이러한 파괴는 급속하게 진행되어 회복할 기회를 갖지 못하고 있다. 스트레스가 없더라도 파괴된 해역에 새롭고 건전한 생태계가 만들어지기 까지는 긴 세월을 필요하게 된다. 또 새로운 생태계는 원래와는 다른 생태계로 변화될 런지도 모른다.

생물다양성은 왜 보전되어야 하는 것일까? 앞에서 설명한 생태적 이유에 다음과 같은 두 개의 일반적인 이유를 더하여 생각할 수 있다. 즉 하나는 원리, 윤리 그리고 정신론에 관계되는 것이며 나머지 한 개는 인류의 이익을 위한 것이다. 전자는 생태계를 구성하는 인간 이외의 모든 생물도 지구에서 생활할 권리, 즉 "자연의 생존권"을 가진다. 때문에 이들 생물을 멸종으로 몰고 가는 것은 틀린 것이라는 다양한 환경적, 생태적 조건에서 유지되는 생물다양성에 대한 포외[4]와 존경의 마음을 담고 있다. 종교가는 신의 창조물인 생태계를 파괴하고, 서식하는 생물을 멸종시키는 것은 죄를 범하는 것이기에 하여서는 안

4 포외(怖畏): <불교> 두렵고 무서움. 화엄경에서는 생활의 두려움, 명예를 잃을 두려움, 악도(惡道)에 떨어질 두려움, 죽음의 두려움, 대중 앞에 나섬에 대한 두려움 등 다섯 가지 두려움을 말한다.

된다고 설교하며, 철학자는 생물 종수가 감소하면 인간의 정신도 황폐화 될 것이라고 생각한다. 후자는 상업 대상 종 등 인간에게 직·간접적으로 유용한 종을 의식하는 것이다. 윤리적 논리는 모든 생물을 의미하게 되지만, 인간중심의 논리는 현재와 미래에 우리에게 직접적인 가치가 있다고 생각되는 종과 생태계에 적용된다. 그러나 아직은 이용가치가 없다고 생각되는 종에 대해서도 생태계에서 그의 진정한 역할을 알지 못하고 있기에 다양한 생물에 대해 장래의 중요성을 예측하는 것은 그리 간단하지 않다. 우리는 윤리적 사고와 인간 중심적 사고를 합하여 후손들을 위해서라도 생물다양성을 보전하는 것에 지속적인 노력을 하여야만 한다(Holdgate, 1990).

지구의 기후, 중요한 원소 그리고 물질순환은 생물의 번영과 진화에 의해 조절되어 왔으며, 생물다양성은 생명을 유지하기 위해 없어서는 안 될 지구시스템을 지속시켜 왔다. 우리는 특정 생태계가 가장 적합한 환경에서 충분한 기능 수행을 위해 필요한 구성 종수는 물론 영향이 없는 감소 범위에 대해서도 아직 알지 못한다. 그러나 좋은 환경 유지와 생태계 기능이 충분할수록 생물다양성이 높아지고 생태계의 안정성이 유지된다. 인류는 더 많은 생물자원을 필요로 하고 있고 높은 생물다양성은 다양한 먹거리, 건자재 그리고 의약품 등을 만드는 재료를 얻을 수 있다. 생물군집이 우리에게 경제적인 부분에 한정하여 혜택을 주고 있는 것은 아니다. 인간은 자연을 숭배하고 풍부한 생물다양성과 아름다운 생물의 모습을 보면서 심리적, 종교적, 정신적인 면에서 생물보호를 바라게 된다. 생물다양성은 신의 존재를 느끼게도 하지만, 그 보편적인 가치를 인간이 만든 언어, 전통 및 예술과 같이 역사적인 유산으로 인정하는 사람들도 있을 것이다.

현대 생물의 멸종에 가장 큰 원인은 서식지 파괴, 환경오염 및 남획이다. 이들은 근본적으로 인구증가에 따른 인간활동의 영향으로 발생하는 것으로 지금 심각한 문제에 직면하여 있다. 활발한 인간활동이 생태계에 지속적인 스트레스를 주게 되면서 바다의 건강은 심하게 훼손되고 있다. 훼손 범위는 인간활동에 직접적인 영향을 받는 연안생태계에 한정되지 않고 개방된 외양생태계까지 상상 이상의 심각성을 발생시키고 있다. 인간활동에 의한 오염은 사람이 살지 않는 먼 극지와 심해까지 영향을 미치면서 바다의 생물다양성에 지속적인 위협을 주고 있다. 지금 지구에서 인간만이 막대한 생물종을 말살할 수 있고, 동시에 지구에 어떤 일이 발생하고 있는지를 이해할 수 있다. 때문에 우리는 지구에 인간의 모습이 사라지기 이전에 행동하여 지구와 바다의 환경을 더 이상 훼손하지 않고 훼손 이전의 생명으로 활기 넘치는 바다환경으로 회복시켜야만 할 것이다.

3. 지구환경과 해양생물의 상호작용

영국의 사상가이자 과학자인 러브록(J.E. Lovelock)는 "지구환경은 그곳에 사는 생물과 함께 진화 한다"라고 하는 비생물적 환경과 생물군집 사이의 상호작용을 중시하여 생물, 암석, 토양, 대기, 해수를 포함한 지구가 자가 제어하는 일종의 초개체(超個體)로 보는 "가이아 이론(Gaia theory)[5]"을 제창하였다. 이 이론은 생물과 물질순환계가 상

5 1978년 제임스 러브록이 [가이아: 지구상의 생명을 보는 새로운 관점]이라는 저서를 통해 주장한 이론으로, 가이아란 그리스신화에 나오는 '대지의 여신'을 가리키는 말로서, 지구를 뜻한다. 러브록은 가이아란 지구와 지구에 살고 있는 생물, 대기권, 대양, 토양까지를 포함하

호작용을 통하여 함께 진화하면서 훌륭한 조화를 만들어 간다는 생각에서 출발한다. 예로서 시생대에 대기의 주성분이었던 이산화탄소는 광합성 미세조류와 미생물에 의해 활발히 몸을 구성하는 조직으로 전환되었고 그 사체가 해저에 침강, 퇴적되면서 대기와 해수의 이산화탄소를 감소시켰다. 확실히 생물진화 과정은 지사적의 시간 스케일과 비교하면 비교적 잘 맞게 된다. 가이아 이론은 아직 논쟁의 여지가 많지만, 지구를 구성하는 비생물적 환경과 생물군집의 상호작용을 생각할 때 많은 아이디어를 제공한다(Lovelock, 1979).

비생물적 환경과 생물군집 사이에 나타나는 수많은 피드백 기능(작용과 반작용)에 가이아 이론을 긍정하는 내용이 보인다. 일례로 지구온난화를 억제하는 삼림, 특히 열대우림의 작용을 들 수 있다. 삼림은 많은 양의 수분을 대지에서 대기로 이동시킨다. 이 과정은 대기가 따뜻해지는 것과 함께 반응하여 증가한다. 따뜻해짐에 공기 중의 수분은 증가하지만, 그와 함께 구름이 많게 되어 대지는 그림자에 의해 온도가 내려간다. 또한 나무는 인간활동에 의해 발생되어 지구온난화의 원인 중의 하나인 대기 중 이산화탄소를 흡수한다. 이산화탄소가 증가하면 식물의 광합성이 활발하기 때문에 충분한 삼림이 존재한다면 흡수되는 이산화탄소의 비율도 높아진다.

바다의 미세조류는 이산화탄소를 흡수하는 중요한 생물군이다. 또한 미세조류에는 지구의 기후와 관련한 일부의 피드백 기능이 알려진다. 오랫동안 바다에서는 많은 휘발성 황 화합물이 생산되어, 대기로

는 하나의 범지구적 실체로서, 지구를 환경과 생물로 구성된 하나의 유기체로 보는 것이다. 즉 지구를 생물과 무생물이 서로에게 영향을 미치는 생명체로 바라보면서 지구가 생물에 의해 조절되는 하나의 유기체임을 강조한다. 이 이론은 지구상에서 발생하는 인간의 환경파괴 문제 및 지구 온난화 현상 등 인류의 생존과 직면한 환경문제와 관련하여 많은 과학자들의 관심을 가진다.

이동되는 것으로 추정되었다. 일부 식물플랑크톤[6]이 해수면에서 많은 디메칠설파이드(DMS)라고 하는 황 화합물을 생산하는 것이 밝혀졌고, 이 화합물은 대기로 방출되어 산화되면 미세한 황산염 입자(황산 에어졸)로 변하여 구름의 응결핵 역할을 담당하게 된다. 황산 에어졸은 구름의 양과 태양 광량(태양광에 대한 반사율)을 변화시켜 기후에 막대한 영향을 미친다. 기온이 올라가서 따뜻해진 해수면은 DMS를 생산하는 식물플랑크톤의 성장을 좋게 하지만, 반대로 구름이 많아지면 입사광의 후방 산란을 발생시켜 지표의 냉각효과를 발생시킨다(Charlson et al., 1987; Lindley, 1988).

바다는 지구의 탄소순환에도 중요한 역할을 하여 대기의 이산화탄소 농도를 조절하는 것이 알려진다. 해수면에서 수심 10~200m 까지의 유광층(가시광선이 도달하는 범위)에는 수만 종의 미세조류(식물플랑크톤)가 서식하며 이들은 광합성에 의해 이산화탄소를 흡수하고 있어 이산화탄소 농도를 감소시킨다. 해수의 이산화탄소는 대기에서 유입되는 것과 세균과 동물의 호흡으로 방출되는 것, 그리고 해저의 조개껍질과 죽은 산호초 등의 탄산칼슘이 분해되어 이산화탄소로 공급되는 3가지 과정으로 공급되기에 시·공간적으로 변화가 크고 일부는 해수면을 통해 대기로 방출되기도 하고 대기로부터 유입하기도 한다(Sarmiento et al., 1988; Toggweiler, 1988).

최근 연구자들은 식물플랑크톤이 탄소순환에 관여하여 지구온난화를 완화시키는 작용에 많은 기대를 나타내기 시작하였다. 대기 중

---

6 식물플랑크톤 군집에서 외양의 기초생산자로 중요한 인편모조류에서 디메칠설파이드(demethylsulphide)가 생성되는 것이 알려지며, 최근 환경오염에 따른 해수의 산성화가 DMS 생성을 감소시켜 구름 형성과 강우를 방해하고, 그 결과 지구온난화가 가속된다는 보고가 나오고 있다.

의 이산화탄소의 증가와 해수면의 수온상승은 식물플랑크톤 광합성을 활발하게 하지만, 지구의 이산화탄소를 감소시키는 피드백 기능으로 작용하여 온난화를 완화시킬 수 있을지, 없을지에 대해서는 아직 예측하기 어렵다. 다만, 한 가지 흥미로운 내용은 해수가 따뜻해지면 인편모조류(鱗鞭毛藻類, Coccolithophores)라는 식물플랑크톤이 대량 증식 하는 것이 알려진다. 인편모조류의 세포벽은 탄산칼슘으로 되어 있고 증식에 이산화탄소가 소비된다. 따라서 인편모조류의 대량증식으로 해수와 대기에 과잉으로 존재하는 이산화탄소가 제거 될 수 있을 지도 모른다.

실제로 기후변화에 의해 발생하는 위협을 방지하기 위하여 다양한 기후 공학계획이 제안되었다. 그 중 하나가 인편모조류와 같은 식물플랑크톤을 증식시켜 지구온난화를 늦추자고 하는 것이다. 바다 표면적의 대부분을 점유하는 외양해역은 식물플랑크톤이 필요로 하는 철성분과 영양염류가 충분하지 않기 때문에 기초생산량이 높지 않다. 때문에 광범위한 해역에 철 성분을 용해시키면, 식물플랑크톤 성장과 광합성이 촉진되어 대기의 이산화탄소가 바다 표층에서 흡수되고, 흡수된 이산화탄소는 생물체의 조직으로 전환되어 일부가 심층으로 운반된다. 심층에 침강하여 퇴적된 생물조직은 1,000년 이상은 표층으로 돌아오지 않을 것이기에 동부태평양과 남극 해역 등에서 철 성분 용해에 따른 식물플랑크톤 증식 실험이 수행되었다. 결과 철 성분 공급으로 식물플랑크톤 광합성 활성은 확실하게 높아졌지만, 무거운 철 성분은 산화되어 침강하게 되고 표층은 식물플랑크톤과 함께 종속영양세균 등의 증식도 촉진시켜 재차 탄소를 생산하여 최종적인 지구온난화의 억제효과는 크지 않았다.

설령 이러한 계획이 성공한다고 하여도 외양의 생태계에 인간의 간섭은 먹이사슬과 생물다양성에 예측할 수 없는 부정적 영향이 발생될 수 있기에 바람직한 계획이라고 할 수가 없다. 자연계에 더해진 철 성분이 식물플랑크톤과 어류 등에 어떻게 작용하는지 또 해수는 필요로 하는 철 성분을 충분하게 용해할 수 있는 것인지 등에 대한 의문을 가지는 연구자도 많다(Banse, 1990; Sarmiento, 1991; Frost, 1996).

미세조류는 광합성 과정에서 산소를 방출한다. 현재 대기의 산소 50~75%는 바다 미세조류가 광합성 과정에서 생산한 것으로 추정되고 있다. 더욱이 미세조류는 해수 중의 질소, 인, 규소, 철분, 기타의 물질순환에도 중요한 역할을 담당하고 있다. 때문에 미세조류의 생물량과 종 다양성은 지구환경 전체에 큰 영향을 미친다(Bigg, 1996).

해수가 유체인 것과 유체가 정상적으로 작용하고 있기에 바다의 생태계는 서로 연결되어 있고 육지와 대기와도 상호의존적 작용을 하고 있다. 바다는 지구 생명체 시스템을 움직이는 원동기로 불린다. 그것은 바다가 중요한 생명·화학물질 순환의 중심에 있어 증발작용으로 수증기를 육상으로 이동시켜 비를 내리고 생물의 육상진출을 가능하게 하여 많은 생물에게 서식지를 제공하였기 때문이다. 해수와 용존 물질과 플랑크톤은 다양한 생태계에서 각각 특색 있는 작용과 함께 다른 생태계 사이를 자유롭게 이동할 수 있다. 따라서 바다의 어느 해역에서 발생한 것은 결국 멀리 떨어진 해역에도 영향을 미치게 된다.

바다의 생물군집과 지구 기후 사이의 상호작용에 대한 근거는 많다. 대기에서 흡수된 유기물과 패각의 형태로서 해저퇴적물과 극해역의 빙상에 남겨진 탄소량의 기록으로 대기 중의 이산화탄소량과 기후

변동이 연결되어 있다는 것이 설명되었다. 아직 기후변동과 바다의 탄소순환 사이에 어떠한 관계가 있는지는 충분하게 알려져 있지 않다. 과거에는 식물플랑크톤에 의한 기초생산이 증가하였기에 대기 중의 이산화탄소가 감소하였다. 결과 지구냉각에 관계되었던 것으로 추정되어 왔다(Gribbin, 1988).

4. 없어서는 안 되는 해양생물

많은 해양생물은 우리의 식량자원이며 약품과 의료재료로 이용된다. 그리고 화장품 원료, 양식을 위한 종묘의 사료와 비료, 애완동물의 식품, 유전학 연구를 위한 품종 제공, 생물공학 분야의 유전자 제공, 식품가공과 기타 공업용 원료, 수족관의 사육 동물, 장식품, 가죽제품, 민간요법에 의한 전통적인 치료행위를 위한 약품 등 해양생물자원의 이용 범위는 열거하기 어려울 정도로 넓다.

식량원으로서 수산자원의 중요성은 나라에 따라 매우 다르지만 일본과 한국에서는 주요 단백질 공급원이다. 현재 최소한 40개국의 사람들은 동물성 단백질의 30% 이상, 전체 단백질의 10% 이상을 해양생물에서 섭취하고 있다. 세계 어획고 상위 10개국 중에는 중국, 칠레, 페루, 인도, 한국, 인도네시아와 같은 신흥국이 포함되어 있고 세계적으로 수산물 수요는 점차 높아지고 있다. 이러한 수산물의 수요를 충족시키기 위해서 해수면 양식업이 급속하게 발전하였다. 그러나 양식업은 이윤 창출을 목적으로 하고 있어 고가의 어류를 대상으로 한다. 고가 어류는 산지에서 거의 소비되지 않기 때문에 현재의 양식업은 지속적으로 증가하는 신흥국의 인구를 먹이기 위한 수산자원의 총량 증가에는 거의 도움이 되지 못한다.

세계 바다의 어획량은 1950년 이후에 증가하였다. 특히 1950년대에 현저하게 증가하던 것이 1972년 페루의 멸치 자원량 감소로 처음 급락하였다. 이후 1990년대에는 약 8,000만 톤으로 회복되었고 현재는 약 8,500만 톤 수준을 유지한다. 여기에 잡어(trash fish)로 분리되어, 현장에서 버려지는 자원을 더하면 실제로 어획되는 양은 연간 약 1억1,000만~1억2,000만 톤이 된다. 그러나 최근 세계 제1의 어획량을 자랑하던 중국이 유엔식량농업기구(FAO)에 제출한 어획통계에 오류가 있다는 의문이 제기되었다. 만일 통계에 문제가 있다면 세계의 어획량은 1990년경부터 이미 감소한 것이 된다. 최근 남획과 해양오염에 더하여 바다에서 가장 생물생산성이 높고, 산란과 치어의 육성에 중요한 연안해역이 파괴되어, 어장이 소멸되는 것을 돌이켜 보면, 환경변화에 유연하면서 거대한 복원력을 가지는 바다의 생물자원이라도 어획량은 이미 한계에 도달되었다고 할 수 있다. 지금 특정의 해양생물 자원의 유지를 위하여 현명한 관리방안 도출과 행동을 하지 않으면 해양 자원생물의 어획량은 더욱 감소하게 될 것이다(그림 3).

현재 우리가 자원으로 이용하는 어류는 약 9,000 종수준이다. 이 중 세계적 규모로 연간 10만 톤 이상으로 다량 어획되는 종은 22종에 지나지 않는다. 또한 이들 종에서 이미 17종의 해산어류는 최대지속생산량(MSY) 수준이거나 초과하는 상태이다. 9종은 확실하게 자원량이 감소되고 있다. 이러한 어류에는 1980년대 통계에서 세계의 연간 총 어획량의 절반을 차지하던 청어, 대구, 전갱이, 연어, 고등어가 포함된다. 최근에는 바람직하지 않지만, 연안해역에서 생활하는 사람

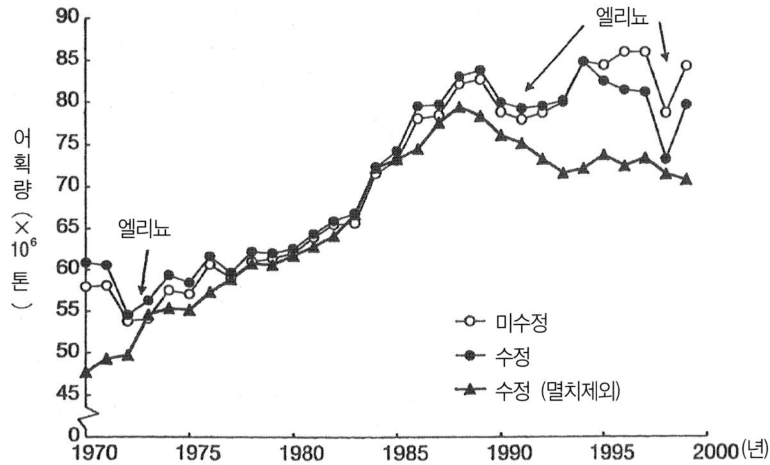

그림 3. 1970년 이후 세계 해양어획량의 변화

미수정은 각국에서 FAO에 제출된 어획량 총계. 수정은 지금까지 중국이 제출한 통계값을 정정한 것. 수정(멸치 제외)은 더욱이 수정에서 변동이 큰 페루의 멸치 어획량을 뺀 값. 엘리뇨는 발생한 해. 멸치를 제외한 세계의 전 어획량은 1990년경에는 이미 내리막 경향을 보인다(Watson and Pauly, 2001)

들이 산지에서 소비하던 해조류, 패류 및 어류도 급격하게 감소하고 있다(World Resources Institute, 1987; Watson and Pauly, 2001).

실제로 이미 지난 일이지만 1950년대부터 1970년대까지 바다의 생물자원이 미래의 세계 식량문제를 해결할 수 있는 자원이라고 낙관적인 추측을 하고 있었다. 어떤 전문가는 새로운 식량자원을 바다에서 얻을 수 있을 것으로 생각하였고, 어떤 사람은 바다에서도 육지와 같은 거대한 해양목장을 경영하는 것이 일반화 될 것으로 예측하였다. 그러나 이러한 예측은 실현되지 못했고 해양생물을 통한 식량자원의 해결방안은 인기를 잃고 말았다. 많은 수산생물 자원의 어획량은 MSY의 한계에 있거나 많은 수산생물 자원에서 MSY를 초과하여 급속하게 어획량이 감소하는 종이 많다. 이용되지 않았던 잡어에서도 일부 종은 양식용 사료, 닭, 송아지, 돼지와 같은 가축(가축은 원래 어류를 먹지 않음)들의 사료 및 애완동물의 사료로 이용되어 상품화 되었다. 해조는 일본이나 한국과 같이 옛 부터 식용으로 이용하는 나라에서 수확되어 시장에서 판매되지만, 한때 생각했던 것과 같이 세계시장으로 확산되지는 않았다.

해산식물과 동물에서 추출된 물질로 인류의 건강에 효과 있는 항생물질(항균이나 항바이러스물질), 종양억제 물질, 혈액 응고물질과 항응혈제, 심장활성제, 진통제, 항염증 약품, 스킨 크림, 선크림 등이 제조되고 있다. 생물이 포식자로부터 몸을 보호하거나 경쟁상대의 성장을 억제시키기 위하여 독소를 생산하는 것이 알려져 있다. 이와 같은 생물의 대사에 직접 사용되지 않은 화학물질을 2차 대사물질(생리활성물질)로 불리지만, 이 "화학적 경쟁"을 위해 물질을 생산하는 것은 저서생물에서 많다. 저서생물은 이러한 작용의 효과를 잘 이용할 수 있는 장소인 해저에서 큰 움직임 없이 서식하고 있기 때문이다.

지금까지 여러 종류의 조류, 산호, 말미잘, 해면, 연체동물 등에서 약품으로 사용되는 항생물질과 항발암물질이 발견되었다. 한편 대구 등의 간유에는 비타민제, 굴의 패각에는 칼슘제의 주요한 원료가 포함되고 있다. 복어 독은 말기 암 치료에 사용되며, 상어의 간장에는 항암물질이 포함되어 있다. 해삼, 바다뱀, 청어, 가오리 등에는 순환기계 질환에 유효한 물질이 발견되며, 해조와 문어에는 고혈압에 유효한 물질이 추출되었다. 어떤 종의 해조에서 발견된 물질은 바이러스성 독감과 눈 감염증 및 성병에 유효하고 해면도 바이러스성 뇌염에 효과적으로 작용하는 물질을 제공한다.

이와 같이 앞으로도 해양생물로부터 질병의 치료에 도움이 되는 다양한 물질이 추출될 것이며 미래의 이용 범위는 더욱 넓어질 것이다. 유전자 자원 확보를 포함하여 해양생물 자원을 미래의 잠재적인 이용을 위하여 보전하고 유지하는 것도 다음 세대의 권리 보호에 연계되는 생물다양성의 가치일 것이다(Ruggieri, 1976; Fenical, 1996; Hay and Fenical, 1996).

분자생물학의 진보에 따라 약품으로 이용 가능한 미량의 생리활성 물질을 첨가하여 생물생산을 높일 수 있게 되었다. 생물공학 분야에서는 바다에 서식하는 생물에서 이미 알려진 생리활성 물질을 활용하기 위한 연구와 아직 알려지지 않은 미지의 화학물질과 식량자원을 찾아 세계의 바다 구석구석까지 탐사가 진행되고 있다. 심해저의 열수분출공 주변의 생물군집에는 생물공학에 도움이 될 수 있는 다양한 미생물이 다수 발견되고 있다.

분자생물은 양식에 적합한 성질을 가지는 동물과 식물을 인공적으로 만들어 낼 수 있는 것에 기대하고 있다. 상당히 이전부터 성장이 빠르면서 병에 강하고 크지만 자연계로 배출되었을 때에 번식되지 않는 어류를 만드는 것도 기대되었으나, 새로운 생명체의 생산에는 긍정과 부정적인 면이 동시에 존재한다. 우리는 아직 유전자 조작에 따른 진정한 위험성에 대해 적당하게 생각해서는 안된다. 우리에게 유전자 조작이란 기술이 긍정적인 면을 보이는 것과 동시에 유전적 다양성의 보전에도 도움이 된다고 정당화하고 있지만, 이는 양날의 칼로서 본래의 종 다양성과 유전적 다양성에 크나큰 위협이 되기도 한다.

실제 인공 교배된 품종인 바다 송어(salmon trout)가 캐나다의 태평양 연안의 양식장에서 대량으로 자연환경에 유출된 것과 같이 기업에게 생물의 안전한 관리를 기대하는 것은 어렵다. 만일 인공적인 유전자 특성을 가진 개체가 자연계로 유출되어 번식을 한다면, 원래의 개체군의 유전자 풀은 혼란되고 종 사이의 상호작용에도 영향을 주어 본래의 생물군집을 불안정하게 할 가능성이 크다[7]. 생물공학에는 윤리관과 지적 소유권, 동물의 취급방법 등에 관련된 일부 걱정스런 부분이 있는 것도 사실이다(Colwell, 1983; Hinder et al., 1991; Fox, 1996).

해양생태계의 기능에는 특별히 인간에게 유익한 작용을 하는 것이 있어, 환경 경제학자는 이러한 기능을 "생태계 서비스"라 부르고 있다. 예로서 해조장과 산호초는 어류의 산란장과 은폐장으로서 기능을 가지며, 상태가 좋은 하구역은 영양염류가 풍부하여 그곳에 연결되는 연안해역의 어류 생산을 촉진하는 먹이생물이 대량으로 발생하기 때문에 이러한 해역의 유지와 보전은 연안어업의 번영과 유지로 직결된다. 우리는 하얀 백사장과 산호초를 방문하면 포근한 감정과 상쾌한 기분으로 바쁜 일상의 스트레스를 풀게 된다. 이러한 환경을 유지하는 것이 건강한 생태계 서비스이다.

연안해역에는 다른 해역에서 해류를 타고 어획대상이 되는 많은 갑각류와 패류의 유생이 운반되어 와서 성장에 필요한 높은 생물생산으로 인하여 이곳에서 안전하게 성육하여 고갈된 수산자원을 회복시킨다. 또 용승이 발생하는 곳은 심층에서 풍부한 영양염류가 유광층으로 공급되어 플랑크톤 등 먹이생물이 증가하여 어획량을 증대시킨다.

---

7 유전적 침식과 유전적 취약성에 따른 가능성이 크게 된다.

산호초는 산호군집의 형태의 복잡함에서 만들어지는 다양한 미소환경과 높은 생물생산성을 가진다. 산호초가 성장하거나 붕괴하는 것과 초의 입체적인 구조는 시간과 함께 변화하여 서식지를 다양화시킴과 동시에 종 다양성을 높이게 된다. 산호초에 서식하는 다양한 저서생물이 방어 등의 목적으로 생리활성물질을 가지는 것은 앞에서 설명하였다. 산호초는 광합성과 함께 탄산칼슘을 고정한다는 두 개의 기능으로 발달된 생물로서 이들 활동에 의해 다량의 이산화탄소를 환경에서 격리시켜 지구온난화를 완화시키는 것으로 보고 있다.

한편 갯벌에는 많은 동물이 먹이생물을 섭식하는 행위를 통하여 주변의 펄에서 유기물을 제거한다. 연안의 염생습지(조석의 간만 영향을 받아 항시 습윤한 상태를 하는 모래와 펄 해안으로 놀이터가 되기도 하고, 갈대 숲이 있기도 하며, 퉁퉁마디 등 고유의 식물이 서식한다)의 퇴적물에서 해수 중의 화학물질을 여과하기도 하지만, 이 기능은 인간의 부주위로 육상에서 유입되는 오염수에 의한 해양오염에서 연안해역을 보호하는 역할을 한다. 물론 우리가 인위적으로 이러한 작용은 습지에 기대하였던 것은 아니겠지만(Mooney et al., 1995; Costanza et al. 1997), 지구의 환경에 대한 항상성과 균형은 아직도 우리는 확실하게 알지 못하고 있다.

제 2 장

지금까지 알려진 생물다양성의 과학

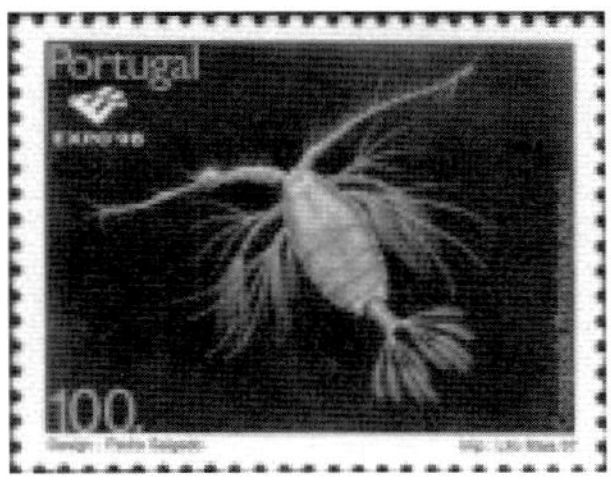

동물플랑크톤 요각류

Pontella plumata (포루투칼, 1997)

생물다양성의 보전과 관리에 관한 정책에 기초가 되는 것은 말할 필요도 없이 과학적 지식이다. 그러나 자연과학이란 알면 알수록 새로운 많은 의문을 만들게 되어 일종의 신기루를 좇는 신비로움을 나타낸다. 정책을 입안하거나 집행하는 사람들 입장에서 보면, 이와 같은 내용에 갈피를 못 잡고 안절부절 할는지 모르지만, 생태학 이론과 불확실성에 정통한 과학자들에 의해 도출된 생태계와 생물다양성에 대한 심도 있는 예측결과를 기본으로 하면 보다 훌륭한 정책과 관리 방안이 제시가 가능할 것이다.

인간이 지구 공간규모와 진화의 시간규모에서 전개되는 생물다양성을 관찰하고 취급하면서 보전하는 것은 매우 어렵다. 이를 위해서는 거대 규모의 배경에 주의가 필요하지만, 우선은 손에 잡힐 정도 규모의 생태계와 그곳에서 발생하는 생물다양성의 변화과정을 충분하게 이해하는 것이 매우 중요하다. 이 장에서는 이와 같은 이해를 돕는데 필요한 전문용어의 의미를 살펴보고, 생물다양성의 보전에 관한 이론과 개념을 설명하고자 한다.

1. 이 책 내용을 이해하기 위한 필요 전문용어

포괄적인 생물다양성의 보전대책은 제1장에서 설명한 생물다양성의 모든 유형에 대한 고려가 필요하지만, 관리방법과 과학적 조사에서 가장 중점을 두는 것은 종 다양성이다. 생물다양성이란 용어는 매우 막연한 의미를 나타내기 때문에 과학자들은 어떤 생물군집과 종 다양성에 대한 특징과 양적 특성을 정확히 표현하기 위하여 다음과 같은 전문용어를 사용한다. 친숙하지 않은 전문용어와 이론을 배운다는 것은 매우 지겨울 수도 있지만, 이들 전문용어는 특정 생태계에 작용하는 종과 기능군의 다양성을 결정하고, 이해하는데 많은 도움을 준다(Pimm, 1984).

ⓐ 다양도지수(diversity index)란 일반적으로 서로 다른 생물군집 사이의 종 다양성을 비교하거나 같은 군집에서 종 다양성의 시간적 변화를 추적할 때 사용된다. 즉 어느 정도 종이 관찰되고 있는가에 대한 종 풍부도(richness)와 각 종이 어떤 비율로 분포하고 있는가 하는 종 균형도(species evenness)의 내용을 포함하는 용어이다.

ⓑ 같은 먹이생물과 서식지를 이용하는 종 사이에는 경쟁관계(competition), 포식자와 피포식자(먹이) 사이나 기생생물과 숙주생물 사이에는 적대관계(antagonism), 산호초와 황록공생조류 사이와 육상의 식물과 화분을 운반하는 곤충 사이에는 상리공생(mutualism)이 보이듯이 생물 종 사이에 상호작용이 발생한다. 종의 상호작용은 종의 적응과 진화과정을 통해 다양하게 분화하는 과정에서 큰 역할을 한다.

ⓒ 종의 분포와 기능, 종간관계 등은 생태계에서 종수를 결정하는 중요한 인자이다. 그것들은 다음과 같은 용어들로서 설명할 수 있다.

- 하나의 장소(어떤 지역/공간)에 서식하는 개체군에 유기적인 연결고리가 형성되어 종족을 번식시키고 유지할 수 있는 동일 개체의 모임을 개체군(population)이라 한다.
- 생태계에서 하나의 종에 주어진 기능, 예로서 어디서 서식하고, 거기에서 무엇을 먹고 무엇에 먹히는 관계를 생태적 지위(ecological

niche)[8]라 한다.

- 먹고 - 먹히는 관계에서 종 사이를 연결한 흐름을 먹이망(food web) 또는 먹이사슬(food chain)이라 한다.
- 위의 흐름에서 생물은 기초생산자(primary producer), 초식자(grazer), 포식자 또는 육식자(predator), 분해자(decomposer)라는 영양단계(trophic level)[9]의 유형으로 구분된다.
- 생태계에서 다양한 기능을 가지면서 넓은 범위의 생태적 지위를 획득한 종을 광적응종(generalist)이라 한다. 반대로 생태적 지위가 협소한 종을 협적응종(specislist)라 한다.
- 하나의 생태계에서 복수의 종이 유사한 기능을 가질 때가 있다. 그러나 이들 기능은 어느 정도 중복될 수는 있으나 완전하게 중복되는 종은 존재하지 않는다.
- 적대관계와 상리관계와 같이 다른 종에 서로 영향을 주면서 진화하는 것을 공진화(co-evolution)라고 한다. 공진화에 의해 양자의 관계가 더욱 밀접해지면 상대적으로 협적응종이 증가하여 종 다양성은 높게 된다.
- 종에 따라 개체의 수명이 긴 종과 짧은 종이 있는가 하면 생산하는 알과 유생 수가 많은 종과 적은 종도 있고 후손을 멀리 떨어

8 이 책에서는 원저자가 니치(niche)라는 용어로 종종 설명하고 있다.

9 생태계에서 영양동태의 이해를 위해 시행한 생물역할의 유형적 분류이다. 무기화합물에서 유기물을 합성하는 생산자(1차생산자), 생산자를 직접 포식하는 1차 소비자(2차생산자), 그것을 포식하는 2차 소비자, 이하 순서대로 3, …, n차 소비자 및 이들의 사체나 배설물을 분해하는 분해자와 같은 단계로 구분한다. 생산자로부터 수를 세어서 같은 수의 단계를 거쳐 먹이를 얻고 있는 생물은 같은 영양단계에 속한다고 한다. 그러나 군집 또는 생태계내의 먹이망은 복잡하며, 생산자나 식성이 한정된 일부의 초식동물을 제외하면 생물은 많든지 적든지 간에 두 개 이상의 영양단계에 속해 있는 경우가 많다. 또한 연령이나 조건에 따라서 변화하는 것도 있다. 예를 들면 피라미는 수생곤충과 해조류를 함께 먹고, 은어는 성장에 따라 2차 소비자에서 1차 소비자로 이행한다.

진 곳까지 확산 시키는 종과 근처에 분포 시키는 종도 있다. 이와 같은 내용은 종의 재생산 전략으로 작용하여 각 종 분포범위와 지리적으로 분리된 개체군의 유전자 구성에 영향을 미친다.

종 다양성과 생태계의 안정성은 서로 밀접하게 관련되고 있는 것이기에 생태계의 안정성 평가는 생태학자에게 매우 흥미 있는 일이 된다. 생태계의 안정성을 이야기할 때 종종 다음과 같은 용어가 사용된다.

생물군집의 항상성(homeostasis)과 시간적 지속성을 안정성(stability)이라고 한다. 교란이 발생한 다음에 종 다양성이 원래의 평형상태로 되돌아오려는 생태계는 안정하다. 이때 원래의 상태로 돌아오는 속도를 복원력(resilience)이라 한다. 복원력은 교란의 강도와 규모 그리고 지속시간에 따라 변화한다. 또한 교란 이후 생태계의 변화의 정도를 저항성(resistance)이라 한다.

종 다양성과 생태계의 안정성과의 관계는 매우 복잡하다. 일반적으로 다양성이 높을수록 생태계는 안정된 것처럼 보이기도 하지만, 종수가 많게 되면 경쟁이 높아져서 개별적인 종은 보호되기 어려운 상황이 된다. 따라서 생태계 자체는 안정되지만, 그 속의 종과 생물군집은 변동하기 쉽게 된다. 종 다양성의 높은 생태계는 서로 다른 종이 다양한 생태적 지위를 가지고 있어 기능이 유사하거나 매우 중복되는 종이 많다. 따라서 하나의 종이 감소하더라도 다른 종이 그 생태적 지위를 채우게 되기에 기능적으로는 차이가 없게 되어 생태계의 안정성은 유지되는 것으로 판단하고 있다(Angermeier and Karr, 1994; Gitay et al., 1996; Moffat, 1996).

2. 생물다양성에 관한 생태학 이론

지금까지 생태학자는 바다와 육지의 특정 생태계의 생물다양성을 결정하는 물리·화학적 인자와 생물학적 인자를 연구하여 다양한 이론을 만들었다. 어떤 생태계도 이들 인자의 조합에 따라 생물다양성은 높기도 하고 낮기도 한다. 일반적으로 종 다양성은 자원량이 높고 그를 이용하는 종의 생태적 지위가 세분화 될수록 높다. 지구의 다양한 장소에는 비슷한 유형이 생태계가 있지만, 각각의 종 다양성은 서로 다른 것이 알려진다. 각 생태계에는 각각의 특징을 나타내는 최대 생물다양성이 있을 것이라고 생각되어지나 아직 충분하게 검증되어 있지 않다(Pianka, 1988).

가. 종 다양성에 영향을 미치는 물리·화학적 인자

일부 환경은 다른 환경보다 시간적으로 더욱 오랫동안 안정하다. 이처럼 안정된 환경을 가지는 생태계에서 종의 번식과 진화는 오랜 기간 단순하게 진행된다.

- 넓은 공간을 가진 생태계는 잠재적으로 많은 종을 유지시킬 수 있다.
- 물리적으로 복잡한 구조를 가지는 생태계는 많은 생태적 지위가 만들어지기에 다른 생활방식을 가진 많은 종이 서식하여 특수화된 종의 적응이 가능하다.
- 단일 생태계에서 장소에 따라 물리·화학적 인자, 예를 들면 수온, 염분, 영양염류 등이 차이가 있는 다양한 서식지를 포함한다면, 각 서식지에 적응하는 생물종이 많게 되어 전체의 종 다양성은 높다.

- 일반적으로 기후가 안정된 생태계는 생물이 불안정에 대한 내성과 갑작스런 환경변화에 적응할 필요성이 없기 때문에 종 다양성이 높다.
- 계절적인 수온변화와 같이 환경변화가 예측 가능하고 일정한 주기성을 가지는 생태계의 생물종은 주기성에 적응되어 있다. 이러한 생태계의 종 다양성은 불규칙한 환경변화를 보이는 생태계에 비해 높은 경우가 많다.
- 교란이 빈번하게 발생하고, 대규모로 치명적인 환경과는 별도로, 바다의 결빙과 폭풍과 같은 물리인자에 의하여 중규모 정도의 교란이 발생하면, 그곳에는 그때까지 없었던 종이 진출할 수 있기에 종 다양성은 높아질 수 있다.
- 물리·화학적 불연속성에 의하여 생태계가 분리되면, 종 다양성은 낮아져서 종은 보다 작은 범위로 고립된다. 또 타가수정하는 종은 개체군의 분단에 의하여 유전자 풀이 작아지기 때문에 군집은 약화된다.
- 영양염류의 공급량은 종 다양성과 관계가 있으나 다양성이 높고 낮을지는 영양염류 이외에 관여하는 다른 인자에 의하여 결정된다. 일반적으로 소량의 영양염류를 간헐적으로 공급하는 해역의 종 다양성은 높은 쪽으로 작용하며 만성적으로 다량의 영양염류의 공급은 종 다양성을 저하시킨다.
- 영양염류의 균형변화 및 특정 영양염류의 부족도 종 다양성을 변화시키는 원인이 된다.

나. 종 다양성에 영향을 미치는 생물적 인자

- 생산성이 높고 낮음은 종 다양성이 높고 낮음에 관계있는 것과 같이 보인다. 일반적으로 중간 정도의 지속적인 생산성이 종 다양성을 높게 한다. 또 생산성은 종 다양성보다 기능군 다양성에 보다 깊게 관계하는 것이 알려진다(Hooper et al., 2005).
- 종간경쟁은 종 다양성을 높이기도 낮추기도 하지만, 경쟁 빈도 및 상대에 의해 결정된다. 승부가 없는 단순한 종간경쟁은 별도로 다른 경쟁자와 물리·화학적 인자가 강한 쪽의 종에 불리하게 작용하여 결과가 바뀔 수도 있다. 종간경쟁은 먹고-먹히는 관계에 크게 의존하여 얼마나 많은 종이 먹이망에 관여하면서 공존할 것인가? 에 결정된다.
- 포식은 여러 가지 형태로 생물다양성에 영향을 미친다. 일반적으로 먹이생물은 숫자가 많은 종이 적은 종보다 쉽게 먹히기에 포식은 먹이생물 사이의 경쟁을 감소시키는 쪽으로 작용한다. 또 크고 포획하기 쉬운 종부터 먹히기에 포식은 먹이생물의 크기에도 영향을 주며 한정된 장소에 얼마나 종이 서식할 것인가를 결정하게 된다.
- 경쟁하는 두 종이 공진화를 하게 되면, 전체 종수는 증가하고 다양성은 높게 된다. 따라서 만일 한 종이 없어지게 되면 다른 한 종도 격감하기에 종 다양성은 급격히 저하한다.
- 공생과 같은 상리관계는 서로 생존에 유익하게 영향을 주고받기에 상리공생 종이 많은 곳은 종 다양성이 높다. 바다에서도 상리공생은 종종 관찰되며 물리적으로 한 쪽 종이 다른 쪽 종의 체내에 공존하는 등 매우 밀접한 관계를 보인다. 조초산호(造礁珊瑚, hermatypic coral)[10]와 그곳에 공생하는 황록공생조류(zooxanthellae)가 예로서

산호의 폴립 세포 사이와 세포 속에 서식하여 산호에게 산소와 영양을 공급한다.

- 먹이사슬의 길이[11]와 먹이망의 복잡성이 종 다양성에 관여한다. 일반적으로 단순한 먹이사슬을 가지는 생태계보다 먹이사슬이 긴 생태계에서 종 다양성은 높다. 또 먹이망이 복잡한 생태계는 먹이사슬이 짧더라도 종 다양성은 높게 된다.
- 큰 공간에 고유한 몇 개의 환경을 가지는 생태계는 고유종이 많기 때문에 전체 종수가 증가하여 종 다양성은 높다. 그러나 더욱 좁은 범위에 고유 환경이 한정될 때는 종의 번식범위와 분포가 한정된 고유종은 큰 환경변화에 적응하지 못하고 쉽게 없어지기 때문에 종 다양성은 높거나 낮기도 한다.
- 인간활동은 종종 생태계를 파괴하고 종을 멸종시킨다. 이와 같이 인간활동이 종 다양성을 높게 또는 낮게 하는 인자 사이의 균형에 중대한 영향을 미치는 것이 육상과 바다 환경 모두에서 증가하고 있다.

다. 생물다양성의 동태

지금까지 해양생태계에서 종 다양성이 어떻게 결정되는지? 또 어떻게 유지되는지? 등에 대한 몇 개의 이론이 소규모 야외실험과 넓은 범위의 야외조사 및 관찰의 결과에서 얻어졌다. 그중에 영양동태를 토대로 하여 제안된 2개의 이론이 흥미롭다.

하나는 탑 – 다운 동태(top-down system)에 기초를 둔 것으로 영양

---

10 산호초를 만드는 산호를 총칭하는 말로서, 주로 돌산호목에 속한다.

11 영양단계의 수를 나타내는 말

단계의 상위 포식자가 하위의 먹이생물의 종수와 생물량을 결정하는 역할을 한다는 것이다. 포식자의 어떤 종의 개체군은 수량으로 생각하는 이상으로 동일 해역의 생물군집 전체에 큰 영향을 준다. 이와 같은 종을 키스톤 종(keystone species)이라고 한다. 키스톤(keystone)이란 돌 아치를 만들 때 아치에 쐐기 형태로 들어가는 "이맛돌"을 말한다. 이 돌을 빼면 아치가 무너지게 되기에 이와 같은 용어가 만들어졌다. 키스톤 종인 포식자를 제거하면 그 중요함이 확인된다. 예로서 어떤 생태계에서 특정 먹이생물의 개체군 변동을 조절하던 키스톤 종이 없어지면 먹이생물 종이 급증하여 군집구조가 파괴된다. 이와 같은 탑-다운 동태는 조간대의 생태계에서 종종 보여진다(Paine, 1966; Raffaellii and Hawkins, 1966; Dayton, 1992; Menge, 1992).

반대로 바텀-업 동태(bottom-up system)도 종 다양성에 깊게 관여한다. 즉 영양단계의 하위 기초생산자와 먹이생물의 변동이 상위 포식자에게 영향을 미치는 경우이다. 예로서 식물플랑크톤과 초식성 요각류의 다양성 및 개체수의 증·감이 각각을 먹이로 하는 포식자를 포함한 생태계 전체의 종 다양성에 영향을 주는 것이다. 일반적으로 연안의 용승해역은 바텀-업 동태에 지배된다. 영양염류가 풍부한 저층해수가 표층해수와 혼합하여 식물플랑크톤의 생산을 촉진시켜 먹이사슬 전체의 생산성을 높인다. 이와 같은 해역에서 종 다양성은 영양염류의 연속적인 공급에 의해 유지된다. 때문에 엘리뇨 현상과 같이 영양염류의 공급이 크게 감소하면, 식물플랑크톤과 동물플랑크톤 생물량이 낮아져서 어류의 모습은 물론 어류를 먹이로 하는 바닷새와 해양 포유류도 없어지게 된다(Menge, 1992).

3. 종 다양성 변화를 어떻게 평가할 것인가?

생태학자는 종종 종조성과 생물군집의 시간적 변화를 조사하여 생태계의 변화 및 안정성을 평가한다. 이때에는 안정된 평형상태 즉 이론적으로 스트레스가 없는 생물군집의 구조가 기준이 된다. 이러한 평가의 기준측정을 기준선 연구(baseline study)라고 한다. 생태계가 변화하는 것은 당연한 것으로 일정 주기의 변화가 있기도 하지만 불규칙적인 변화도 있다. 때문에 평형상태의 파악은 건전한 생태계의 장기적인 관찰을 통해서만 가능하며 그 결과에 의해 생태계의 변화를 표현할 수 있는 기준선 설정이 가능하게 된다.

어떤 생태학자는 생태계에는 복수의 안정된 평형상태가 있다고 한다. 일반적으로 생태계를 구성하는 요소인 어떤 종이 적응 가능한 범위에서는 안정되며, 때로는 요동치게 되어 큰 외력의 작용으로 교란되었을 때는 원래 생태계 범위 밖에서 다른 평형상태로 전이될 수 있다는 것이다. 단 새로운 평형상태는 반드시 지구의 생물권과 인간에게 바람직한 상태로만 진행되지는 않는다. 생태계는 복원력이 작용하지만 무한한 것이 아니라 어떤 조건의 범위를 넘게 된다면, 원래의 상태로 회복을 기대할 수 없게 된다. 이렇게 생태계의 시스템은 매우 복잡하기 때문에 생태계 안정성은 물론 안정성이 붕괴되는 것을 판단하는 것은 매우 어렵다(그림 4).

아직 육지에 비해 바다는 연구되지 않은 많은 생태계가 있으며 이들은 다양한 스트레스에 노출되어 있다. 오랜 시간 많은 생물군집에 대한 변동조사가 되지 않았기에 생물변동을 파악할 수 있는 기준선이 설정되어 있지 않다. 새로운 연구를 시작할 때에 참고자료를 이용하

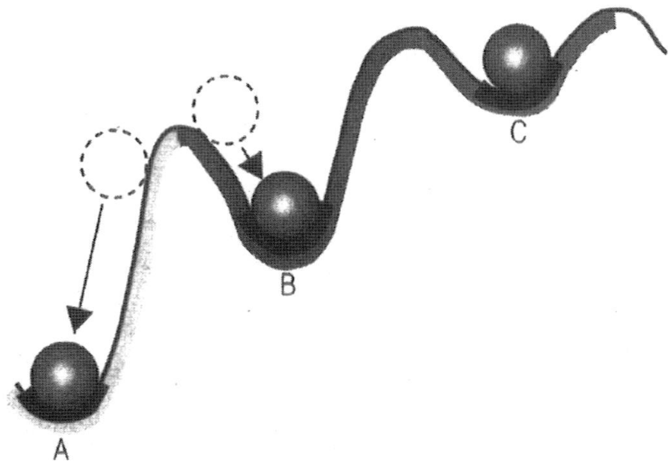

그림 4. 몇 개의 평형상태를 가진 시스템의 안정성

그림의 공은 시스템, 요철이 평형상태(시스템의 안정된 상태를 나타낸다. 공의 위치를 어느 정도 움직이더라도 그것이 같은 사면위에 있으면 원래의 요철부에 되돌아온다. 철(凸)부를 넘어 다른 사면으로 이동하면 다른 요(凹)지 부합되게 된다(鷲谷과 原, 1996).

여 기준선을 설정하려 하여도 어떠한 생태계가 가장 안정되어 있으며 종 다양성이 가장 높은 상태를 나타내는 것인지를 판단하기 어렵다. 즉 생태계가 안정된 것인지? 불안정한 것인지? 아니면 이미 교란되었다가 별도의 평형상태로 전이된 생태계인지? 정확한 판단이 되지 않는다. 어떤 특정 생태계의 기준선 연구가 정확하지 않을 때는 원래의 생태계 평형상태와 생물다양성의 특징 및 상태를 알 수 없고 불안전한 단계에서 생태계를 특징을 판단해 버리게 될지도 모른다. 그러면 그 평가는 질적으로 부족한 것이 되기에 생태계의 보호를 목적으로 하는 정책의 실효성도 잃게 된다. 자연적인 생태계로 회복시키려는 보호대책을 수립한 결과, 도리어 불안전한 생태계로 변화되게 되기도 하고 도리어 알지 못하는 사이에 생물다양성을 감소시킬 수도 있다

(Dayton et al., 1998).

스크립스 해양연구소의 P.K. Dayton 박사는 기준선이 계속 변화되는 것을 염려하여 어업이 해양환경을 심하게 악화시켰다고 설명하고 있다. "되 돌이킬 수 없는 문제는 상처가 없는 생물군집을 연구하고 이해할 기회를 잃어버린 것이다. 대부분 원래의 서식지가 어떠한 상태였는지를 알지 못한다. 심하게 상처 입은 생태계의 진짜 모습을 알거나 복원하는 것은 이미 불가능할지도 모른다. 사실 자연에 대해 보는 방법은 세대별 연구자에 따라 매우 차이가 있게 되었다. 박식한 고령자가 죽는 것과 함께 그가 가졌던 문화와 언어가 없어지는 것과 같이, 우리들은 건전한 생태계에서 관찰될 수 있었을 것으로 보이는 진화의 지혜를 지속적으로 영원하게 잃어버리고 있는 것이다(Dayton, 1998)".

4. 유전적 다양성

지금까지 종 다양성과 기능군 다양성에 주목하여 왔다. 따라서 유전적 다양성과 개체군 다양성도 중요하다. 최근 어느 해역에서 하나의 종으로 생각되었던 복수의 개체군이 실제로는 유전적으로 다른 복수의 종으로 정리되는 예는 많이 보고된다.

가. 유전적 집단

많은 생물은 시시각각으로 변화하는 환경동태를 멋있게 활용하면서 알과 새끼를 해류 중에 낳아 자손을 서식하기 좋은 환경으로 분산시켜 분포해역을 넓힌다. 많은 생물들은 번식과정에서 유전적 교잡이 발생하여 유전자가 혼합되고 있어 개성의 다양성이 보전되어 종이 유지된다.

개체의 염색체 유전자 구조를 밝힐 수 있는 수준까지 발전된 분자 생물학의 기술에 의하여 많은 해산 종에서 분기된 개체군 사이에는 유전자 수준이 결정적 차이가 있음이 분명해졌다. 분명하게 유전적 차이가 있는 개체군은 지리적으로 격리되어 있는 것이 많지만, 일시적인 분리일 수도 있다. 어떤 미세조류는 봄에 대증식하는 것과 가을에 증식하는 것 등 유전적 차이를 가지는 두 개의 개체군이 같은 장소에 존재한다(Gallagher, 1980; Burton, 1983).

지리적으로 격리된 두 개체군에서 경계의 비생물적 환경의 차이가 두 개체군의 유생 분포에 장벽으로 작용하여 유전자 교류가 방해된다. 때문에 두 개체군의 성체의 분포 사이에는 명확한 물리적 경계가 확인되지 않더라도 유전자 수준에서 분명한 차이가 있게 된다. 이와 같은 예는 성체가 해저에 착생하여 있든지? 해저에서 그다지 움직이지 않은 저서생물에서 자주 발생한다. 일반적으로 지리적 격리가 각각의 개체군을 완전하게 다른 별도의 종으로 분화시키지는 못하지만, 유전자 수준에서 분명하게 구별되는 개체군과 여러 개의 개체군으로 형성되는 계군을 만들기에는 충분하다.

흑동고래와 귀신고래를 예로 들면, 다른 해역에 출현하는 개체군에 유전적 차이가 인정되고 있어 일부 개체군은 멸종 위기에 있다. 대서양 청어도 최소한 21개의 계군이 알려지며 각각은 다른 분포와 회유 경로를 가지며 크기와 산란기도 다르다. 조초산호의 경산호류는 일제히 산란할 때에 다른 종과 사이에서 비교적 높은 비율로 교배하는 조합과 전혀 교배되지 않은 조합으로 나누어진다.

바다에 서식하는 어떤 종의 식물과 동물에서 종이 반듯시 다양성을 나타내는 단위로 적합한 것이 아닐지도 모른다. 분화한 개체군과 계군의 많음은 유전적 다양성의 정도를 나타내는 것으로 생물다양성을 보전하기 위해서는 무시할 수 없는 내용이 된다. 종 보호와 같이 개체군과 계군을 지키고 유전적 집단의 존재를 의식하는 것은 중요한 일이다, 종종 지역적인 유전적 집단의 중요성이 강조된다. 때문에 같은 종이라도 어떤 개체군을 멀리 떨어진 다른 개체군이 서식하는 생태계에 유입하는 것이 권장될 수 없다. 그곳에서 교배에 의한 새로운 세대의 유전자 구성이 변화되어 종족의 안정성은 지속되지 않을 수도 있기 때문이다(National Research Council, 1995; Hatta et al., 1999).

환경오염과 같은 스트레스에 대하여 동일종의 개체군 사이에도 종종 다른 반응을 보인다. 머리 양쪽에 2개씩 가시를 가진 독중개는 연안해역의 오염평가를 하는 오염 지표종으로 이용되지만, 대상이 되는 개체군이 다른 개체군과 유전적인 차이가 확인되지 않으면 오염영향을 평가할 수 없다는 것이 보고된다. 높은 수준의 오염에 적응한 특정 개체군이 종종 증가하는 것이 보고된다. 일례로 펄 속에 서식하는 선충의 일종에 카드뮴과 같은 유독한 화학물질에 강한 내성을 가진 개체군은 오염조건에서 깨끗한 펄에 서식하는 개체군보다 개체수가 많게 된다. 이와 같은 내성은 자손에게까지 계승되어 개체군의 유전적 특성으로 작용하게 된다(Gyllensten and Ryman, 1985; Klerks and Levinton, 1989).

유전적 다양성은 종의 기능과도 관계가 있다. 해산 경공어류를 예로 들면 상당히 특수한 환경에서만 적응한 협적응종은 하나의 개체군에서도 유전적 차이를 보인다. 그러나 넓은 범위의 환경에 내성을 가지며 다양한 기능이 있는 광적응종은 하나의 개체군에서 유전적 변동은 작다(Smith and Fugio, 1982).

나. 자매종

1970년대부터 시작한 해양 환경오염 연구에서 그때까지 하나의 종으로 생각되었던 개체군에서 형태적으로는 구별되지 않지만, 유전적 수준에서 차이가 있는 여러 개의 집단이 발견되었다. 이와 같이 서식지가 거의 같거나 인접하고 있으면서 매우 유사한 형태를 하고 있지만 생식적으로는 격리된 종 특성을 갖추고 있는 종을 자매종(姉妹種, sibling species), 동포종 또는 은폐종(cryptic species)이라 한다. 종종 오염지표종으로 이용되는 버들갯지렁이과(Capitellidae)인 *Capitella capitella*의 유전적 해석에서 1976년에 Capitella 속에 구조적 차이를 나타내는 6종이 확인되었으나 이후 연구가 더욱 진행된 결과 현재 Capitella 속은 15종이 속하고 있다. 이렇게 종 사이의 차이점이 명확하게 되면서 이 종을 이용한 오염상태를 보다 상세하게 파악할 수 있게 되었다. 그러나 더욱 중요한 것은 바다에는 하나의 종을 기원으로 하는 많은 종이 존재한다는 것과 이전에 생각되었던 것처럼 어떤 하나의 종이 넓은 범위에 분포하는 생물은 그다지 존재하지 않는다는 사고의 전환이다(Grassle and Grassle, 1976; National Research Council, 1995; Bucklin et al., 2003).

최근 연구에서 상업적 가치가 높은 어종을 포함한 많은 어류에서 종 내의 유전자 구성이 매우 복잡하다는 것이 확인되었다. 오염 지표생물로 수년간 이용되었던 진주담치(*Mytilus edulis*)가 3종으로 분화되었고 그 덕택에 이전에 다른 수준의 오염으로 판단되었던 것들이 종 차이에 의해 표현이 가능하게 되었다. 조산 산호의 동정도 은폐종의 출현으로 큰 영향을 받고 있다. 일례로 카리브해의 뿔빗석산호 *Montastraca* 속은 얼마 전까지 한 개의 종으로 생각되었지만, 지금은 3종으로 분화되어 있다. 굴과 고등어 등에도 몇 종의 자매종이 발견되었고, 보통 돌고래(*Delphinus delphis*)라고 생각되였던 종에도 분포역이 다른 자매종의 존재하는 것이 확인되었다. 정보가 부족한 심해의 서식종에 대해서도 자매종 존재가 특이한 것은 아니기에 분류학은 보다 많은 어려움솨 함께 종 동정이 더욱 어렵게 되고 있다. 덧붙여서 앞에서 설명한 *Capitella* 속에는 심해에만 분포하는 종도 있다(Gage and Tyler, 1991; National Research Council, 1995; Malakoff, 1997; Reaka-Kudla, 1997).

5. 미생물의 다양성

미생물은 해양생태계에서 없어서는 안 될 매우 중요한 구성원이다. 지금 우리는 채집방법과 현미경 관찰 그리고 분자생물학에 대한 기술의 진보에 의해 매우 작은 생물까지 식별이 가능하게 되었다. 그 결과 바다 어느 곳이든 세균과 바이러스가 대량으로 존재하고 있을 뿐만 아니라 각 생태계에서 중요한 역할을 하고 있음을 알았다. 바다는 본질적으로 식물플랑크톤(미세조류)이 먹이사슬의 기초가 되며 생물생산은 번식과 성장 에너지가 되는 태양광과 영양염류에 의존한다는 것은 매우 오래 전부터 잘 알려진 사실이다. 그러나 이에 더해 최근에는 기초생산자로 세균 등의 미생물이 해양환경에서 매우 중요한 것이 일반화되고 있다. 대양의 심층과 빈영양해역의 표층에서 극미소의 광합성 미생물은 상상을 초월할 정도의 고밀도로 발견된다. 특히 크기 0.2㎛의 진성세균과 원시 미생물인 원핵녹색식물 *Prochlorococcus* 및 세균에 유사하면서 온도와 화학내성의 큰 고세균(Archaea)이 포함되어 있다. 외양해역에서 원핵녹색식물은 남조세균과 함께 광합성에 큰 역할을 담당하고 있다. 종류는 다르나 원핵녹색식물은 해산 멍게에도 공생한다(Chisholm, 1992; Pomeroy, 1992; Mooney et al., 1995).

현재도 미생물 종을 동정하는 것은 어렵고 어떻게 미생물이 진화되었는지에 대해서는 거의 알려진 내용이 없지만, 생태계에서 미생물의 역할에 대해서는 많은 부분이 확실해지고 있다. 예로서 세균은 탄소, 질소, 황의 순환에서 중요한 역할을 하며 어떠한 유형의 환경에도 특별한 역할을 담당하는 미생물 종과 군집이 발견된다. 미생물은 미세조류와 원생생물이 배출하는 탄소가 풍부한 유기분자의 소화와 동물플랑크톤 분립 등의 유기물을 분해하여 동화한다. 또한 세균은 해수 중의 유기물과 해양생물의 사체에 부착하여 자신의 영양이 되는 원소 수준까지 분해한다. 이와 같은 영양염류의 재생산은 바다의 모든 수심에서 이루어진다. 동물의 사체와 큰 유기물의 집괴는 해저까지 침강하여 세균에 의해 분해된다. 그러나 표층과 중층에서 재생산이 활발하면, 유기물은 해저에 도달하기 전에 완전히 분해된다. 세균 집괴는 살아 있거나 죽더라도 마린스노우(marine snow)의 형태로 해수 중을 떠다닌다. 어떠한 심해의 사진에도 배경에 함박눈처럼 하얗게 보이는 것이 마린스노우이다.

대부분 해양생물은 바다 표층에서 광합성에 의하여 생산된 유기물을 먹이사슬의 근간으로 하여 생활하지만, 소수의 특수한 생물은 단순한 화학적 에너지의 결합에 의하여 에너지를 합성하여 생활한다(화학합성). 이미 설명한 것과 같이 광합성이 가능한 생물은 조류 이외에 남조세균과 원핵녹색식물 등으로 해수 중에 부유생활을 하거나, 해산동물에 공생하여 생활한다.

분명하지는 않지만 미생물의 동화와 분해 등의 작용은 종 다양성에 깊은 관련이 있는 것으로 생각된다. 아마도 가까운 시일에 이에 대해 보다 많은 기능군이 발견될 것이며 크기와 기능의 관계도 분명하게 될 것으로 생각한다. 먹이사슬을 통한 물질순환의 흐름은 기초생

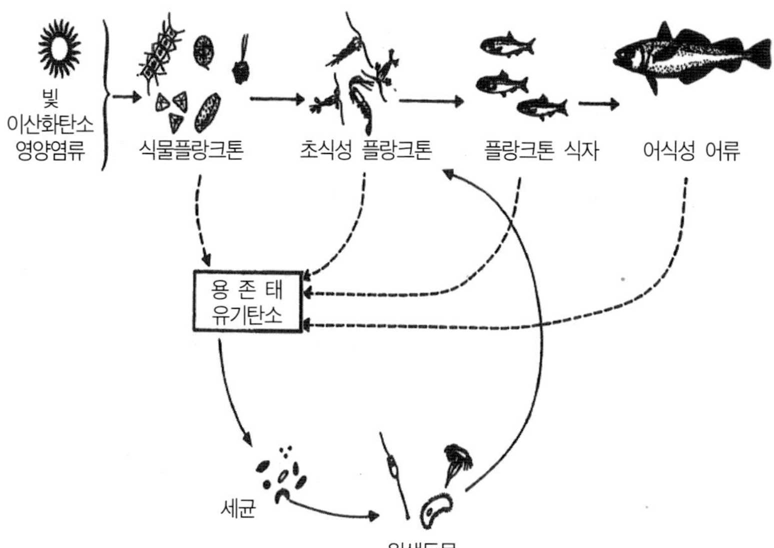

그림 5. 바다의 먹이사슬(식물플랑크톤에서 어식성 어류로)과 미생물 먹이망(세균과 원생동문)
점선은 대사과정에서 용존유기탄소(DOC) 방출을 나타낸다. DOC는 종속영양세균의 탄소원이 된다. 먹이사슬과는 별도로 종속영양세균에서 원생동물과 대형플랑크톤으로 연결되는 미세먹이망이 존재한다.

산자의 크기에 의해 결정된다. 즉 식물플랑크톤의 큰 개체는 동물플랑크톤에 쉽게 먹히고 포식자의 에너지로 변환된 대형동물로 점차 먹이사슬의 상부단계로 이동하지만, 미생물과 같이 작은 개체는 영양염류의 생산과 재순환에 관계하는 미생물 먹이망에서 이용된다. 미생물은 큰 유기물 덩어리와 대형동물의 껍질에 집괴를 만들어 소형의 원생동물에 먹히고, 원생동물은 더욱 큰 동물에 먹힐 때 처음으로 생산이란 사슬로 들어온다(National Research Council, 1995; 그림 5)

6. 바다와 육상의 생물다양성 비교

우리가 알고 있는 생물 종의 약 85%는 육상생물이다. 확실하게 지금까지는 바다에서 기록된 생물 종수가 육상에 비해 적었다. 그러나 바다에 더 많은 종이 있는 것이 아니냐는 의문이 있고 그럴 가능성은 매우 높다. 최근 바다에서는 동갑동물문(Loricifera) 및 구윤동물문(Cyclophora)과 같은 새로운 생물군이 발견되었다. 동갑동물은 퇴적물의 입자 사이에 서식하며 구윤동물은 새우의 갑각류 구강 외부에 기생한다. 육상생물의 90% 종이 곤충과 거미류 등의 절족동물문에 포함되고 있는 것에 대하여 해양생물종은 상위 분류체계인 문과 강 수준의 분류군에 분산되고 있어 다양성을 높인다. 비교에 사용한 문의 수는 연구자에 따라 다소 차이가 있지만, 전체 35동물문 중에 34문에 해산동물이 포함되는 것에 반해, 단 12문에만 육상동물은 포함되고 있다. 또 21문은 해산생물로만 구성되어 있지만, 육상생물로만 구성된 문은 하나밖에 없다. 강 수준에서는 전체의 90%가 해산이다. 만일 보통 크기의 식물과 동물만을 보면 해산생물은 43문에 포함되고 있지만, 육상생물은 28문에 포함되고 있을 뿐이다. 분류학적으로 완전하지 못한 미생물로 육상과 바다를 비교하는 것은 객관적 결과를 얻기 어렵지만, 적어도 바다에는 34문과 83강에 속하는 미생물이 알려진다(May, 1988; Ray, 1988; Briggs, 1994).

과학자들은 종 다양성에 대하여 바다에 서식하는 종수는 전체 생물의 약 15%, 또는 25% 정도라고 하는 사람도 있다. 그러나 일부 연구자는 육상과 거의 같은 정도로 많은 종이 존재하며 대부분은 저서생물이라는 사람도 있다. 해양생물은 많은 상위 분군 단계에 존재하기에 종수가 적다는 것을 몇 개의 가설로서 설명하고 있다. 즉 주요동물의 분류군은 태고의 바다에서 분화하였다는 진화과정과 바다와 육상에서의 분산이 차이 및 기후변동의 규모에 관여하는 지구환경의 차이를 원인으로 열거하고 있다. 또 포식자와 먹이생물의 동태 및 자연에서 종간작용의 차이도 원인이 된다(Grassele and Maciolek, 1992; Poore and Wilson, 1993; Briggs, 1994; May, 1994a; Reaka-Kudla, 1997).

바다에서 종수를 조사하는 것은 매우 많은 노력이 필요하지만 그다지 흥미로운 작업은 아니다. 종수는 표본을 계수하는 연구자가 눈에 보이는 범위의 생물에 대하여 어느 정도 알고 있는가에 따라서도 많은 차이가 발생되고, 양적으로 매우 적은 종이나 빠르게 피할 능력이 있는 종은 관찰되지 못하는 경우가 많고 표본 채집도 어렵다. 새로운 채집기술의 진보와 조사범위가 넓어짐에 따라 이전보다 더욱 많은 종이 발견이 가능하지만 아직 자연계에서 각 종의 생활사와 행동을 명확하게 하는데 까지는 이르지 못하고 있다. 또 지금에야 해양생물에 대한 유전학적 연구라는 터무니없이 커다란 일이 막 시작되었을 뿐이다.

아마도 일부 연구자가 지적하는 것과 같이 생태계를 구성하는 종 수를 단순하게 계산하는 것보다도 생태계에서 생물군집의 생활사와 기능을 파악하는 것이 더욱 중요한 것으로 판단된다.

변화가 심한 해류속이나 해저에 서식하는 종은 매우 다양한 방법으로 먹이생물을 포획한다. 바다에서 가장 중요하면서 전형적으로 발견되는 일부의 섭식생태와 동태는 육상에서는 관찰되지 않은 내용이다. 먼저 결론을 말하면 바다의 먹이망은 육상보다 훨씬 복잡하고 영양단계 수도 많다. 동물플랑크톤에서 따개비, 정어리, 고래상어와 수염고래까지 공통으로 해수를 여과하여 먹이를 채취하는 여과식자(filter feeder)는 수권(해양과 담수 등)의 생물에서만 볼 수 있는 섭식방법의 전형적인 예이다. 여과식자는 특수한 기능과 복잡한 구조의 기관을 필요로 한다. 바다에서 먹이생물은 해수에 부유하거나 흐름을 따라 수동적으로 이동하는 것과 포식자의 크기에 비해 매우 작은 크기를 하고 있다. 때문에 포식자는 솔 모양의 섭식기관과 점액질로 만들어진 그물로서 해수를 여과하여 먹이를 포집하는 것이 영양획득에 가장 효율성이 좋기 때문에 여과식자로 진화한 것일 것이다. 인간도 이와 같은 자연의 생물생태를 모방하여 해수를 여과하여 식량을 얻기 위한 어망이란 도구를 만들었다(Ray, 1988; May, 1994a; National Research Council, 1995; Reaka-Kudla, 1997).

육상에서 종 다양성을 높이기 위한 하나의 방법으로 넓은 범위에 식물에 의한 복잡하고 입체적인 물리적 구조를 만드는 것이다. 바다에는 염생습지, 다시마 해중림, 암반지대, 홍수림(맹그로브,

mangrove)[12] 및 산호초를 제외하면, 복잡한 물리적 구조가 그다지 많지 않다. 이 중에서도 가장 복잡한 구조는 산호초에서 발견된다. 여러 가지 형태의 산호 군집과 기반을 만드는 복잡한 초의 구조는 물리적 환경을 복잡하게 한다. 또한 더욱 산호초에 서식하는 생물에 의해 구멍이 막히거나 파괴되면서 서식지의 형태는 점차로 변화된다. 결과 서식처의 다양성과 생물 사이의 상호작용도 높아진다. 그러나 산호초가 파괴되거나 종 구성이 단순화 되는 경우에는 민감한 산호초 생태계는 쉽게 붕괴된다(西平守孝, 1998).

일반적으로 바다에는 하나의 특정해역 및 한정된 장소에만 서식하는 고유종이 육상에 비해 적고 많은 종이 비교적 넓은 해역에 거쳐서 분포하는 것으로 생각되어 왔다. 해산 종에도 드물게 분포가 특수한 환경에 한정되는 종도 있다. 이와 같은 특수한 환경은 대체로 물리적 또는 지구·화학적으로 격리된 해저에서 초, 해구, 해산, 열수분출공 및 냉수분출공이 존재하는 해역이다. 그러나 바다는 알과 유생을 분산시킬 수 있는 흐름이 있고 또한 쉽게 분산되기 때문에 이와 같은 해역도 진정으로 고유한 종은 발생하기는 어렵다고 많은 사람들은 생각한다. 하지만 한편으로 운동력과 분산이 크지 않은 해양의 저서동물 군집에서는 고유종 발견이 어렵지 않을 것이라는 생각도 있다(National Research Council, 1995).

수온 하강과 파랑에 의한 해수교란 등에 의해 규칙적으로 환경이 크게 변화되는 곳에서 저서생물은 적당한 시간과 계절을 선택하여 알과 유생을 해수에 분산시켜 종족유지를 시도한다. 이러한 생존방법은

12 열대와 아열대의 갯벌이나 하구에서 자라는 목본식물의 군집으로 줄기와 뿌리에서 많은 호흡근이 내려지고, 열매는 보통 바닷물로 운반되나, 어떤 종은 나무에서 싹이 나서 50-60cm 자란 다음 떨어져서 번식하는 것(태생식물)도 있다.

유생을 새로운 서식지로 진출시키는 한편으로 떨어진 해역에서 유생을 보급 받아 새로운 군집을 형성하는 중요한 전략이다. 대부분 육상생물은 어미 가까이에서 새끼를 성육시키는 전략을 택하며. 새끼는 종종 어미에 의탁한다. 이에 반해 대부분 해양생물은 새끼를 발생초기부터 어미 개체군에서 떨어진 해역에서 성육시켜 어미와 새끼는 서로 관계하지 않는다. 또 어떤 종은 생애 전체를 하나의 생태계에 한정하여 서식하지 않고 여러 생태계를 이동한다. 때문에 유생과 성체는 크기와 형태가 전혀 다르게 표현되는 등 현저한 차이를 보인다. 육상의 대표적인 동물 크기의 차이와 어류 크기의 차이를 비교하면 이와 같은 사실을 쉽게 이해할 수 있다. 육상동물은 일생 동안 체적을 $10 \sim 10^3$ 배까지 증가시키나 어류는 $10^5 \sim 10^7$ 배까지 변화시킨다. 큰덤불해파리(노무라입깃 해파리)의 폴립은 연안의 얕은 해역에 착지하여 성장하고 변태하여 해파리가 되면 해수에 부유하여 흐름에 따라 이동한다. 어린 해파리의 우산 직경은 약 1.7cm지만, 4개월이 되지 않아 70cm까지 성장하며 중량도 4.5×10^4 배로 증가한다. 체장의 성장과 함께 먹이, 분포 장소 및 수심도 변화하며, 먹이사슬에서의 영양단계의 위치와 종간관계도 다양하게 변화하는 것 또한 육상동물에서는 볼 수 없는 해양생물의 특징이다.

가. 물리적 특성

해양생물에 영향을 미치는 최대 요인은 해수가 액체라는 것이다. 매질로서 액체는 해양생물의 수정을 원활하게 하고 종의 분포를 확산시킬 뿐만 아니라 영양염류의 용해와 순환을 촉진한다. 영양염류의 분포는 기초생물의 생물생산을 지배하며 영양염류의 동태는 종 다양성에 영향을 미친다. 그러나 해수의 순환은 유해한 오염물질을 넓은 범위로 확산시켜 생물군집에 영향을 미치기도 한다.

바다와 육상의 생태계는 자연환경의 변화규모도 차이가 있다. 바다의 해수는 열용량이 크기 때문에 물리적 환경은 변화가 적어 비교적 온화한 환경을 만들어 낸다. 해수의 열용량은 대기에 비해 약 1,000배 크기 때문에 많은 열을 흡수하여도 수온 상승은 높지 않으며 상당량의 열을 잃는다 해도 수온의 하강은 크지 않게 된다. 해양생물은 해수에 잠겨있기 때문에 육상생물이 견뎌내야 하는 건조라는 스트레스가 없다. 변덕스런 육상생물은 이와 같은 환경변화를 이겨낼 수 있는 물리적, 생리적 기능을 발달시켰다. 그러나 물가에 서식하는 일부 종을 제외한 해양생물은 육상의 변덕스러운 환경변화에 적응할 필요가 없을 뿐만 아니라 물을 획득하고 보존하는 것과 같은 기능으로 진화할 필요가 없었다. 이러한 환경적 차이가 해양생물이 육상생물보다 인간활동에 의한 환경교란에 쉽게 변화하거나 붕괴하는 결과를 가져오게 하였다(Sanders, 1968).

육상 환경은 다른 생태계 사이의 물리적인 차이가 큰 것에 반해 유동하는 바다에서는 바다와 육지 사이의 협소한 해역을 제외하면 경계의 차이가 크지 않을 뿐만 아니라 경계의 위치는 항상 변화한다. 그러나 바다의 생태계에도 해류계, 수온, 염분 및 광량과 같은 물리·화학적 특성에 의해 다른 생태계와 차이가 발생한다. 해수는 절단한 흔적이 생기지 않지만, 해류에 의해 미묘하게 다른 성질을 가지는 수괴를 만들게 된다. 이러한 차이를 만드는 물리적 경계는 미세한 해양생물의 상호교류를 방해한다. 해양생태계는 이러한 물리적 경계에 의해 구분되고 결정된다. 해류와 해수밀도에 의해 잘려진 생태계의 범위는 매우 넓다. 해류순환은 위도를 따라서 전개되기 때문에 세계 바다의 식물상과 동물상 분포도 대부분 해류의 분포와 일치하게 된다. 지금까지 연구를 기본으로 대양의 표영환경에 대한 지리적 분포는 해류계를 기준으로 14개 해역으로 구분 된다(그림 6). 해역과 해역 사이에는 넓은 혼합역(이행대)이 형성되고 혼합대는 북반구와 남반구 양쪽에 형성되며 각 혼합역은 주변 해역의 종과 혼합역 고유종이 합쳐진 특

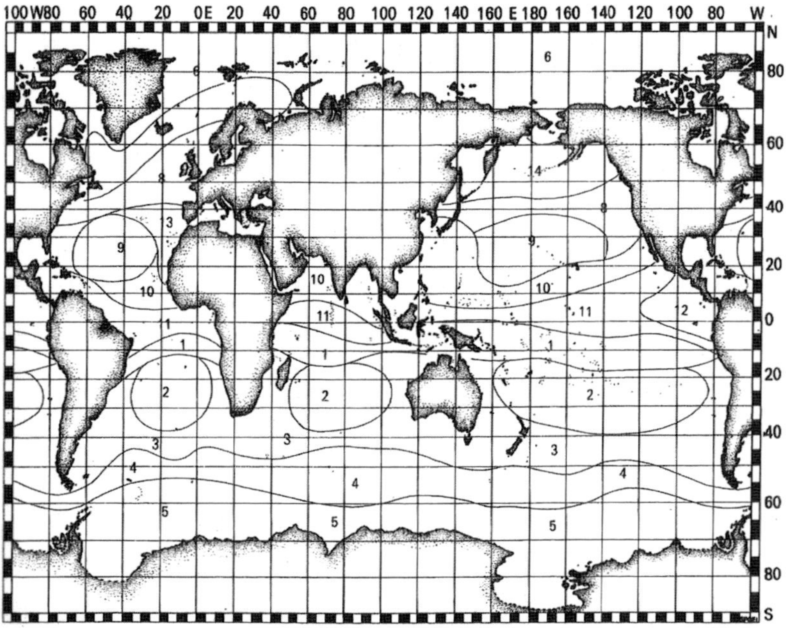

그림 6. 세계 바다의 수평구분과 생물지리 분포 패턴

1. 남반구 열대-아열대 해역, 2. 남반구 중앙환류역, 3: 남반구 이행대 (혼합해역), 4: 남극해 한류역, 5: 남극해 환류역, 6: 북극해역, 7: 북극해 한류역, 8: 북반구 이행대(혼합해역), 9: 북반구 중앙환류역, 10: 북반구 열대-아열대 해역, 11: 적도해역, 12: 동태평양 해역, 13: 북대서양-지중해 해역, 14: 북태평양 아한대 환류역(북양역), (der Spoel and Heyman, 1983). 세계의 주요 해류는 그림 11 참고

유의 생물상을 나타낸다(Beklemishev et al., 1977; Reid et al., 1978; Pielou, 1979; van der Spoel and Heyman, 1983)

수심은 바다가 육지와 다른 특성 중이 하나이다. 3차원 세계에서 생명을 유지하고 있기 때문에 바다에는 육지에서 볼 수 없는 생활양식이 발달되어 있다. 즉 해양생물은 수심에 따른 연직방향의 환경변화와 먹이분포에 적응 하면서 살아간다. 식물은 광합성이 가능한 극히 표층에 한정된 유광층에서만 살 수 있다. 바다에서 빛의 도달할 수 있는 수심은 해수의 투명도에 따라 변하지만, 보통은 해수면에서 수심 10~200m 사이이다. 동물도 식성에 따라 초식자는 조류의 번식이 활발한 표층에서 육식자는 먹이생물의 종류에 따라 특정 수심에서, 그리고 사체 등 유기물을 먹는 부식성 식자는 해저에 각각의 서식지를 나누어 살고 있다. 종간경쟁과 포식압도 생물의 연직분포에 영향을 받는다. 이와 같은 바다 수심은 종 다양성을 높여 복잡한 먹이망과 더불어 기능군 다양성을 높이고, 군집·생태계의 다양성을 높이는 결과를 가져오게 된다.

육지와 바다 사이에 분명한 물리적 경계가 있는 것과 마찬가지로 대기권과 수권 사이에도 두께가 50 ㎛ 정도의 마이크로 층[13]이 물리적 경계를 형성한다. 대기와 해수 사이는 마이크로 층을 통해서 물질 교환이 이루어진다. 대기에서 이산화탄소, 산소 및 유독물질 등의 기체가 해수에 용해되고, 바다에서 만들어진 기포 등의 가스가 대기로 발산된다. 해수면의 마이크로 층에는 물 분자가 응집하고 있어 바로 밑의 해수와 쉽게 혼합되지 않는다. 화학물질과 일부 종의 생물도 마이

13 표면막(surface film)으로 표현되어 약 150㎛ 두께를 나타내기도 한다(Parsons, T.R., Takahashi, M. and Hargrave, B., 1984. Biological Oceanographic Processes (3rd Eds). Pergamon Press, Oxford, 330p. 참조)

크로 층에 밀집된다. 일부 종은 표면장력과 부력을 이용하여 뜨기도 하고, 해수면에 착 달라붙어 생활한다. 일시적으로 알과 유생도 마이크로 층에서 생활하는 종이 많다.

나. 화학적 · 생화학적 특성

다양한 물질이 녹아 있는 해수에서는 생물이 관계하는 화학반응이 활발하게 이루어진다. 바다와 육지의 동 · 식물은 특정 화학물질을 만들어 생식 상대를 유혹하기도 하지만, 포식자를 회피하기 위한 신호로도 사용된다. 또 어떤 종은 화학물질을 사용하여 경쟁자를 위협하기도 하고 경쟁자와 일정한 거리를 유지하면서 동일종 및 다른 종의 성장을 촉진하는 것도 알려진다. 해수에서 화학신호에 의한 정보전달은 중요하여 저서생물의 유생은 착저(settlement) 할 때 "이 곳은 당신이 착저하여 변태하기에 가장 좋은 곳입니다"라고 하는 기질 위에 서식하는 조류와 미생물로부터 발신된 화학신호를 수신하는 것에 따라 생사가 결정된다. 일례로 전복 유생의 서식하기 적합한 암초대에는 가시돌잎(*Hydrolithon*)과 같은 홍조류가 있어 특별한 화학신호를 발신하여 전복 유생의 착저를 유도하고 있다. 가시돌잎이 발신하는 화학신호가 없는 해저에서는 전복 유생의 착저는 물론 변태도 발생하지 않는다. 유생의 부유생활 기간은 대략 수 주로 짧고 이 기간 동안 유생은 적합한 장소에 착저하여야만 살 수 있다. 전복은 크고 성장이 빠른 갈조류를 먹고 살지만 암반에 얕게 덮어서 늦게 성장하는 홍조류를 먹지 않는다. 이러한 관계는 조초산호의 경산호류 플라누라 유생이 착저, 그리고 석회조 및 특정 세균 사이에도 보여 진다(Morse and Morse, 1988; Morse et al., 1994).

해양생물의 자기 조절을 위한 화학신호도 알려진다. 일례로 산란기의 전복은 일부 개체에서 해수로 호르몬을 방출하는 것을 신호로 전체 개체가 산란을 시작하여 한꺼번에 많은 알을 방출시키는 것으로 교배의 기회를 높이고 있다. 이와 같은 화학신호는 청어와 소형 고동류인 수랑류(*Babylonia*)에서도 알려진다. 이들은 화학신호에 의해 교배 기회와 먹이 존재를 알 수 있지만, 인간활동에 따른 해수의 화학적 오염이 화학신호의 활성과 전달을 방해하고 있다. 이들 생물은 화학신호가 방해되거나 혼란이 발생하면 생존자체가 위협를 받게 된다. 일례로 과산화수소와 같은 자극물질은 전복의 산란을 촉진시키는 호르몬을 분비시켜 산란을 방해하고 있고 수랑류는 폐기물에서 용출된 화학적 오염물질에 의하여 먹이 탐색 반응이 늦어지는 것이 알려진다 (Ruggieri, 1976; Colwell, 1983; Morse and Morse, 1988; Blaxter and Ten hallers-Tjabbes, 1992).

바다에는 자체적으로 독을 생산하는 생물이 많다. 특히 열대 산호초에는 많은 생물종이 독을 생산하여 포식자를 피하고 있다. 또 표영환경에서 많은 식물플랑크톤은 종간경쟁에서 이기기 위해 독을 생산한다. 일반적으로 플랑크톤 군집은 다양하고 독 영향은 플랑크톤 단계에 한정된다. 독을 생산하는 식물플랑크톤 종이 성장하기에 매우 적합한 조건이 되면 일시적으로 대량증식을 한다. 독을 생산하는 식물플랑크톤의 대량증식은 이를 먹이로 하는 어류, 고래 및 인간 등 보다 고차의 영양단계 동물에 독을 전송한다. 최근 이와 같은 현상은 적조와 유해조류의 이상발생 현상으로 연안해역에서 자주 발생하고 있다. 발생 원인으로 최소한 일부 도시와 농촌에서 유입되는 영양염류 증가 및 균형의 붕괴가 깊게 관여되는 것으로 생각된다.

7. 생물다양성 분포 규모와 양상

바다의 생물다양성은 주로 생물종에 시·공간적 규모로 작용하는 물리과정과 생물과정의 상호작용으로 결정된다. 또 생태계는 다양한 공간규모를 가진다. 때문에 어떤 특정 생물다양성 연구와 보전을 위해서는 생물군집에 영향을 주는 다양한 규모의 물리·화학적 인자와 생물적 인자의 상호관계를 파악하여야만 한다.

우리가 살고 있는 지구의 장래를 위해서 가장 먼저 고려해야 하는 것은 지구규모의 생물다양성 보전이지만, 지구규모의 스케일로 연구대상을 잡는 과학자와 정책담당자는 거의 없다. 바다와 육지의 조금 적은 범위의 공간문제로 축소하는 것이 보다 이해와 취급하기 쉽기에 대부분 과학자는 물리·화학적 또는 생물학적 특성을 기본으로 작은 범위에 한정하여 접근한다. 또 정책담당자는 법률을 기본으로 생태계의 범위를 정한다. 그러나 바다의 자연을 정치적/행정적 경계선으로 관리하는 것은 상당한 무리가 있기 때문에 과학적 지식을 기본으로 하는 생태계 범위에 한정하여 보호와 관리방법을 수립해야만 효과를 얻을 수 있다.

해양생물과 화학물질은 특정 생태계에 한정되어 분포하는 것이 아니라 주변 생태계와 시·공간적으로 중복되는 개방계로 작용하고 있기 때문에 바다에서 생물다양성 보전은 그리 간단하지 않다. 어떤 하구역의 종 다양성을 생각하면 그곳을 자유롭게 출입하는 연결된 연안해역의 내용은 물론 해수의 교환비율과 오염원(일부는 매우 떨어진 장소에 있는 것도 있을 것이다) 및 연간 기후변화와 경향 등도 고려되어야 한다. 또 연안과 외양 생태계는 시·공간적으로 변화하는 해류, 용승 및 난류의 동태에도 주의 해야만 한다. 그곳의 생물다양성은 하나의 생태계 범위에 한정되지 않고, 더욱 큰 스케일로 전개된다. 한편 생태계 내에서도 작은 규모의 물리적 또는 생물적 작용에 의해 종 분포는 균일하지 않고 종종 어느 한 곳에 편중되는 패치분포를 보인다.

가. 종 다양성 기울기

일반적인 연구자는 해조류, 동물플랑크톤, 어류 및 산호초라는 각각 독립된 하나의 생물군이나 여기에서 더욱 세분된 '요각류' 또는 '바다곤쟁이류'라고 하는 하나의 분류군을 연구대상으로 선택한다. 한 번에 모든 생물군집을 조사한 보고는 거의 없다. 여기서 소개하는 결과도 일반적인 것으로 해양생물에 대한 조사와 화석연구에서 넓은 범위의 종 분포는 몇 개의 일정한 분포패턴을 보인다. 그러나 어떤 유형의 하나의 생물군과 다른 유형의 생물군에는 약간의 차이가 발생하게 된다. 물론 향상 예외라는 것도 존재한다.

공통으로 발견되는 종 다양성 변화는 위도에 따른 패턴이다. 북극해는 지사적으로 형성된 시간이 짧기 때문에 태평양과 대서양보다 고유종이 적고 다양성도 낮다. 북반구의 극 해역에서 적도 사이에서는 고위도에서 저위도로 내려감에 따라 종 다양성은 증가하는 경향이 일부 화석 종과 현생 연체동물에서 보인다. 유사한 경향은 심해의 열수분출공의 종 다양성에서도 발견된다. 플랑크톤은 이와는 다른 양상을 나타낸다. 즉 종 다양성이 가장 높은 해역은 15°~40°N 범위이다. 해조류도 유사하여 중위도에서 피크를 나타낸다. 그러나 남반구는 이와 같은 양상이 뚜렷하게 발견되지 않는다(Stehli et al., 1969; Clarke, 1992; Angel, 1993; Kendall and Aschan, 1993; Rex et al., 1993;

Hawksworth and Kalin-Arroyo, 1995; Clarke and Crame, 1997).

위도로 보면 조초산호의 종 다양성은 산호초가 확대되는 태평양 서쪽의 열대해역에서 가장 높다. 산호초 종 다양성도 태평양이 대서양보다 압도적으로 높고 말레시아 반도와 필리핀 및 인도네시아 군도로 둘러싸인 해역에서 최고를 나타낸다. 이것은 최후 빙하기에 면적이 비교적 작은 대서양은 전체적으로 낮은 수온을 보인 것에 반하여 큰 면적의 태평양은 온난한 해역으로 남아 진화를 위한 안정된 시간이 지속된 결과로 산호초가 많아 살 수 있었다. 라고 하는 지사학적 규모로도 설명된다. 또 태평양과 대서양 모두 서쪽에 종 다양성이 높은 것은 동쪽에 비해 얕은 수심과 다양한 크기의 섬과 열도가 많아 산호초가 발달하기 쉬운 조건을 구비하고 있는 것과 해류 흐름으로 동쪽보다 따뜻한 해역이 고위도로 더욱 높게 확장되기 때문으로 알려진다(그림 7; Stehli and Wells, 1971; Veron, 1995).

그리고 대륙붕에서 외양으로 변화하는 종 다양성에도 일정한 경향이 관찰된다. 오랫동안 저서생물은 수심이 증가에 따라 종수가 감소하는 것으로 알려졌다. 그러나 최근 연성퇴적물에 서식하는 중형저서생물(meiobenthos)을 조사한 결과에서는 이와 반대의 경향을 보였다. 즉 최고 종 다양성은 대륙붕 외측의 수심 1,500~2,000m 연성저질에서 발견되는 것이 확실해졌다. 그러나 플랑크톤과 소형 유영생물(작은 어류와 유영성 새우 등)에서는 이와 같은 경향이 관찰되지 않고 수심 1,000~1,500m에서 최고 높은 종 다양성이 관찰된다. 또 해저경계층 주변은 근저성 플랑크톤과 저서생물 일부가 추가되어 종 다양성은 재차 증가한다(Sanders, 1968; Kikuchi and Omori, 1985; Grassele and Maciolek, 1992; Angel, 1993).

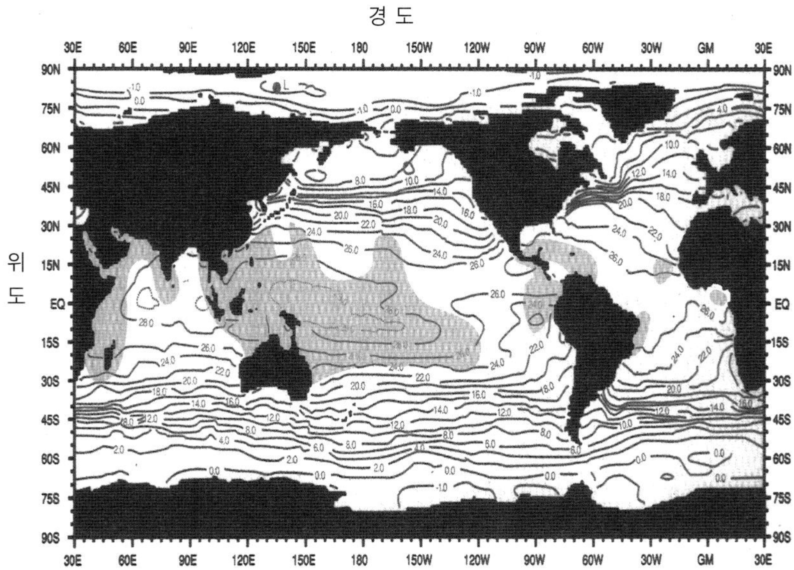

그림 7. 세계 바다에서 산호초의 분포(회색부분)과 표층의 평균수온

연평균 바다의 표층 수온은 호주 북쪽에서 29.5℃, 최저는 북극해의 -2.3℃이다. 세계의 산호초는 표층수온이 약 24℃ 이상의 해역에 분포하지만, 난류의 세력이 강하고, 얕은 수심과 섬이 많은 대양의 서쪽에 넓게 발달한다. 또 큰 하천이 유입하는 해역에는 산호초가 발견되지 않는다.

하나의 생태계가 어느 정도 종 다양성을 나타내는지 알 수 있는 명확한 지리적 경향은 없지만, 지역마다 잠재적인 종 다양성은 한계가 있는 것처럼 보인다. 어느 정도 수준의 다양성이 관찰되는가 하는 것은 종에 영향을 미치는 물리·화학적 작용과 생물적 작용의 결과에 의해 결정된다고 할 수 있다.

나. 해양의 생태적 구분

바다는 광활하기에 과학자와 정책담당자는 바다를 연구하고 인간활동의 영향을 파악할 때 우선적으로 해역과 깊이를 구분하여 생각한다. 우선 기준이 되는 것은 표영환경과 저서환경이다. 각 장소의 물리적, 생물적 특징은 다르고 해저환경에는 표영환경보다 많은 종의 동물이 서식하며 천해 해저에는 해조 및 해초가 서식한다.

지금까지 연구결과에서 생물분포는 연직 및 수평방향으로 보다 세분할 수 있음을 알았다. 저서환경에서 조간대에서 수심 약 200m까지 완만한 경사를 이루는 해저를 조하대(대륙붕)라고 한다. 대륙붕을 넘어 급경사를 나타내는 부분을 대륙사면이라고 한다. 이 대륙사면에서 수심 200m에서 수심 2,000m 또는 4,000m까지를 점심해대로 구분한다. 수심 약 4,000m가 되면 해저는 재차 평탄한 심해평원을 이룬다. 수심 3,000m~6,000m까지를 심해대로 재차 구분한다. 해저에는 가장 깊은 곳으로 11,000m가 되는 해구로 떨어지는 장소가 몇 군데 있고, 6,000m 보다 깊은 해구의 밑과 양측은 초심해대로 부른다(그림 8).

한편, 표영환경도 해수면에서 해저까지 몇 개의 층으로 구분되어, 200m 보다 얕은 광합성이 이루어지는 표층(유광층)과 표층 밑에서 700~1,000m까지의 중층(박명층)과 1,000~4,000m까지의 점심층과 4,000m에서 6,000m까지의 심층, 6,000m 이상의 초심층으로 구분한다. 점심층보다 깊은 곳은 빛이 도달하지 않기에 무광층이라 한다. 또 연구자에 따라서는 점심층과 심층을 합해서 심층이라고도 한다(그림 8). 이외에 생태적인 특징을 가진 해수면 극표층과 해저 경계면이 별도의 연구대상이 된다(Nybakken, 1982; National Research Council, 1995).

그런데 "해양심층수"라고 이름 붙여진 음료 및 각종 상품에 사용

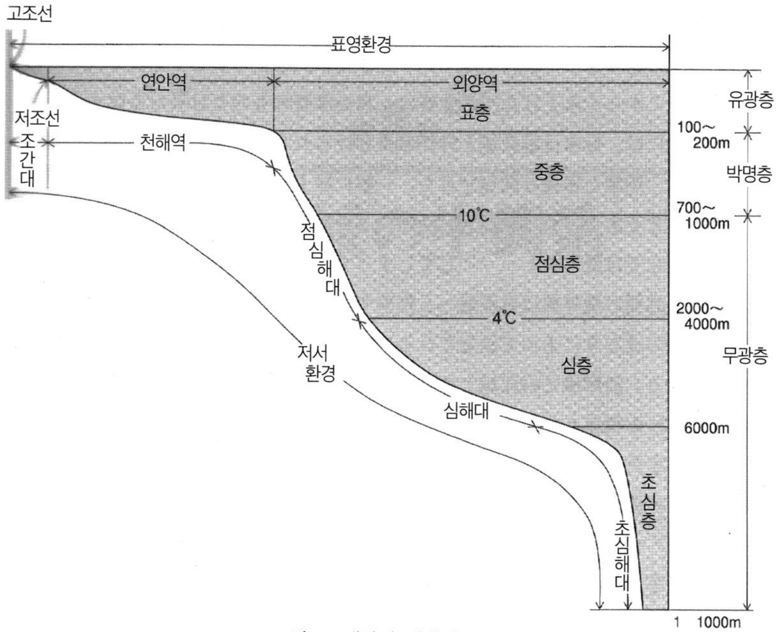

그림 8. 해양의 생태적 구분

되는 해수는 거의가 연안의 수심 700m 보다 얕은 중층에서 채취되고 있다[14]. 중층은 일주연직이동에 의해 동물플랑크톤이 항시 표층에서 물질을 운반하고 있기 때문에 그곳에서 채취한 해수는 심층 해수의 성질과는 다르게 된다.

수평방향으로는 분포가 연안해역과 외양해역으로 구분된다. 연안해역의 생태계 특징은 비교적 면적이 한정되어 작으며 일반적으로는 육지에서 풍부한 영양염류가 공급되는 육지와 밀접한 관계를 가지는 곳이다. 연안해역은 인간활동에 의한 영향을 가장 많이 받고 있기에 생태계의 변화가 심하며 현재도 심하게 변화된 생태계를 나타낸다.

14 우리나라에서 말하는 해양심층수란 햇빛이 도달하지 않은 수심 200m 보다 깊은 수심의 해수이다.

연안해역의 안쪽 경계는 해안선이고. 바깥 경계는 외양해역으로 변화되는 곳이다. 즉 연안해역의 외양 경계는 해저지형과 대륙붕 연변부가 연결되는 곳에서 결정되기에 해안선에서 외양까지의 거리는 해역에 따라 다르다. 연안해역과 외양해역의 경계는 배타적 경제수역(EEZ)과 겹치는 경우가 종종 있기에 생태학적 구분보다도 정책적으로 중요한 의미를 가질 수도 있다. 연안해역과 외양양역의 생태적 구분은 애매모호 하여 경계를 통하여 양 쪽은 물리적, 생물적으로 깊은 상호관련을 가진다. 분포가 어느 한 쪽 해역에 한정되는 종이 많지만 경계를 자유롭게 왕래하는 종도 있다. 이 두 개의 해역을 이해하는 것도 해양 생물다양성 보전을 위해서는 필요불가결한 내용이라 할 수 있다.

제 3 장

연안생태계

보름달물해파리 (*Aurelia aurita*)
(Jersey, 1994)

보름달물해파리는 세계적으로 연안해역에서 가장 쉽게 발견되는 해파리의 일종이다. 집단 서식 경향이 강하여 쉽게 대량발생 한다. 대량발생은 정치망 등을 가득 채워 어류 유입을 방해하기도 하고, 해파리와 함께 어획된 어류의 선도를 저하시킨다. 더욱이 해수를 냉각수로 이용하는 발전소 취수구에 유입되어 스크린을 막아 발전소 가동을 중지시키기도 한다.

연안해역이란 육지와 바다의 경계역인 조간대 파도가 부서지는 해안에서 대륙붕의 외연까지를 덮는 광활한 해역이다. 해안선 쪽으로는 조석의 영향을 받는 하구의 기수역과 하구역을 포함한다. 연안해역은 단순하게 바다의 구석이 아닌 바다가 육지와 하천에 연결되는 중요한 해역이다. 일부 학자는 하구역을 의식적으로 연안해역에 포함시킨다. 즉 하구역은 연안해역 생물생산의 원동력으로 없어서는 안 될 다양한 물질이 녹아있는 담수가 해수와 혼합되는 장소이기 때문이다.

바다 전체에서 연안해역의 차지하는 면적 비율은 10% 이하이다. 그러나 연안해역은 바다에서 가장 생산성이 높은 장소일 뿐만 아니라 지구에서 탄소와 기타 원소는 물론 물의 순환에서 매우 중요한 해역이다. 또한 연안해역은 종의 격리와 융합이 일어나기 쉬운 해역이기도 하다. 대부분 종의 분포는 수온과 염분 등 물리적 인자의 구배에 의해 결정되지만 일부 종은 구배를 넘어 연안해역을 유입되기도 한다. 연안해역은 또 비료와 유기오염물질 그리고 병원체 등이 육지, 대기, 선박 및 해저유전에서 유입되고, 인간활동에 의한 나쁜 영향이 축적되어, 오염에 대한 상승효과가 발생하는 해역이기도 하다. 그리고 어업과 양식업 등 어업인의 수확을 하는 주요 대상해역이기도 하다. 세계적으로 보면 현재 하천 물이 바다로 도달할 때까지의 자연유량에서 50% 이상은 농업용수와 식수로 사용된다. 때문에 인구증가와 육상개발은 분명하게 연안해역의 환경을 악화시키고 있다고 할 수 있다.

연안해역에는 하구역, 염생습지, 암초, 모래해안, 홍수림 및 산호초 등 매우 다양한 생태계가 존재한다. 이 장에서는 이들 생태계의 생물과정, 생물다양성 및 생태계에 미치는 인간활동의 영향에 대하여 설명한다.

1. 하구역과 염생습지

하구역과 염생습지는 바다와 육상의 생태계가 만나는 경계에 위치한다. 경계는 만, 하구, 초호 등으로 특징 지워진다. 이곳은 유입하는 담수와 해수의 조석작용에 의해 하구역과 염생습지의 염분은 끝없이 변화하여 생물 서식장의 환경을 변화시킨다.

수위 변동과 대륙이동 그리고 해저확대에 따른 지각변동으로 해안선의 위치는 몇 번이고 이동하였다. 이와 같은 지사적 시간 규모에서 보면 현재 하구역은 비교적 새롭게 형성된 곳이라 할 수 있다. 때문에 아직까지 하구역에서 높은 생물다양성을 가지는 복잡한 생물군집으로 발전하기에는 충분한 시간이 부족하다. 하구역은 우리에게 아름답고 아기자기한 모양으로 표현되지만, 보다 깊은 해역의 생태계에 비하면 종 다양성은 낮다. 그러나 하구역과 염생습지는 육지와 바다가 함몰된 복잡한 지형에 의해 몇 개의 유형으로 구분된다. 이들 각 하구역에는 서로 다른 생물군집이 출현하기에 하구역 전체의 종 다양성은 높게 된다.

또 하구역은 지사학적으로 보면 짧은 시간으로 진화 초기단계라 할 수 있기 때문에 새로운 서식지를 찾아오는 많은 생물의 분포를 확장시킬 수 있는 가능성도 크다. 선박평형수 등에서 다른 하구역의 새로운 외래종이 유입되면 외래종은 새로운 환경에 잘 적응하여 재래종보다 더욱 번영하는 것은 잘 알려진 사실이다. 인간활동의 결과 세계 하구역은 생물종 교란이라는 심각한 문제가 발생하고 있다. 그러나 어떤 종이 유입되어 생물군집을 황폐화시키고 있는지? 단순히 어떤 종이 증가만 하고 있을 뿐인지? 아니면 외래종 유입이 실패로 끝난

사진 2. 염생습지 (노토로 호반의 퉁퉁마디 군락)

사진 3. 염생습지 (텍사스 연안의 염생습지에 서식하는 벼과 식물군락)

것인지? 등을 예측하는 것은 매우 어렵다(McLusky, 1981).

하구역의 환경은 시·공간적으로 쉽게 변화되고 물리·화학적 인자가 생물군집을 지배하고 있다. 하구역에서 생물의 서식범위를 제한하는 인자는 담수에서 해수까지 염분 구배, 수온의 계절변화, 광량, 영양염류 등을 이용하여 대략적인 영향범위를 알 수 있다. 즉 염분의 변화, 조석, 계절, 담수가 유입하는 해역과 외해역까지 거리로 예측이 가능하다. 그러나 홍수에 의한 하천 유입량이 증가와 폭풍으로 해수가 침입하게 되면 예측 불가능한 염분 변화를 보일 때도 있다. 하구역에서 종 다양성의 감소는 예측할 수 없는 물리환경의 변화에 깊게 관여되고 있는 것으로 판단된다(Boesch, 1974).

일반적으로 하구역의 종 다양성은 외해에서 하구역으로 접근할수록 낮아지는 염분과 같이 서서히 감소하고 하천으로 진행되면 재차 증가한다. 종수의 감소는 과(科)의 수 감소에서도 알 수 있다. 예외적으로 강수량보다 증발량이 많은 일부의 열대의 하구역의 염분은 해수보다도 높고 종 다양성 역시 낮다.

영양염류는 하구역의 기초생산과 종 다양성에 중요한 역할을 한다. 하구역은 계절적인 강우와 바람의 영향으로 육상에서 유입되거나 해저에서 공급되는 영양염류 농도가 변화한다. 또 계절에 따라 일사량과 강우량이 크게 다른 중위도와 고위도에서는 영양염류가 증가하면 일사량이 있는 기간에 미세조류와 침수성 식물이 급성장하여 동물의 재생산과 성장을 지탱하는 인자가 된다. 미세조류의 종에 따라 성장의 피크가 발생하는 시기는 다르지만 종조성은 계절에 부응하여 성장이 적합하지 않는 기간에는 휴면포자(cysts)를 만들어서 하구역 해저퇴적물에 침강하여 휴면한다. 한편 연중 하구역에 서식하는 동물종

이외에도 하구역을 통과하여 하천에서 바다 또는 바다에서 하천으로 이동하는 종과 주기적으로 외양에서 하구역으로 산란과 색이를 위해 찾아오는 종도 있다.

하구역은 연안과 외양에 서식하는 많은 어류를 성육시키는 장소이다. 하구역의 환경상태가 자치어의 종조성에 영향을 미치게 되며, 다른 해역으로 이동하여 서식하는 어미 군집구조에도 영향을 주게 된다. 상당부분의 조개류 생산은 연안 하구역의 생산물이라 할 수 있다. 때문에 하구역의 생물생산이 낮아지면 전체 연안해역이 부정적인 영향을 받게 된다(Deegan, 1993; Ray, 1997).

하구역은 염생습지로 둘러 싸여있거나 다양한 습지가 점적으로 존재하는 장소라 할 수 있다. 열대의 기수 조간대에는 홍수림(mangrove)이 번무하며 온대는 함초(퉁퉁마디, *Salicornia*)와 갈대(*Phragmites*) 등 명아주과 및 벼과의 염생식물군이 발달한다. 온대와 열대에서 공통적인 것은 완전히 수몰된 모래사장에는 잘피류(*Zostera* 등 몇 종의 현화식물)에 의해 만들어진 잘피숲(해초장)이 발달하는 것이다. 잘피 숲에는 잘피군락 사이에 다른 소형 해조가 성육하여 외양종 유생을 포함한 작은 동물의 훌륭한 서식처와 은신처를 제공한다. 온대 잘피 숲은 백조와 기러기 등 철새의 도래지로 열대의 잘피 숲은 듀공 등에게 훌륭한 섭이장소를 제공한다. 또 잘피 잎의 표면에는 미세한 부착조류(benthic algae)가 농밀하게 서식하고 있어 잎에 서식하는 소형 고동류와 갑각류 먹이가 된다. 해수에는 100종 이상 식물플랑크톤이 부유하지만, 식물플랑크톤만으로 동물플랑크톤 전체 생물량을 지탱할 수 없다. 하지만 하구역 기초생산은 침수성 현화식물과 미소 부착조류가 담당하고 있다. 또 잘피에서 떨어진 잎과 부착조류가 분해되면서 만

사진 4. 이시카키시마의 잘피장 (일본에서 가장 다양성이 높은 해초장의 하나 林原毅씨 촬영)

들어지는 유기쇄설물(detritus)이 해저 부니(浮泥)를 형성하여 하구역의 먹이사슬에 없어서는 안될 중요한 요소로 작용하고 있다(Wiegert and Pomeroy, 1981; Zaitsev, 1992; National Research Council, 1995; Short and Wyllie-Echeverria, 1996).

조간대에는 펄로 된 갯벌이 있다. 갯벌은 다른 습지와 달리 대형 염생식물이 서식하지 않는다. 갯벌 동물은 펄 속에서 생활하고 있고 물새의 중요한 먹이가 된다. 그러나 펄 속에 살고 있는 동물 종은 그리 많지 않다. 갯지렁이, 이매패, 고둥류가 우점하며, 기타 농게(달랑게과) 등이 있다. 농게는 한쪽 집게발이 매우 큰 게로서 갯벌에 구멍 형태의 집을 파서 조석에 따른 수몰과 간출 사이클에 멋있게 적응하며 생활한다. 물이 들어오면 집 구멍을 막고 안에서 생활하지만 물이 빠지면 집에서 나와 갯벌을 돌아다니면서 펄 속이나 조석이 남기고 간 유기물을 먹고 살아간다.

하구역의 매력적인 동물 중 하나인 투구게는 협각류의 퇴구류에 속한다. 게보다 거미와 전갈에 가까운 동물이지만, 공룡과 기타 무수한 생물이 걸어간 멸종이라는 길을 피해 5억년 이상 살아남은 "살아있는 화석"이라 불리 운다. 미국 대서양 연안의 아메리카 투구게는 바닷새들이 봄에 이동할 때 중요한 영양원이 된다. 바닷새들은 5, 6월 수온이 높은 대조 때 집단 산란하는 투구게의 생태에 맞추어 델레웨이 주의 체사피크만에서 날개를 멈춘다. 새들은 모래 속에 산란된 투구게 알을 미치듯이 먹어 배를 채운다. 현재 일본 투구게(고유종)는 산란 장소가 간신히 유지되고 있지만, 서식지인 바다가 매립되어 거의 자취를 감추었다. 동남아시아에 분포하는 남방투구게도 식용, 비료, 낚시 미끼, 의료 연구 등의 목적으로 남획되어 오염의 심한 해역에서 서식지가 강하게 위협받고 있다.

열대 하구역과 해안에서 홍수림(mangrove)은 약 75%의 해안선을 덮고 있었고, 하구역에 서식하는 다양한 생물의 은신처를 제공하였다. 일반적으로 홍수림으로 알려진 내염성 식물은 홍수과(Rhizophoraceae), 마편초과(Verbenaceae), 손네라티아과(Sonneratiaceae) 등 약 100종에 이른다[15]. 홍수림은 산호초와 같이 인도양과 서태평양 경계 부근해역

15 홍수림을 구성하는 식물은 세계적으로 70~100 종 정도로서 홍수과(Rhizophoraceae), 마편초과(Verbenaceae), 손네라티아과(Sonneratiaceae)의 3개 식물과에 속한다. 홍수과 식물은 두꺼운 각피층(큐티클)이 덮고 있는 두꺼운 광택 잎을 한다. 호흡 뿌리의 형태는 종마다 다르다. 암홍수(雌蛭木, *Kandelia obovata*)는 다소 판근 모양이고, 숫홍수(雄蛭木, *Bruguiera gymnorrhiza*)는 무릎 모양의 뿌리가 지표에 노출되어 있다. 팔중산홍수(八重山蛭木, *Rhizophora mucronata*)는 지표보다 위로 비스듬하게 문어발 모양의 뿌리가 줄기를 지탱하므로 지주뿌리라고 한다. 또한 홍수식물은 가지에 붙은 열매 속에서 뿌리가 자라서 어느 정도 크기가 되면 뿌리의 끝부분에 새싹이 붙은 상태로 열매가 떨어진다. 이와 같이 어미식물 위에서 새끼식물이 자라는

에 가장 번성하였고 그곳을 따라 동서로 이동하면서 서식지와 종수가 감소하는 경향을 보인다. 작은 동물과 유생의 천연 은신처가 되는 것은 홍수림를 지탱하는 가지형태의 뿌리와 뿌리의 사이이다. 주로 저서생물은 홍수림에서 만들어진 퇴적물과 펄 위에 서식하는 미세조류를 먹고 산다. 홍수림 잎이 떨어지면 펄 위의 게류나 고동류(*Batillaria*)는 잎을 잘게 절단한다. 절단된 잎 위에 부착조류와 세균이 성장하여 분해가 진행되면서 갑각류와 어류의 훌륭한 먹이원이 된다. 홍수림에만 분포하는 식물과 동물은 많지만, 일시적으로 이곳에서 생활하는 생물도 있다. 호주 열대해안의 주요 어종 75%가 홍수림에서 자치어의 시기를 보낸다고 한다. 그러나 지금 홍수림 생태계는 인간활동에 의해 심하게 파괴되어 있다. 많은 홍수림이 새우의 양식연못을 만들기 위해 벌채되거나 연료로 잘려나가고 일부는 밭으로 변하거나 도시로 개발되었다(Bossi and Cintron, 1990; Ricklefs and Latham, 1993; Field, 1995; Farnsworth and Ellison, 1997).

하구역에서 인간활동은 끝이 없다. 가장 직접적이면서 영구적으로 영향을 주는 것은 매립, 도로, 항만, 마리나, 양식장 등의 건설에 의한 하구역의 소실이다. 인간활동에 의해 하구역 환경은 끝없이 침식되고 있을 뿐만 아니라 종종 습지 일부까지 파괴되고 있다. 또 하구둑 건설, 관계용수 그리고 상수원 개발에 따른 하천에서 담수 유입량의 변

종자를 태생종자라고 한다. 어미에서 떨어진 종자는 해류를 타고 흩어져(해류산포), 진흙 표면에 내려앉아 성장하기 시작하지만, 어미식물에서 떨어진 다음 같은 장소의 진흙에 꽂혀서 바로 성장하기도 한다. 홍수림을 구성하는 식물은 여러 종류가 있고, 해류를 타고 씨를 퍼뜨리는 종 역시 많다. 홍수림의 식물종은 대상 분포를 한다. 어떤 홍수림은 바다 쪽에 홍수붙이(*Avicennia marina*)가 드물게 자라고, 좀 더 육지 쪽에 암홍수 또는 팔중산홍수가 빽빽한 군락을 이룬다. 더 안쪽에는 숫홍수가 생육하는 층이 있다. 한층 더 육지 쪽으로 가면 오예(*Barringtonia racemosa*), 거대한 판근이 있는 *Heritiera littoralis*, 또는 바다 독나무(*Barringtonia asiatica*)가 서식한다.

사진 5. 파라오의 홍수림 (田村實씨 촬영)

화에 의해서도 하구역은 큰 영향을 받는다. 담수 유입량이 감소하게 되면 하구역의 염분은 높아지고 습지는 건조되어 생물의 서식면적을 발생시켜 종 다양성은 감소한다.

기타 하구역 환경의 심각한 문제는 하수 유입과 대기 가스가 해수로 혼입되어 하구역 표층퇴적물이 유기오염 되는 것이다. 때문에 대부분의 습지퇴적층은 저(무)산소 상태가 된다. 때문에 퇴적층 깊은 곳까지 동물이 서식하는 것이 불가능하게 된다. 습지는 육상에서 유입된 독성물질을 여과시키며 부유물을 침강시켜 저장하여 하구역 전체로 확산시키는 역할을 한다. 갯벌 퇴적층은 갯벌에서 생산된 유기물과 육상에서 유입된 유기물을 저장하지만, 유기물은 유독 화학물질에 쉽게 결합된다. 즉 하구역 표층퇴적층은 유기물을 여과하는 필터로 역할을 하기도 하지만, 유입된 유독물질을 퇴적층에 축적시켜 퇴적물을 먹고 사는 생물군을 위협하게 된다(EPA, 1997).

하구역은 원래 영양염류가 풍부한 해역이나 농업폐수, 하수 및 대기오염물질의 유입에 의해 영양염류의 질은 변화되고 있다. 예로서 미국 동해안 하구역에 유입하는 질소량은 인간활동에 의해 유입되기 이전에 비해 약 10배 증가한 것으로 추정된다. 비인위적 활동에 의한 영양염류는 대형 침수성 식물에 흡수되어 해수를 정화시키는 역할을 하였으나, 인간활동에 따른 영양염류의 증가는 도리어 염생식물의 번무하는 장소를 감소시키는 결과를 가져와 지금은 식물플랑크톤의 증식이 눈에 띄게 많아져 해수가 혼탁되는 결과를 발생시켰다. 하구역과 습지에서 인간의 유해한 활동을 경감시킨다면 원래의 특유한 생물다양성으로 회복이 가능할 것인지? 아니면 한번 파괴된 곳은 유해 작용이 제거 되더라도 단기간에 하구역 생태계를 회복시킬 수 있는지는 확실하지 않다.

2. 암반과 모래 해안

지금까지 생태학자는 암반해안의 조간대와 조하대 생태계에 대하여 많은 연구결과를 토대로 종 다양성을 결정하는 생물과정에 대하여 기초적인 몇개의 이론을 만들었다. 비교적 암반해안은 조사하기 쉽기에 일반인들도 암반역의 다양한 생물상에 깊게 매료되기도 한다. 암반역은 복잡한 물리적 구조로 다양한 서식환경이 만들어지기에 종 다양성은 비교적 높게 된다. 일반적인 암반역 생물군집은 암반에 부착

사진 6. 암반 해안 (갈라파고스 군도에서 쉬고 있는 바다사자와 물개)

하여 생활하는 해조류와 다양한 무척추동물이 주가 된다. 또한 암반역은 바다표범과 바다사자와 같은 해산 포유류가 생태계에서 중요한 역할을 하는 곳이기도 하다. 조간대에는 각진 돌이 파랑에 의해 전도되어 불규칙하게 나열되기도 하고, 해수와 마찰에 의해 먹돌이 되기도 하지만 바위 위에는 생물이 은신할 수 있는 틈과 물을 저장할 수 있는 공간이 만들어지기도 한다.

암반역에 서식하는 생물에게 생활할 수 있는 장소이 제공은 무엇보다 중요하다. 다양한 물리적, 생물적 인자에 의해 숨을 장소를 둘러싼 종간경쟁이 발생한다. 조위변동은 동적인 환경을 만들고 간조와 만조에 따라 먹이와 영양염류는 매번 달라진다. 배우자, 유생 및 유기물은 간조와 해안선에 평행하게 흐르는 연안류에 의해 분산된다. 조간대에서 조석작용으로 암초생물은 대상분포구조를 나타내고 있는 것은 누구라도 쉽게 관찰 할 수 있다. 대상분포의 위치에 따라 특유의 우점종이 나타나며 각 대상은 기저에 받는 파랑충격의 강도, 즉 암초의 노출도에 따라 다르게 나타난다. 노출도는 파도가 어떻게 해변에 도달하는지? 어떻게 깨어지는지? 어떻게 에너지를 소산시키는 것인지? 를 나타내는 척도로 파도가 오는 방향, 암초위치, 암초구배 및 암초에 부딪기는 파도의 강도 등에 영향을 받는다.

각각의 대상에 존재하는 종은 간조 때 노출시간이 다른 조건에서 서식처를 둘러싼 경쟁에서 이긴 승자이다. 해수면에서 가장 높은 곳인 조상대에는 건조에 강한 고둥류인 총알고둥류(Littorinacea)가 높은 밀도로 부착한다. 조상대 밑, 즉 조간대 상부는 따개비의 세계가 된다. 조간대 하부에서 조하대의 상부의 물리적 환경은 노출시간이 긴 상부에 비해 스트레스가 적기에 많은 생물이 서식한다. 온대 조간대는 해조류의 종 다양성이 가장 높다. 조하대 상부에는 다시마와 모자반이 부착되는 견고한 기질로 되어 있으며 서식처도 다양하고 충분한 빛과 만조에 운반되는 풍부한 영양염류가 공급된다(그림 9).

조간대의 종 구성과 분포는 일부 물리 및 생물 조건에 의해 결정된다. 즉 조위 폭, 건조도, 광의 강도, 조석 차, 수온의 계절변화, 영양염류, 유생의 성육장소, 포식압 및 생물 사이의 경쟁 등이다. 일반적으로 인자의 상대적 중요성은 장소에 따라 다르게 나타나지만, 물리적 조건은 조간대 상부에 서식하는 생물군집에 큰 영향을 준다. 그리고 생물 조건은 종 다양성과 조간대 하부의 생물군집 분포에 영향을 주는 것으로 생각되고 있다(Underwood and Denley, 1984; Dayton, 1992).

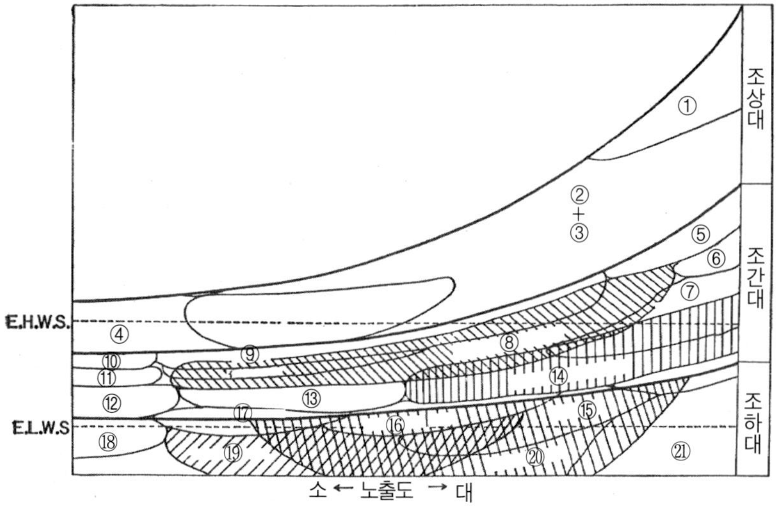

① *Nodilittorina trochoides*
② *Nodilittorina radiata* (좁쌀무늬총알고둥)
③ *Peasiella habei* (남쟁이총알공둥)
④ *Littorina brevicula* (총알고둥)
⑤ *Euraphia pilsbryi* (조무래기따개비류)
⑥ *Saccostrea mordax*
⑦ *Vini stepeni*
⑧ *Chthamalus challengeri* (조무래기따개비)
⑨ *Saccostrea kegaki* (가시굴)
⑩ *Monostroma nitidum* (참홑파래)
⑪ *Balanus albicostatus* (고랑따개비)
⑫ *Scytosiphon lomentaria* (고리매)
⑬ *Spirobranchus kraussii*
⑭ *Tetraclita japonica* (검은큰따개비)
⑮ *Hizikia fusiformis* (톳)
⑯ *Trigonididae*
⑰ *Spirobranchus kraussii*
⑱ *Hydroclathus clathratus* (그물바구니)
⑲ *Sargassum thunbergii* (지충이)
⑳ *Collarina pilulifera*
㉑ *Eisenia bicyclis* (대황)

그림 9. 일본 혼슈 중남부의 암반해안에서 노출시간과 종의 대상분포 구조의 관계

해변의 생물분포는 기저의 특성(암반, 모래, 벌 등)과 조석과 노출도에 크게 영향을 받는다. 파랑의 충격이 큰 장소에서는 조상대와 조간대의 연직폭이 위쪽으로 넓어지고 종의 분포가 증대한다
E.H.W.S: 대조 최고고조면, E.L.W.S.: 대조 최저저조면 (西村, 1973)

제2장에서 설명한 키스톤 종의 역할에 대한 내용도 조간대 조사결과에서 발견된 것이다. 키스톤 종으로 판단되는 포식자는 먹이가 되는 일부 종의 개체수 및 종간경쟁을 조정하는 역할을 하는 것으로 보인다. 이와 같은 사실은 특정 장소에서 키스톤 종을 제거하면 먹이생

물의 종간경쟁이 결렬하게 되어 최종적으로는 한 종이 서식지를 독점하는 것이 야외관찰에서 판명되었다(Paine, 1996).

여러 암초지대의 조간대에서 키스톤 종이 확인되었다. 예로서 해달은 다시마류(giant kelp)를 먹는 성게와 전복 등의 무척추동물을 많은 양으로 포식하고 있기 때문에 성게와 전복 개체군의 낮은 밀도는 해달에 의해 유지된다. 즉 해달에 의해 다시마 숲은 번무할 수 있게 되어 다시마 숲은 다양한 생물의 서식처를 제공하게 된다. 그런데 1990년대에 들어 아류산열도의 아다크섬(Adak Island) 부근해역에서 해달을 먹이로 하는 범고래에 의해 90% 가까운 개체수의 해달이 감소하였다. 그 결과 성게가 대량으로 증식하여 다시마 숲을 사라지게 되었고 다시마 숲에 의존하여 서식하던 종들은 점차적으로 사라지게 되었다(Estes et al., 1998).

해달을 모피로 이용하기 위하여 남획하였던 한 때에 캘리포니아 암반해역에 무성하였던 다시마류는 성게의 식해(食害)로 인하여 장소에 따라서는 다시마 숲이 사라지기도 하였다. 그러나 캘리포니아 해안은 해달이 없어지고 성게가 대량 증식하여도 다시마 숲이 사라지지 않고 남아있다. 그 이유는 캘리포니아 연안해역은 강풍과 용승류에 의해 심층에서 공급되는 영양염류가 다시마 성장을 유지시키고 있기 때문이다. 칠레의 다시마 숲에는 해달이 없으며 성게의 역할도 캘리포니아 연안과는 다를 것으로 판단된다. 이처럼 유사한 생태계에서도 키스톤 종은 해역에 따라 다르게 나타난다(Mooney et al., 1995; Raffaelli and Hawkins, 1996).

생태계에서 키스톤 종이 제거되면 확실하게 생태계 변화가 발생한다. 하지만 변화된 생태계에 키스톤 종을 원래의 상태로 회복시키더라도 생태계는 원래의 상태로 돌아오지 않은 경우가 많다. 이러한 이유는 한 번 변화된 생태계는 별도의 안정된 상태의 생태계로 전이되어 원래 키스톤 종의 역할은 이미 배제되어 버렸기 때문이다. 이와 같은 사례는 불가사리에 대한 일부 연구에서 키스톤 종이었던 불가사리를 일정 기간 배제시켰을 때 불가사리 먹이가 되었던 홍합이 전체 공간을 점령하여 포식되는 것이 불가 할 정도로 크게 성장한 결과에서 보여 진다. 이러한 상태에 불가사리를 재차 도입시키더라도 키스톤 종의 역할은 할 수 없게 되고 종 다양성에 아무런 도움이 되지 않았다(Paine et al., 1985; Estes et al., 1989; Raffaelli and Hawkins, 1996).

암반역 생물다양성에 영향을 미치는 인자는 이외에도 몇 가지 더 있다. 조간대 무척추동물은 비교적 수명이 짧기 때문에 물리적 인자와 생물적 인자에 의해 이동되기 쉽다. 그들 무척추동물은 새로운 세대로 신규 가입되는 유생에 의해 군집의 지위가 유지된다. 따라서 개체의 분산 변동과 같이 재생산 간격과 개체군 사이 거리도 종 다양성에 영향을 미친다. 무척추동물 유생은 종종 긴 거리를 부유하여 분산된다. 어떤 장소의 유생은 상당히 멀리 떨어진 개체군에서 올 가능성이 있지만, 유생은 그곳까지 살아남아 있어야만 된다. 유생은 포식되기 쉽고 오염과 같은 해수 악화에 희생물이 될 수도 있다. 유생이 출현하는 장소에서 어미 개체군의 양적 변동도 유생 수를 결정하는 큰 인자가 되어 어미 개체군에 의해 매년 신규 가입량은 변동된다(Gaine and Roughgarden, 1987; Roughgarden et al., 1988).

물리적 교란도 암반역 종 다양성을 변화시킨다. 일례로 산호초를 들 수 있다. 강한 파랑과 표류물의 마찰작용에 의해 만들어진 공간은 오랜 기간 종간경쟁이 없는 호기편승형 종이 침입한다. 일반적으로 이와 같은 교란 작용과 발생빈도가 중간 정도이면 종 다양성은 높게 된다. 교란정도가 작고 빈도가 낮으면 생존경쟁에 약한 종은 쫓겨나게 되고 연속적인 교란은 많은 종이 재생산되지 못하여 자취를 감추게 된다(Dayton, 1992; Mooney et al., 1995).

파랑에 의해 암반의 물리적 교란이 큰 개방해역에서 생물은 암반에 부착하기 어렵게 된다. 해조류는 파랑에 끌려가게 되며 강력하게 부착된 동물만이 암초에서 떨어지거나 흘러 내려가지 않고 생존이 가능하게 되기에 종 다양성은 낮다. 그러나 파도는 암초에 부착하는 종에 영양염류와 먹이가 되는 부유물을 지속적으로 운반한다. 또한 해조류는 저조위 때에도 파랑에 의한 물보라로 습기를 유지하면서 강한 태양광을 받는 간조 때에도 광합성 활동이 가능하기에 생존된 식물과 동물의 생산력은 높게 된다. 이와 같은 가혹한 환경을 가장 멋있게 적응하는 것이 감태류이다. 감태류는 굳고 유연한 줄기로 암초에 몸을 착 달라 붙이고 있다. 그리고 줄기를 따라 생긴 좁은 엽상체는 야자잎처럼 나부끼면서 영양염류를 흡수한다(Leigh et al., 1984).

암반역 생물다양성은 전체적으로 높은 편이다. 이와 같은 결과는 암반역에 서식하는 종은 비교적 관찰하기 쉽다는 것에도 깊게 관련되고 있을 수도 있다. 그런데 암반역 종 다양성은 열대해역으로 갈수록 높아진다는 위도구배에 일치하지는 않는다. 일례로 해조류의 종 다양성은 온대에서 가장 높고, 무척추동물의 종 다양성은 온대와 열대에서 유사한 수준을 나타낸다.

모래해안은 암반해안에 비해 종 다양성이 낮은 것으로 생각된다. 이유는 기질이 불안전하고 먹이 공급원이 제한되기 때문이다. 그러나 주로 모래입자 사이의 간극에 서식하는 중형 저서생물과 같은 소형

사진 7. 그레이트베리어리프의 모래사장

종이 어느 정도인지는 아직 정확하게 알려져 있지 않다. 중형 저서생물은 모래해안의 중요한 구성생물로서 모래 위와 모래 속에 살고 있는 대형동물이 먹이가 된다.

저서생물은 크기에 따라 4가지로 구분할 수 있다. 육안으로 명확하게 관찰되는 대형생물을 초대형 저서생물, 채집한 모래나 펄을 눈금이 1㎜가 되는 체로서 분리하여 체에 남는 저서생물을 대형 저서생물, 이것 보다 작은 눈금인 37㎛ 크기의 체로 분리하여 위에 남는 것은 중형 저서생물, 그리고 이보다 더 작은 크기를 소형 저서생물로 구분한다. 저서생물은 재차 생활양식에 따라 3개의 그룹으로 구분한다. 즉 때에 따라 해수 중을 유영할 수 있는 생물을 포함하여 해저 표면에 서식하는 표재동물, 부드러운 퇴적물이나 암반에 구멍을 파서 속에 서식하는 내생동물, 그리고 모래나 퇴적물 입자 사이의 간극에 서식하는 간극동물이다.

모래해변에 사는 동물들은 불안전한 환경에 다양한 방법으로 적응하고 있다. 저조위 사이의 많은 동물은 구멍에 잠입하거나, 모래사장에서 몸 일부만을 밖으로 내어서 생활한다. 또 모래어리게(*Hippa*) 및 이미패류(*Donax*)와 같이 파도와 함께 물가를 이동하는 생물도 있다. 모래어리게는 간조 때에 저조선 부근에서 완전히 모래 속에 있지만 파도가 오게 되면 일제히 뛰어나와 해수에 의해 운반된다.

암초해안과 같이 명확하지는 않지만 모래해변에서도 조석에 의해 만들어진 대상 분포가 관찰된다. 조상대에서 조하대로 진행됨에 따라 조금씩 생물종은 증가하지만 종 분포는 건조에 대한 내성과 파도 작용에 지배된다. 중형 저서생물은 조석에 따른 대상 분포뿐만 아니라 모래의 습기, 온도 및 산소량과 관계가 있는 깊이에 따른 대상 분포도 관찰된다.

모래해안의 기초생산자는 조류를 타고 흘러온 미세조류와 모래 속 저서성 조류가 담당한다. 파도가 부서지는 장소에 따라 수종의 규조류가 대량으로 모래 표면에 남아있다. 여과식자는 규조류가 부유하고

사진 8. 산란이 끝난 붉은바다거북(*Caretta*, Great Barrier Reef의 Heron Island)

있을 때, 또 맛조개와 같이 조간대 모래 속에 잠입한 동물은 저조시에 모래 위에 남겨진 규조류를 섭식한다(Lewin, 1978; Raffaelli and Hawkins, 1996)

3. 산호초

산호초는 바다의 어떤 생태계보다도 종 다양성이 높은 곳으로 알려져 있다. 산호초는 접근하기 쉽고, 스쿠버다이빙 인기가 증가하는 것, 고유 아름다움을 가지고 있는 것, 그리고 그곳 생물군집이 수중사진에 의해 일반인에게 잘 알려지고 있는 것 등으로 다른 장소보다도 많이 알려져 있다. 다양한 색채와 형태를 가지는 산호초 생물의 수중 사진은 보는 사람으로 하여금 꿈과 신비로움을 더해주게 된다. 산호초 생태계는 생물종수가 많다는 점에서는 열대우림과 유사하나 해수는 빈영양 상태로 투명도가 매우 높고 눈에 보이는 식물은 매우 작은 형태를 한다. 두 개의 상이한 생태계는 모두 3차원의 복잡한 입체구조를 가지며 그곳에 서식하는 종에는 다수의 생태적 지위를 부여하고 있다. 열대우림은 이러한 구조가 식물에 의해 제공되고 있지만, 산호초는 조초산호(이하 산호)라고 하는 동물이 제공한다. 일반적으로 산호는 폴립이라는 개충(個蟲)이 개체이고, 폴립은 해수의 탄산칼슘을 고정하여 정교한 콘도미니움을 만들고 있다.

산호초는 잘 알려져 있음에도 불구하고 지금까지 보고된 생물 종수는 전체의 10% 이하로 매우 낮은 것으로 추정하고 있다. 이와 같은 내용을 기준으로 산호초에 서식하는 생물종을 추정하면 적어도 100만종, 또 다른 추정값으로는 900만종에 이를 것으로 보고 있다. 세계의 열대와 아열대해역 약 190,000,000 km^2 면적에 산재하는 산호초 면적은 약 620,000 km^2이다. 산호초 종 다양성의 풍부함은 분명하지 않을 뿐만 아니라, 인간활동으로 어느 정도의 산호초와 그곳에 서식하는 생물종이 얼마나 없어지고 있는지에 대해서도 잘 알지 못한다.

산호초와 인간의 관계 즉 생태계가 가지는 기능의 중요성과 서비스를 다음과 같이 설명할 수 있다. ① 종과 유전자 보고로서 높은 생물다양성. ② 수산 자원생물의 산란장과 성육장 그리고 은신처. ③ 견고한 초와 초가 파괴되어 된 모래해변은 열대 폭풍과 파랑으로부터 인간 생명과 재산을 보호하는 역할. ④ 해양다이빙과 관광지로서 중요성. ⑤산호초가 가지는 아름다움을 테라피(therapy)로 이용할 수 있

사진 9. 산호 군락 (오키나와 게라마열도 야가비섬)

사진 10. 산호초의 키본자리돔의 군 (오키나와 게라마열도 아카섬 (아카섬 임해연구소 제공))

는 정신위생상 효과. ⑥ 산호초 생물의 복잡한 먹이망을 통한 유기물 섭취와 산호입자로 된 모래사장의 여과작용에 의한 해수 정화기능 등이다.

이와 같이 중요한 산호초는 약 50년 정도의 짧은 시간에 세계 전체의 20%가 이미 소멸되었고 24%는 소멸 직전에 처해 있으며 현재 26%가 위기에 노출되어 있다. 소멸과 쇠퇴의 원인은 백화현상과 남획, 그리고 매립과 육지개발에 의한 황토 유입 등이라 할 수 있다. 부영양화, 농업과 도시로부터 배수, 연안 건설공사, 오수 유출, 채굴 활동, 열대우림의 채벌, 다이나마이트와 독물을 사용한 불법적인 어업 활동도 산호초 악화에 무시할 수는 없는 요인이 된다. 산호초의 백화현상은 산호가 일정 기간 지속적으로 생리적인 스트레스를 받게 되면, 체내에 공생하는 황록공생조류를 밖으로 배출하여 버리기에 발생하는 현상이다. 산호초에 인연을 가지는 해역에 생활하는 1억 이상의 사람들에게 산호초가 없어지면 많은 생물이 모습을 감추게 되고, 그에 따라 외해의 어류까지 감소하여 해수가 혼탁하게 변하게 된다. 그렇게 되면 산호초에 의존하는 관광산업과 어업의 쇠퇴 등을 포함한 피해는 가치로서 추정할 수 없게 된다(Pennish, 1997; Bryant et al., 1998, Wilkinson, 2004).

산호초의 산호는 석회조류, 유공충, 패류 등 초의 기반이 되는 석회질이 단단한 조직을 만들어낸 생물들이 오랜 기간을 합작한 작품이다. 산호는 대륙과 섬을 따라 태양광의 도달하는 수심의 얕은 천해역에 분포한다. 산호가 빛이 필요한 이유는 체내에 광합성을 하는 황록공생조류가 공생하고 있기 때문이다. 산호는 황록공생조류가 광합성으로 생산한 아미노산과 글리세린 등 유기물을 영양으로서 체내에 섭취하고 있기 때문에 낮에는 해수에서 먹이를 찾을 필요가 없다. 즉 산호는 빛에 성장을 의탁하고 있는 것이 된다. 많은 산호 종은 유전적으로 같은 클론이 한 방에서 생활하는 개체군 생물이다. 산호 폴립은 한쪽 방향이 해수를 향해 열려있는 협(莢)이라는 석회질 골격의 작은 방에 들어있다. 작은 방은 옆의 작은 방과 사이에 공골(共骨)이라는 골격으로 가득 채워져 있다. 종마다 무수하게 골격이 중복된 산호는 탁자와 사슴뿔과 같이 특징 있고 정교한 구조를 만든다. 사슴뿔산호(deer's-horn coral)와 뇌석산호(*Platygyra*/*Coeloria*)가 대표적인 예이다. 산호초 형성에는 석회조류의 역할도 크다. 석회조류는 때에 따라 죽은 산호골격을 결합하고 또 조류 자신의 방출하는 석회질로 산호껍질과 유공충 껍질을 덮고 한 방에 합치게 된다. 산호초의 기초부위(기부)는 오랜 시간 동안 많은 산호 골격과 석회조류가 모여서 된 것이다. 기부 위의 산호 군체는 연안에서 외해로 성장을 계속하여 해수면 상승에 따라 지속적으로 초를 위쪽으로 형성하면서 이동한다(그림 10).

많은 산호가 자웅동체인 것은 잘 알려진 사실이지만, 많은 종의 산호가 일 년 중에 1일이나 2일, 그것도 일몰 수 시간 후에 일제히 산란하는 것이 알려진 것은 1980년대 호주의 그레이트배리어리프(Great Barrier Reef)에서 관찰된 이후이다. 일본 오키나와에서는 5, 6월의 만월 3일전부터 7일 후 사이에 일몰 전에 폴립의 입 부근에서 수 개 또는 수십 개의 알과 무수한 정자가 단자(團子) 모양으로 정리된 꾸러미를 만들고 속이 꽉 차서 넘쳐난다. 만들어진 꾸러미는 어두워지면 일제히 수면으로 춤추듯 올라와서, 각각의 알과 정자가 뿔뿔이 흩어져서 교배한다. 자가 수정은 하지 않지만 자손을 남기기 위해서 많은 같

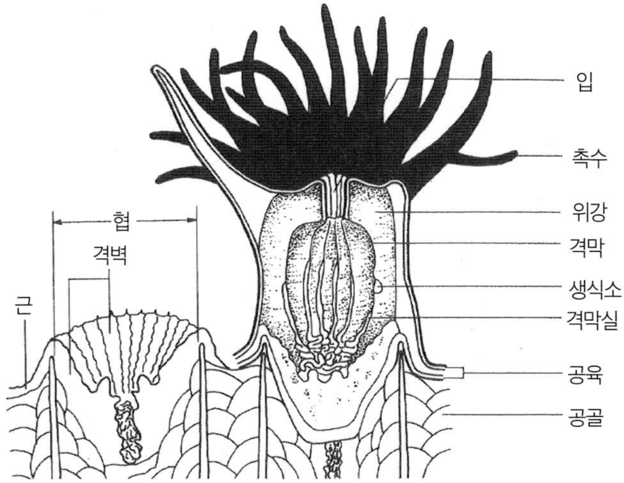

그림 10. 돌산호의 폴립의 연조직과 골격의 구조

폴립은 먹이를 잡는 촉수, 먹고 배설하는 입, 먹은 것을 소화하는 위 등으로 되는 연조직과 협이라고 하는 골격으로 되어 있다. 연조직의 구조는 말미잘과 유사하다. 다시 말하면 산호는 뼈가 있는 말미잘과 같은 구조를 한다(大參 등, 1998).

은 종의 산호가 동시에 산란하여 수정률을 높이게 된다. 이와 같은 일제 산란은 산호가 살아가는 또 하나의 의미를 가진다. 한 번에 많은 꾸러미가 방출하는 것으로 어류 등 포식자로부터 회피하여 생존 확률을 높이게 된다. 일제 산란은 어떻게 발생하는 것일까? 각각의 산호는 월령주기와 일몰에서 시간을 감지하는 것 같지만, 이것만으로는 설명되지 않는 부분이 많다. 화학신호를 사용하여 폴립 상호 사이에 신호를 하고 있을 가능성도 있다.

복잡함으로 대표되는 산호초 특성은 초가 형성되면서 오랜 시간 안정된 환경을 지속하고 있는 것이 많은 종을 가지는 복잡한 생물군집으로 발전시키는데 크게 공헌하고 있다. 현재 대표적인 산호초는 약 6,000년간 지속적인 성장을 하고 있다. 초의 생물군집은 고도로 조직화되어 있고 산호를 중심으로 경쟁과 공생에 따른 공진화되어 특수화된 종은 ① 초의 구조를 만드는 산호와 조류, ② 산호의 골격을 깎거나 조류를 먹는 어류와 성게, ③ 육식어류, ④ 산호를 먹는 귀신불가사리와 만두혹 불가사리(*Culcita*), ⑤ 산호모래 속의 유기물을 먹는 해삼류, ⑥ 초속에 잠입하고 있지만 초와 산호의 골격에 부착하여 있거나 구조 외부 쪽에 숨어있는 은폐동물 등 다양한 기능군으로 구분할 수 있다. 다양성의 높은 산호초 종 대부분은 은폐동물이다 (Wells, 1957; Reaka-Kudla, 1997).

일반적으로 산호초는 열대해역에 한정되어 있고 산호의 종 다양성은 적조부근에서 최대가 된다. 경도에 따른 다양성은 서태평양에서 최대이고 동쪽으로 진행함에 따라 감소한다. 카리브해의 종 다양성은 태평양처럼 높지는 않지만, 동태평양 보다는 높고 대서양의 동쪽으로 진행함에 따라 감소한다. 인도양은 비교적 높고 해역에 따른 차이는 작다. 산호초는 세계에 6,000개 이상의 장소에 독립하여 분포하고 각 해역의 산호 종은 매우 넓은 분포역을 가지나 고유종은 많지 않은 것으로 판단되고 있다. 유생이 조류에 의해 다른 산호초로부터 흘러오는 것으로 종 유입 및 재유입도 발생한다. 그러나 알과 유생을 넓게 분산시키지 않는 번식전략을 택하는 종의 존재도 알려지고 있다 (National Research Council, 1995; Maragos et al., 1996).

최근 산호초의 생물다양성에 관한 연구에 따르면 카리브해의 산호초는 태평양 산호초와 동일한 계통에 속하는 것이 아니라 약 3,400만년 이전에 분기된 것으로 추정되고 있다. 또 현재와 과거 카리브해 산호초의 종 다양성은 전혀 다른 것으로 알려진다. 이와 같은 결과는 오랜 역사를 통하여 인간이 바다의 생물다양성에 심각한 영향을 미치고 있다는 것과 급속한 과학기술 발달이 생물다양성에 영향을 주는 원인은 아니라는 것을 나타내는 내용이다. 이에 대해 잭슨(.B.C. Jackson)은 다음과 같이 설명한다. "생태학자가 연구를 시작하기 훨씬 이전부터 카리브해 연안생태계는 심하게 쇠퇴하여 있었던 것으로 판단된다. 푸른 바다거북, 대모, 마나티(manatee)[16], 그리고 멸종된 카리브 몽크 바다표범과 같은 대형 척추동물의 많은 수는 1800년대까지 카리브해 중앙부와 북부해역에 서식하고 있었으나 1890년대에 모든 해역에서 죽음을 당했다. 산호초 어류도 인구가 현재의 1/5 정도였던 19세기 중반까지는 일부가 수산자원으로 이용되었을 뿐이지만 그 이후 남획에 의해 조(藻)식성과 육식성 대형어류가 감소함에 따라 1950년대 생물군집은 소형어류와 성게 등으로 변하게 되었다. 오늘날 산호초에서 육식자와 조식자 연구는 세레게티(Serengeti)[17]국립공원에서 생태를 연구할 때 코키리와 누를 무시하고 흰거미와 중베짱이를 연구하는 것과 같다(Jackson, 1997; Fukami et al., 2004)".

산호초 해역은 물리구조가 복잡하기에 서식처를 둘러싼 경쟁과 먹고-먹히는 관계가 크게 변한다. 산호초의 조식성 어류 개체군과 생물다양성은 중요하다. 조식성 어류는 산호초와 석회조를 덮혀서 산호초 성장을 방해하는 대형과 중형의 해조류를 먹어 치워 산호 유생의 착생과 어린 산호의 성장에 도움을 준다.

산호초의 높은 생물다양성은 안정된 환경을 가지고 있다기보다 파랑에 의한 초의 붕괴, 육식성 어류와 무척추동물의 침략 등으로 지속

16 해우목(海牛目) 마나티과(科)에 속하는 포유류로 체장이 2~3m로 듀공과 비슷하다. 초식성으로 앞다리는 가슴지느러미로 진화되었고, 뒷다리는 퇴화되었으나. 꼬리는 부채꼴이다.

17 아프리카 탄자니아 북서부의 초원으로 야생 동물 보호구(Serengeti National Park)를 포함한다.

적인 중규모의 자연교란이 발생하고 있기에 유지되는 것으로 보기도 한다(Hughes and Connell, 1999; Bellwood et al., 2004). 연구자들은 산호초의 어류구조가 불안정한 것을 알고 있다. 남획이 발생한 후에 어류는 반듯시 원래 상태로 돌아오지 않는다. 이러한 현상으로 많은 유입기회를 가질 수 있는 것이 산호초 종 다양성을 좋게 한다는 가설로 연결된다. 산호초 종 다양성은 중규모교란 이외에 영양염류가 관계한다는 설도 있다. 이것은 다양성이 제일 높은 산호초 해역의 해수가 투명하고 영양염류가 가장 낮은 해역인 것으로 설명이 된다(Stehli and Wells, 1971; Sale, 1980; Birkeland, 1990).

산호초 생태계의 키스톤 종은 물론 입체적 구조를 만드는 산호이지만, 이외의 종에 대한 역할은 그다지 명확하지 않다. 일례로 카리브해에서 산호초의 키스톤 종으로 생각되었던 성게 일종인 긴침얼룩성게(*Diadema*)가 병으로 넓은 범위에서 사멸되었을 때, 일부 장소에서는 긴침얼룩성게의 먹이가 되었던 해조류가 대발생하여 산호에 피해를 발생시켰지만, 예상한 것처럼 생물다양성의 붕괴는 발생하지 않았다. 일부 해역에 개체수 유지에 충분한 긴침얼룩성게 개체가 살아 있었기 때문에 키스톤 종의 역할을 했는지도 모르나, 이와 같은 결과는 산호초 군집구조가 복잡하다는 것과 변화징후를 특정 지워 파악하는 것은 매우 어렵다는 것을 나타내는 내용이라 할 수 있다. 태평양 산호초의 키스톤 종은 귀신불가사리이다. 귀신불가사리는 산호를 광범위하게 먹어 치워 산호초 생물다양성을 크게 감소시켜 왔다. 귀신불가사리가 사라진 다음 산호초 회복속도는 피해 정도와 환경이 받은 만성적 스트레스 상황에 따라 다르지만 비교적 빠르거나 매우 느린 두 가지 경우가 있다. 귀신불가사리의 대발생 원인이 자연적인 것인지?

인간활동에 의한 오염의 결과인지? 아직도 확실하지 않은 채 논쟁은 계속되고 있다(Connell, 1978; National Research Council, 1995; Maragos et al., 1996).

산호의 종 다양성은 광량이 감소하는 임계수심까지 깊이와 함께 증가한다. 수심의 얕은 곳에서 일조량의 좋은 장소를 둘러싼 경쟁이 격렬하며 약한 종은 배제되게 된다. 해수면부근에는 고수온과 자외선 등 성장을 억제하는 인자가 다수 존재한다(Huston, 1985).

산호초는 지사적인 긴 시간을 통하여 환경변화에 적응력과 회복력을 획득하여 왔다. 그러나 이 능력은 변화속도가 산호 성장속도 및 자연적인 변동추이와 일치한다는 전제에서 성립된다. 그런데 인간은 산호의 적응능력을 넘는 변화속도로 환경에 지속적인 영향을 주고 있다. 산호와 황록공생조류가 정상적으로 성장하기 위해서는 해수가 빈영양 상태로 존재하면서 높은 투명도를 나타내어야 한다. 영양염류가 산호초에 공급되면 해조류와 식물플랑크톤 성장이 촉진되어 산호까지 투과될 광량이 감소하여 황록공생조류의 광합성 활성은 감소한다(Ogden, 1989; Maragos et al., 1996).

산호초의 아름다움에 매혹되어 찾아온 관광객들도 다양한 문제를 발생시키고 있다. 그것은 영양염류와 오염의 증가, 보트의 난폭 운전, 기술의 미숙한 다이버들과 관광객들의 조업에 의한 산호초의 파괴, 더욱이 산호를 채집하기도 하고 산호초 위를 걷기도 하는 행위에 의해 많은 산호들이 피해를 보고 있다.

최근 대부분의 산호초가 지구온난화 영향으로 위기에 내몰리고 있다는 인식이 전 세계로 확산되고 있다. 산호의 적수온은 18~29℃로 폭이 협소하며 많은 산호초가 이미 적수온의 상한선에 근접하고 있다. 따라서 온난화에 의해 더욱 수온이 상승하게 되면 지구 규모까지는 아니더라도 많은 산호초에서 백화현상에 의한 막대한 피해가 발생할 것이다. 현재도 이와 같은 현상은 여러 곳에서 발생되고 있다. 지구온난화에 따른 또 다른 걱정은 해수면 상승이 산호와 산호초 성장을 추월하는 것이다. 이미 산호와 기타 생물들이 많은 질병에 노출되었다는 보고가 증가하고 있다. 이것이 지구온난화와 오염과 같은 인위적 작용과 관계하는 것인지에 대한 인과관계는 아직 확실하지 않다.

4. 연안해역의 저서생물

연안해역의 해저환경은 깊은 곳까지 완만한 경사로 광활한 대륙붕이 펼쳐진다. 수심 약 10~200m 사이의 저서환경에서 저서생물의 변화가 가장 풍부하다. 대륙붕 넓이는 해역에 따라 큰 차이를 나타낸다. 일례로 우리나라 서해(황해)는 모두 대륙붕이지만 동해의 대륙붕 면적은 매우 작다.

일반적인 저서환경은 연니로 구성되어 있지만 해역에 따라 암반에 노출되기도 한다. 전체적으로 대륙붕의 표영환경은 하천과 해저에서 유기물과 퇴적물이 공급되기 때문에 영양염류가 풍부하여 식물플랑크톤 생산은 매우 높으나 높은 생산으로 투명도가 낮아진다. 육지에서 운반된 퇴적물은 대륙붕에 넓게 확산되면서 결국은 침강되어 대륙붕의 저서환경을 구성하는 퇴적층을 형성한다. 수심의 얕고 투명도가 높은 맑은 해역에는 태양광이 해저까지 투과할 수 있으나 펄로 형성된 해저라면 해조류 서식에는 적합하지 않다. 투명도가 매우 높은 바하마 해역에서는 대륙붕보다 외해인 250m 수심에서도 해조류가 발견된다는 보고가 있으나, 이런 예는 극히 이례적인 내용이다. 대부분의 대륙붕에서 표영환경의 기초생산자는 식물플랑크톤이지만 대륙붕은 수심이 얕기 때문에 해류와 바람에 의한 해수혼합이 쉽게 발생하여 표층에서 저층까지 전 수층에서 식물플랑크톤이 넓게 분포한다.

아열대해역의 다양한 해조류에서 주목받는 것은 수심 100m까지 넓게 분포하는 다시마 숲이다. 다시마 숲의 일부에서 해달은 암반역의 키스톤 종 역할을 한다는 것을 이미 설명하였다. 다시마 숲에는 매우 다양한 식물과 동물의 다양성을 유지하고 있다. 잎이 길고 짧음에 관계없이 잎의 위나 기질이 되는 암반에는 다양한 어류와 무척추동물이 서식하여 다시마 숲의 생태계는 매우 변화가 풍부한 특징을 나타낸다. 캘리포니아 다시마 숲에는 수 백 종이 생물이 서식하고 있으나, 현재 우리가 관찰할 수 있는 종은 인간이 바다 생물자원을 개발하고 이용하기 이전의 조그마한 흔적에 불과할지도 모른다.

열대해역의 저서생물군집 연구에서 열대생태계의 생태적 지위가 매우 중복되는 것과 특화되지 않는 광적응 종이 많다는 것이 관찰되었다. 이와 같은 결과는 종 다양성이 지속적인 중규모 교란에 의해 지배되고 있음을 나타내는 반증이라 할 수 있다. 즉 교란이 종 다양성에 결정적인 작용을 하지 못하고 있기에 경쟁에 약한 종이 모두 제거될 때까지 천이가 지속되지 못하기 때문이다. 허리케인, 사이클론, 태풍 등과 같은 열대성 저기압과 엘리뇨 등에 의하여 발생하는 교란의 정도는 바다 깊이에 따라 차이가 있지만 저서생물군집의 종조성에 많은 변화를 주게 된다(Glynn, 1988).

미국 북동부 대륙붕은 대서양에서 가장 많은 조사결과가 있는 곳으로 퇴적물에 서식하는 생물 종수는 500~600 종으로 파악되고 있다. 또한 이 해역에서 우점종으로 출현하는 종은 분명하다. 이와 같은 결과는 많은 연안도시에서 오염물질과 어업활동에 의한 교란으로 종 다양성이 이전보다 많이 감소하였기 때문이다. 인간활동에 의한 스트레스의 영향은 내만에 뉴욕이라는 대도시가 위치하는 뉴욕주 연안해역의 저서생물상에서도 보여진다(Mayer, 1982; Sherman et al., 1988).

지금 대륙붕의 생물다양성을 결정하는 가장 주요한 인자는 인간이라 할 수 있다. 높은 밀도로 어류가 서식할 때에는 소형어선에 의한 주기적인 조업에도 생물다양성은 크게 영향을 받지 않았다. 그러나 현대의 대형어선에 의한 조업에 의해서는 어류가 급격하게 감소하고 있을 뿐만 아니라 넓은 범위의 저서환경은 파괴되었다. 더욱이 부영양화된 하천수가 유입되면서 다양한 독성물질이 해저퇴적층에 축적되어 대륙붕 해역의 격렬한 교란은 매우 짧은 간격으로 빈번하게 발생되고 있다. 또한 일부 해역은 석유 채굴에 따른 오염원에 의해 저서환경의 생물다양성을 유지시키는 생물과정은 마비되고 있다.

대륙붕의 일부 해역에서 저서생물 개체군 밀도는 우리의 상상을 넘는 고밀도를 유지하였던 것으로 추정된다. 깨끗한 천해의 해저에는 넙치, 가자미가 해저면에 겹쳐서 서식하였다는 일부 보고가 있다. 알래스카, 브리티시 콜롬비아, 미국 북동연안, 뉴펀드랜드섬, 황해, 동중국해 등 세계의 주요한 어장은 대륙붕에 존재하고 이들 해역의 저층과 해저에 분포하는 어류를 저인망 등으로 어획하였다. 뉴펀드랜드섬 근해의 그랜드 뱅크와 미국 북동부의 죠지스 뱅크와 같이 유명한 어장에는 핼리벗[18], 대구, 넙치, 가오리류 등이 상상을 초월할 수준으로

18 핼리벗(halibut)은 가자미과에 속하는 큰 넙치를 말한다. 체장이 2m이상으로 태평양 북해산과

어획되었다. 이들 어류는 저서환경과 표영환경을 이동하면서 두 환경 모두에서 중요한 생태적 역할을 수행하여 왔다. 그러나 많은 대형어류가 어획으로 사라져 소형 동물군집에 의해 구성되는 지금의 생태계 특성은 과거와 비교하면 상당한 차이가 있었음은 분명하다. 현재의 상태에서 이전과 같은 대형어류의 개체수가 충분히 회복된다고 하여도 이전의 원래 생태계로 회복이 가능한지의 여부는 분명하지 않다 (Mowat, 1996).

5. 연안해역의 표영생물

해양생태계에서 해안선부터 대륙붕까지 확장된 연안해역의 생산성은 매우 높다. 특히 중위도에서 고위도의 연안해역은 해류와 파도, 용승류와 육상에서 담수유입 그리고 수온의 계절변동 등에 의해 생산성이 결정된다. 이러한 물리적 작용으로 영양염류가 표층에 풍부하게 공급되며 풍부한 광량으로 다양한 식물플랑크톤을 증식시키게 된다. 식물플랑크톤의 증식은 소형 요각류 및 다양한 갑각류 유생의 먹이를 풍부하게 하여 해파리와 살파와 같은 대형플랑크톤에게 먹이를 충분하게 공급한다. 이들은 재차 작은 어류와 오징어에서 대형어류로 먹이를 공급하고 최종적으로는 돌고래와 고래 등 상위의 영양단계로 전송된다. 대형 육식어류와 바닷새의 먹이가 되는 정어리와 청어 개체군 밀도가 높은 곳이 높은 생산성을 나타내는 해역의 특징이다.

중 · 고위도의 연안해역에서 활발한 어업활동을 유지할 수 있는 높

대서양산이 있다.

은 생산성의 유지과정은 생태계의 계절변화로 이해할 수 있다. 겨울은 태양의 위치가 낮기 때문에 태양 광선이 깊은 수심까지 도달하지 못하여 식물플랑크톤 생상성은 낮으나 바람 등에 의하여 해수가 혼합되기 쉽기에 표영환경 전체에 영양염류가 높게 분포한다. 봄이 되면서 태양이 천정을 향해 이동하는 것에 따라 영양염류가 풍부한 해수에 투과하는 광량의 증가로 봄에 식물플랑크톤의 대발생이 관찰된다. 또한 봄에는 기온이 높아지면서 눈이 녹은 물을 포함하여 많은 담수가 하천을 통하여 높은 영양염류를 바다로 운반하기도 하며 용승류도 계절에 따라 변화하게 된다. 식물플랑크톤 대발생에 의해 동물플랑크톤과 어류 등 포식자도 점차적으로 증가한다.

상위 영양단계에 위치하는 일부 포식자 어류는 시·공간적으로 변화하는 먹이생물의 생산에 따라 회유한다. 일반적으로 중·고위도 해역의 표영환경은 생물 개체군 밀도는 높으나 종 다양성은 낮다. 생산성과 종 다양성 사이는 혹 모양의 관계로서 적당한 조건이 조합되었을 때는 양자가 같이 증가하나 극단적으로 생산량이 많아지면 종 다양성은 감소하는 것이 알려진다(Williamson, 1997).

생물량이 풍부한 시기에는 해산포유류가 연안해역의 표영환경에서 어류의 현존량을 결정하는 중요한 포식자로 존재하였다. 그러나 18, 19세기의 무차별적 포획과 20세기의 포경에 의해 개체수는 급감하였다. 포경은 지금도 소규모적이지만 이루어지고 있으며 해산 포유류는 이미 생태계에서 중요한 역할을 할 수 없는 상황이라고 생각되고 있다. 그러나 해산포유류가 어류를 포식하여 어업활동과 경쟁이 되고 있기에 지금도 일부 어업인들은 포유류가 어류를 섭식하는 것에 대해 항의를 하고 있다. 인간이 바다표범과 물개의 번식력 감소라는 위험에서 보호하려면 포획을 대신하여 이들 생물을 위한 먹이생물을 확보하여야 한다. 표영환경 생태계에서 또 하나의 상위 영양단계의 소비자는 바닷새이다. 바닷새는 소형어류를 먹이로 하고 있어 어업활동과 직접적인 경쟁은 되지 않지만, 그들도 인류의 역사를 통하여 착취되고 일부 종은 멸종하여 많은 종에서 개체수가 격감되었다.

연안해역의 표영생태계는 경계역이 애매모호한 커다란 생태계이다. 이곳에 일정 또는 부정의 시간 간격으로 움직이는 조석과 조류 등 물리적 특성에 의해 경계가 형성되기도 하고 용승류와 해저지형으로 칸막이가 만들어 지기도 한다. 이와 같은 해역은 오랜 기간 환경에 부합하는 특정 생물군집이 관찰되고 있기에 이들 생물의 분포로서 생태계의 대략적인 범위가 파악된다. 북미의 북동 연안해역인 메인만과 외해역의 죠지스 뱅크 및 중앙 대서양 뱅크에서 수 십 년 동안 각 해역에 특징적인 동물플랑크톤 군집이 존재하고 있음이 관찰되었다 (Sherman et al., 1988; Mann and Lazier, 1996).

열대해역은 생산성이 높은 하구역과 산호초가 이곳을 생활기반으로 하는 사람들이 이용하는 어류의 중요한 공급처가 되고 있다. 열대 연안 표영환경은 극해역과 온대해역에 비하여 영양염류가 낮고 뚜렷한 계절변화가 관찰되지지 않는다. 해수의 투명도가 높아 태양광선이 깊은 수심까지 투과되기에 식물플랑크톤은 깊은 곳까지 분포하여 종 다양성은 높지만 현존량은 낮다. 일반적으로 식물플랑크톤 이외의 종 다양성도 극해역과 온대해역 보다는 높으나 개체군 밀도는 낮게 된다.

제 4 장

외양생태계

심해 관벌레와 열수분출공
(Turks & Caicos Islands, 1997)

심해 관벌레(Giant tube worms, *Riftia pachyptila* ?)는 태평양 블랙스모커 형의 열수분출공(熱水噴出孔, hydrothermal vent) 주변해역에서 높은 농도의 황화수소에 적응한 대형 저서무척추동물군이다. 관 직경이 약 4cm에 길이가 2.4m에 달한다.

한정된 면적이지만 변화가 풍부한 연안생태계는 물리적, 화학적, 생물적 요인과 인간활동의 상호작용으로 특징 지워진다. 이와 같은 인간활동 영향은 외양해역에까지 미치고는 있으나, 막대한 넓이와 용적으로 대기와 해수수송과 순환, 물리적 인자와 생물군집 사이의 커다란 규모의 상호작용으로 외양생태계가 특징 지워진다. 표영환경과 저서환경의 생물상은 지구규모의 다양한 움직임에 영향을 준다. 한때는 외양해역의 저서환경은 생물이 서식할 수 없는 사막과 같은 환경으로 알려졌으나 최근의 연구결과로 이러한 가정은 무참하게 부정되어 상상을 초월할 정도의 높은 종 다양성이 나타낸다. 표영환경의 종 다양성은 저서환경처럼 높지는 않으나 상위 분류단계의 분류군 다양성과 유전적 다양성은 매우 높다.

대륙붕에서 대륙사면으로 연결되는 급경사면 부분에는 강한 흐름인 표층해류와 용승류의 조합이 연안해역과 외양해역의 생물군집을 분리시킨다. 그러나 해류는 연간 단위보다 계절적 규모로 위치와 속도가 변화하면서 양쪽 생물의 혼합과 운반을 담당하고 있다. 따라서 생태계가 분리되어 있지만 해류를 통한 연안해역과 외양해역의 관련성이 가지는 의미는 크다.

쿠로시오와 멕시코만류와 같이 대양의 서측 대륙붕을 따라 흐르는 서안경계류는 흐름이 가장 강한 해류이다. 해수면에 발생하는 주요한 취송류는 적도를 서쪽으로 부는 바람과 중위도를 동쪽으로 부는 바람에 의해 발생하는 것이다. 이들 바람에 의해 발생된 표층해류에 지구자전의 전향력인 "코리오리 힘"이 더해지면 해류는 대양의 서쪽으로 밀려내어 북반구에서는 오른쪽으로 남반구에서는 왼쪽으로 편향한다. 그리고 대양을 횡단하여 대륙의 서안에 부딪치면 더욱 편향하여 북반구에서는 대륙붕에 따라 남쪽으로 남반구에서는 북쪽으로 흐르게 된다. 이와 같은 편향 없이 지구를 일주할 수 있는 해류는 남극대륙과 중위도 사이를 흐르는 남극 환류 뿐이다. 태평양과 대서양에서는 각각 해류가 반시계 또는 시계 방향으로 도는 대규모 순환이 발생한다. 연간 서안경계류는 종종 흐름의 양상과 위치가 조금씩 변화되면서 사행한다. 해류의 사행은 풍부한 영양염류를 포함하는 작은 소용돌이와 용승류를 발생시키는 원인이 된다. 또한 일부 해류에서 옆으로 떨어져 나간 수괴가 다른 한편의 측면을 흐르는 일이 종종 발생한다. 떨어져 나간 수괴는 주변 수온과 비교하면 간단하게 파악할 수 있다 (Mann and Lazier, 1996).

1. 외양해역의 표영생물

외양해역 표영생태계는 용적으로 보면 전체 바다의 90% 이상을 차지하지만, 어느 장소를 선택하더라도 아직은 그곳에 서식하는 생물 생태와 다양성에 대하여 연안해역 만큼 알지 못한다. 외양의 광활한 공간은 해류, 광, 온도, 밀도, 용존산소량 등의 수평적, 연직적인 약한 변화의 물리적 경계로서 몇 개의 환경특성을 달리하는 그룹으로 구분된다.

외양해역 표영 생물군집은 플랑크톤(plankton)과 유영생물(nekton)로 구성된다. 광합성을 담당하는 식물플랑크톤 군집에는 규조류와 와편모조류 등의 미세조류 이외에 극미소의 원핵녹색식물이라는 엽록소 세포와 세균에 유사한 남조세균 등의 미생물도 존재한다. 이들 광합성 생물군집은 엽록소가 요구하는 태양 광선이 도달할 수 있는 수심, 즉 약 200m보다 얕은 표층에서만 서식이 가능하다. 동물플랑크톤 군집에는 단세포인 원생동물에서 해류를 타고 이동하는 해파리와 같은 대형 무척추동물까지 매우 다양한 변화를 보이는 동물들을 포함한다. 그러나 동물플랑크톤 군집은 다양한 분류군으로 구성된 갑각류, 특히 요각류에 의해 우점된다. 동물플랑크톤은 성장하여 유영생물 및 저서생물이 되는 동물유생군(일시성 플랑크톤, meroplankton)과 전 생애를 부유생활 하는 동물군(종생플랑크톤, holoplankton)으로 구분된다. 심해 저서생물 대부분의 부유 유생은 중층이나 점심층에 출현하지만, 분포역을 넓혀 해수면 가까이까지 올라오는 종도 있다. 또 해류에 의해 연안에서 먼 외해까지 운반되어 버린 유생도 있다(Pain, 1988; Gage and Tyler, 1991).

외양해역 표영환경에는 육상과 연안해역에서 관찰되는 생물 종과는 너무 다른 신비로운 형태의 생명체가 서식한다. 일례로 제라틴질의 몸으로 된 빛 해파리와 일부 익족류, 모악류, 미충류 및 살파 등 다양한 분류군에 속하며, 미충류는 해수를 여과하여 먹이를 모아 제라틴질의 외피를 만들고는 그 속에서 꼬리를 이용하여 해수를 움직이면서 서서히 이동한다. 살파는 독립된 하나의 개체(single) 또는 각각의 개체가 제라틴질의 고리로 길게 연결되어 한 줄의 긴 군체를 만들지만 각각의 개체가 별도로 해수를 여과하여 작은 플랑크톤을 섭식한다. 이와 같은 제라틴질 동물플랑크톤은 해수면 부근에는 많이 분포하지 않는다. 크기가 매우 다양하고 먹이의 양에 따라 성장을 달리하기도 하며 몸을 축소시킬 수도 있지만 20m 이상의 연쇄군체를 만드는 종도 있다. 점성과 밀도가 큰 해수는 중력의 영향이 약하기에 제라틴질 플랑크톤은 몸을 크게 하여 함수량을 증가시키거나 체내에 염화암모니움을 만들어 해수와 같은 비중의 몸을 만들어 부유한다. 해파리와 같이 관성저항을 이용하여 부유하는 종은 크기의 폭이 매우 크고 형태 또한 매우 다양하게 발달되어 있다.

외양해역 생물에는 발광을 하는 흥미로운 종이 많다. 육상의 발광생물로는 반딧불이가 알려지나 바다에는 표층의 식물플랑크톤과 빛멍게와 같은 제라틴질 플랑크톤에서부터 몸 표면에 정교한 발광기를 배열하고 있는 심해어류까지 다양한 발광생물이 표영환경의 동물군집에서 관찰 된다. 또 박명층의 일부 어류에는 측면에 반사기능을 가지고 아래쪽에 발광기를 가지는 종도 있다. 이들 어류는 반사와 발광으로 자신의 그림자를 감추어 밑에서 공격하는 포식자를 피하는 것으로 알려진다.

표영환경의 해양생물에는 부유하는 다양한 미소생물군을 여과하여 먹이를 섭취하는 다양한 여과식자(filter feeder) 또는 현탁물식자(suspended feeder)가 많다는 것도 일반적이 내용이다. 표영환경의 여과식자는 크기가 매우 작은 요각류에서 거대한 수염고래까지 주요한 생물의 모든 분류군에 존재한다. 여과식자는 생물종에 따라 각각 독자적으로 미세조류에서 비교적 큰 바다곤쟁이까지 특정 크기의 먹이생물을 여과할 수 있는 다양한 여과기관을 구비하고 있다. 여과하여 먹이를 모으는 여과식자는 먹이가 부족한 외양해역의 표영환경에서 적응하기 위한 매우 적합한 생존전략이라 할 수 있다. 정어리, 고래상어, 쥐가오리도 여과식자이다. 그러나 대부분 어류는 먹이생물을 하나 하나 포획하여 먹고 있다. 참치와 가다랑어와 같은 육식성 어류는 매우 빠른 속도로 장거리를 헤엄치며 넓은 범위에서 먹이를 찾을 수 있는 능력으로 먹이가 부족한 외양환경에 적응하고 있다. 심해성 아귀는 발광성 가짜 미끼낚시와 같은 부속기로서 먹이를 유인한다.

심해생물에는 대왕오징어와 큰입상어와 같이 지금까지 거의 채집되지 않거나, 실제로 바다에서 헤엄치는 모습이 관찰되지 않아 잘 알려져 있지 않은 종이 많다. 외양해역의 매우 광활한 범위에 분포하고 있음에도 불구하고 개체군 밀도가 매우 낮아 희소종으로 알려지는 종 또한 많다. 그리고 동일종이면서도 멀리 떨어진 해역에서 관찰되는 개체군에 대한 유전학적 평가도 거의 이루어져 있지 않아 유전적 다양성 정도와 중요성에 대해서도 알지 못한다. 특히 자매종의 발견에 대한 보고가 증가함에 따라 외양생태계에서 자매종과 계군이 대체 어느 정도로 존재하고 있을까? 하는 의문을 확인하기 위해서도 유전학적 연구는 절실하게 요구된다. 외양생태계에는 대형동물보다 소형플랑크톤이 중요한 구성군으로 이들 구성 종의 계통과 분포 양상은 현재 활발한 연구 중이다(Bucklin et al., 2003; Goetze, 2003).

표영환경의 모든 수심에서 세균과 바이러스가 발견되는 외양해역에서 미생물군집에 대해 알려진 내용은 매우 제한적이라 할 수 있다. 외양생태계에 서식하는 원핵녹색식물은 남조세균과 미세조류와 함께 바다뿐만 아니라 지구 전체에서 중요한 역할을 수행하는 기초생산자로 판단된다. 외양해역에서 이들 생물들은 약간의 광량이 도달하는 수심 100m 부근에 높은 밀도로 분포한다. 식물플랑크톤(미세조류)의 총생산량은 육상식물의 0.2%에 불과하지만, 단세포인 미세조류는 세포전체로 영양분을 흡수하고, 단시간에 분열하여 증식할 수 있기 때문에 총광합성속도는 육상식물과 거의 같거나 높을 것으로 추정하고 있다(Chisholm et al., 1988; Chisholm, 1992).

외양해역은 어디에서나 공통적인 생산 양식 특성이 있다. 즉, 해역에 따라 생태계의 특성은 다르고 서식하는 종과 먹이사슬은 조금 다르지만 거의 모든 생물이 바다 총 용적의 약 5%에 해당하는 유광층에서 생산된 유기물을 먹이로 한다는 것이다. 유기물은 해수면과 유광층에서 일부 미생물과 식물플랑크톤의 광합성에 의해 생산되며 생산과정에서 이산화탄소와 영양염류를 흡수한다. 생산된 미생물은 원생동물과 같은 소형 동물플랑크톤에 먹히고 이들 원생동물은 요각류와 같이 비교적 큰 동물플랑크톤에게 먹힌다. 또한 동물플랑크톤은 더욱 상위 영양단계에 위치하는 어류 등의 먹이가 된다. 플랑크톤과 어류의 유해 및 동물플랑크톤 분립은 서서히 해저로 침강되면서 세균에 의해 분해되어 무기물화 된 영양염류와 이산화탄소를 재차 해수에 돌려놓는다. 심해저까지 분해되지 않고 도달한 생물유해와 유기물은 심해에 서식하는 저서생물의 먹이로 소비된다. 패각과 유공충 유해 및 산호초 등과 같이 많은 탄산염을 포함한 생물들은 분해되기 어렵기에 심해저에 침강, 퇴적되어 탄소를 오랫동안 해저에 저장시키는 역할을 한다. 표층의 생물생산과 중·심층에서 유기물 분해 및 재생과정을 통하여, 대기의 이산화탄소가 심해저로 이동되어 오랜 시간 저장되는 과정을 "생물펌프"라고 하고 있다(Pomeroy, 1992).

표영환경의 동물플랑크톤에 대한 종 다양성 연구는 비교적 많으나 전체 생물군집을 대상으로 한 연구는 그리 많지 않다. 지금까지 많은 종 다양성 연구는 어류, 동물플랑크톤 및 식물플랑크톤을 대상으로 한 것이다. 즉 지금까지는 하나의 생물군집 또는 동일 생물군집에서 일부 분류군을 조사하여 전체적인 생물다양성을 추정하여 왔다. 전체 생물군집에 대한 생물다양성을 나타내기에 적합한 지표생물군은 대상 생태계 전반에 넓게 분포하면서 중요한 기능을 담당하는 분류군이어야 한다. 때문에 동물플랑크톤은 좋은 지표생물군이 될 수 있다. 표영환경의 생물군집은 수평 및 연직분포의 양상이 다르고 각각이 분포는 서로 다른 환경에 지배된다(Jumars, 1976; Angel, 1997).

가. 연직분포

대기와 접촉하는 바다 해수면은 장소를 불문하고 플랑크톤이 생산한 아미노산과 단백질, 지방질은 물론 기타 유기화합물이 기포에 의해 운반되어 두께가 약 50㎛인 마이크로층의 막을 형성한다[19]. 해수면의 마이크로층은 바로 밑에 위치하는 해수와는 물리적, 화학적, 생물적으로 특성을 달리한다. 잔잔한 바다의 마이크로층은 해수면에 피막을 만들어 외양해역에 긴 줄을 형성한다. 길게 형성된 표층 피막은 광범위한 해수면을 덮고 있어 강한 파도에 의하여 일시적으로 교란되더라도 바람과 파도가 잔잔해지면 빠르게 원래의 모습을 유지한다. 지구환경에서 기상현상을 결정하는 대기와 해양 사이의 가스교환은 해수면의 마이크로층에 의하여 크게 영향을 받는다.

해수면 마이크로층을 포함하는 극표층은 매우 다양한 생물이 서식하는 해역이다. 마이크로층은 유기물집괴로 형성된 곳으로 풍부한 유기분자와 영양염류는 세균, 진균, 미세조류는 물론 원생동물에게도 이상적인 영양원을 제공한다. 마이크로층의 미세조류에는 극소형의 편모조류가 많으나 일부 남조류와 규조류도 다수 포함되고 있어 미세조류 생산에 의한 마이크로층은 더욱 풍부한 유기물을 제공한다. 미

19 본 서에서는 마이크로층으로 표현하고 있지만, 일반적으로는 표층막(surface film)이란 용어로 공기와 해수 사이의 최대 150㎛ 두께의 층(상층과 하층으로 구분되기도 함)을 말하며, 표층막의 생물군집을 통틀어 수표생물(neuston)이라 하고 있다.

생물을 섭식하는 소형 동물플랑크톤과 일부 무척추동물의 알 및 유생들도 종종 마이크로층에 서식한다. 이들 종은 큰 파도 등에 의해 극표층이 교란되어도 마이크로층을 떠나지 않는다. 다른 환경에는 출현하지 않고 마이크로층에만 서식하는 종도 있으나 대부분 종은 일생에서 극히 일부 시간만을 해수면의 극표층에서 보낸다(Hardy, 1991; Zeitsev, 1992).

극표층에서 광합성 색소인 엽록소 농도는 바로 아래 해수보다 몇 배 높다. 이는 태양에너지가 가장 높은 이곳에 미세조류와 광합성 미생물이 높은 밀도로 서식하고 있기 때문이다. 극표층에서 광합성 할성에 의한 해수 중 이산화탄소가 부족하면, 대기의 이산화탄소가 해수로 용해되는 속도가 빨라지게 된다(Hardy and Apts, 1989).

거의 모든 외양해역의 먹이사슬은 유광층에서 생산한 광합성 산물에 의존한다는 것은 앞에서 설명하였다. 미세조류와 광합성 미생물은 외양생태계 먹이사슬에 출발점이 되기에 표층의 생물작용은 최종적으로 해저까지 영향을 미치게 된다. 미생물, 생물의 사체, 분립, 세균으로 덮힌 유기쇄설물로서 형성된 마린스노우(海雪, marine snow)는 겨울에 육상에 내리는 눈처럼 심해에서 서서히 해저를 향해 내린다. 마린스노우는 침강하는 도중에 동물에게 먹히기도 하고 세균에 의해 분해되어 무기화되면서 감소한다. 그렇지만 해저까지 도달한 이들 유기물은 매우 높은 종 다양성을 보이지만, 개체군 밀도가 높지 않은 해저의 저서생물군집을 유지시키는 에너지원이 된다. 즉 표층에서 수송된 유기물이 심해저 저서생물종의 생리적 특성과 섭식활동에 크게 관여하게 된다.

외양해역에서 가장 중요한 물리적 특징은 따뜻하고 가벼운 혼합해수가 차갑고 무거운 해수 위에 존재하는 층상구조를 한다는 것이다. 잘 혼합된 상부해수의 혼합층 깊이는 해수면에 부는 바람의 강도에 따라 다르나 약 40~100m 수심에 형성되지만 상황에 따라서는 더 깊어질 수도 있다. 상부의 따뜻한 혼합층과 하부의 차가운 해수가 만나는 불연속층 경계를 "약층(躍層, cline)"이라고 한다. 약층 위치는 수온과 밀도가 급격하게 변화되는 것으로 쉽게 파악할 수 있다. 약층은 표층의 혼합층과 아래층의 차가운 해수 사이에 물질교환을 방해한다. 그렇다고 생물의 통과와 영양염류 확산을 완전하게 막는 것은 아니다. 식물플랑크톤은 혼합층에 영양염류가 부족하거나 해수 밀도 변화에 의해 침강속도가 낮아지기에 약층 바로 위에 집적되기 쉽다. 수온과 광량과 같은 물리적 구배(句配)는 표층에 가까울수록 크기 때문에 식물플랑크톤의 연직분포는 투과되는 광량에 의하여 강하게 지배된다. 그러나 극해역의 겨울은 광량이 약하고 냉각된 표층수 침강으로 심층까지 해수가 혼합되어 종에 따른 연직분포 차이가 분명하지 않게 된다(Raymont, 1963; Angel, 1993, 1997; Mann and Lazier, 1996).

연간 비교적 안정된 혼합층을 가지는 해역에서 식물플랑크톤 군집은 상층에 강한 광을 선호하는 종이 분포하게 되며 그 밑에는 약한 광을 선호하는 종이 분포한다. 일부 종은 세포의 생리적 변화에 반응하여 부력을 변화시키거나 다소의 운동력을 이용하여 수층의 위와 아래로 짧은 이동이 가능하다. 이와 같은 종은 해수에서 필요한 영양염류를 만날 수 있는 기회가 증가하게 된다. 또 일부 와편모조류와 규조류는 광합성을 위해 표층으로 상승하거나 영양염류가 풍부한 수심으로 하강할 수 있는 능력을 가진다. 와편모조류는 운동기관인 편모작용으로 이동하며 규조류는 생리작용으로 부력을 변화시켜 이동한다(Venrick, 1990; Hayward, 1993).

동물플랑크톤의 연직분포는 수심에 따라 확실한 차이를 보인다. 일반적인 분포는 수심이 깊어질수록 서식범위가 넓어진다. 또 밝기와 먹이생물인 식물플랑크톤 분포에 밀접하게 관련되어 분포하기도 한다. 동물플랑크톤과 소형유영동물(micronekton)의 종 다양성은 수심이 증가 할수록 높아져 일부 분류군은 수심 1,000~1,500m 수심에서 최대를 보인다. 더욱 수심이 증가하면 종수는 감소하나 해저경계층에서는 근저성 동물플랑크톤 종이 추가되어 재차 종수는 증가한다. 어류의 평균적인 크기는 수심 증가와 함께 감소한다. 개체군 밀도 역시 수심 증가와 함께 감소하지만 해저경계층에서는 동물플랑크톤 처럼 다소 증가하게 된다. 세균과 같은 미생물도 바다의 모든 수심에서 층상구조를 하지만 종에 따른 세부적인 분포는 아직 잘 알려져 있지 않다. 최근 대서양 중앙부 해역에서 실시된 세균의 종 유전학적 연구결과에서 외양해역의 미생물군집은 매우 넓은 유전적 변이가 있음이 확인되었다. 표영환경의 중층에 출현하는 세균은 표층에서 침강하는 분립과 생물의 사체 등 큰 유기물집괴를 분해하여 작은 미립자로 변화시키는 과정을 통해 이들 유기물의 침강속도를 낮추는 역할을 하고 있는 것이 보고되었다(Giovannoni et al., 1990; McGowan and Walker, 1993; Villareal et al., 1993; Angel, 1997; Pierrot-Bults, 1997).

수심별 동물플랑크톤 분포는 많은 종에서 밝기와 관계있는 일주연직이동을 하지만 그 과정은 매우 복잡하다. 대부분 동물플랑크톤 종은 야간에 표층까지 상승하고 밝아지면 수심이 깊은 곳으로 하강한다. 어떤 종의 이동거리는 1일에 수백 m가 되지만, 연직이동의 목적은 보다 많은 먹이생물과 만남을 갖기 위해서 또는 포식자를 피하기 위해 보다 어두운 수심으로 이동하는 것으로 생각 된다[20]. 이와는 별도로 동물플랑크톤의 연직이동에는 개체군 성장과 발육단계에 관계되는 개체발생형도 있다. 일례로 남극바다곤쟁이 성체는 해수면 가까운 표층에 분포하지만 표층에서 산란한 알은 침성란으로 수심 1,000m 정도까지 침강한다. 중층과 점심층에서 부하한 유생은 표층까지 상승한다. 이와 같은 개체 발생형 연직이동은 해수의 순환패턴과도 밀접한 관련을 나타내어, 남극바다곤쟁이는 발육과정에서 먹이생물의 가장 풍부한 깊이에 있을 수 있게 된다(Marr, 1962; George, 1984).

어류도 연직분포 양상이 명확하다. 표층에는 참다랭이, 황새치, 상어와 같은 크고 빠르게 유영할 수 있는 육식성 어류가 서식한다. 이들 어류는 외양해역의 중앙부와 연안해역 사이를 수평적으로 회유하면서 작은 어류, 오징어 및 큰 플랑크톤을 섭식한다. 이들 생물은 드문드문 분포하여 바다의 넓이에 비해 개체수는 많지 않지만 매우 중요한 어업대상 자원생물이 된다. 중층은 누드정어리(*Diaphus watasei*)[21] 등 소형의 표영성 어류 개체군 밀도가 높다. 누드정어리는 일주연직이동을 하고 있기에 대부분 군집은 야간에 중층에서 표층까지 이동한다. 누드정어리는 발광세균을 채우고 있는 발광기로 빛을 발생하고 몸에 비해 매우 큰 눈을 하는 것이 특징이다. 이와 같은 특징은 극단적으로 낮은 빛 조건에서 먹이를 찾고 개체군 사이에 연락을 하면서

20 동물플랑크톤의 일주연직이동이란 생태특징을 보이는 이유는 단순하지 않고 매우 복잡하다. 현재 이러한 생태적 특징을 보이는 이유에 대해서는 종에 따라 다소 차이를 보이지만 8가지 이상의 가설이 제기되어 있으며 종에 따라 이들 가설 중 몇 개의 이유에서 일주연직이동이 이루어지는 것으로 판단되고 있다.

21 국내 어류도감에 등재되고 있지 않은 어류로 원서의 용어를 우리말 표현으로 직역하여 표현하고, (　)속에 학명을 병기하였다.

살아가기 위해 진화된 것으로 추정된다. 보다 수심의 깊은 점심층은 기묘한 형태와 크기가 작은 특성을 나타내는 독특한 심해어가 서식한다. 점심층에는 다양한 종이 출현하나 대부분 어류는 검은 체형, 큰 턱, 작은 눈, 그리고 빈약한 근육조직을 가진다. 그중에는 발광하는 가짜 미끼낚시로 먹이를 유인하는 심해아귀, 몸의 정교한 기관으로 먹이생물의 움직임을 감지할 수 있는 긴수염심해아귀(*Caulophryne pelagica*)[22]와 같은 종도 있다. 심해어류는 움직임이 많지 않지만 넓은 범위를 이동하지 않을 뿐만 아니라 쉽게 만날 수 없는 비교적 큰 동물을 먹이로 이용한다. 표영성 어류의 종 다양성은 점심층 수심인 1,000~1,500m 깊이에서 최대가 되며 보다 깊은 수심에서 감소한다. 현재 점심층에 서식하는 어류는 1,000종 정도로 추산되지만 실제는 훨씬 많은 종이 서식할 것으로 추정된다(Angel, 1993, 1997; Haedrich, 1996: Mann and Lazier, 1996).

오징어는 모든 수심에 출현하여 표영환경의 고차 영양단계에 위치하는 육식자의 중요한 먹이생물이 되는 생물이다. 오징어 종은 수 백종 이상이지만 대부분은 비교적 소형이다. 그러나 중층에서 점심층에 서식하는 대왕오징어는 체장 20m까지 성장한다. 바다 이야기에 자주 등장하는 대왕오징어는 먹이를 찾아 3,000m까지 잠수하는 향고래의 몸에 남긴 빨판 자국이나 고래의 위 내용물에서 발견되지만 살아있는 개체는 아직 채집되고 있지 않다[23].

---

22 국내 어류도감에 등재되고 있지 않은 어류로 원서의 용어를 우리말 표현으로 직역하여 표현하고, ( )속에 학명을 병기하였다.

23 2013년과 2014년 우리나라 연안과 동해의 일본 연안에서 4~5m의 대왕오징어가 그물에 잡힌 뉴스가 보도되고 있다. 그러나 정확한 종의 동정에 대해서는 분명하지가 않다.

나. 수평분포

많은 외양해역에서 플랑크톤의 종 다양성은 연안 플랑크톤과 같거나 보다 높다. 그러나 전체 표영생물의 종 다양성은 저서환경과 육상의 종 다양성보다 낮을 것으로 생각되고 있다. 이러한 판단 이유로 표영환경 해역은 서식환경이 비교적 유사하다는 것, 플랑크톤은 확산분포를 한다는 것, 종 다양성이 비교적 낮은 미세조류가 많은 것과 더불어 생물학 및 유전학에 대한 지식이 매우 빈약하다는 것을 들 수 있다.

종 다양성은 물리·화학적 환경인자가 안정화된 저위도 해역에서 높으나 생산성과의 관계는 확실하지 않다. 때에 따라서는 반대의 관계가 보고된다. 북반구에서 플랑크톤의 종 다양성은 20°N에서 최대를 나타내고 이곳을 중심으로 적도 방향으로는 다소 감소하나 극 방향으로는 크게 감소한다. 그리고 남극해는 북극해보다 종 다양성이 높다. 이와 같은 위도에 따른 종 다양성의 변동양상은 표층뿐만 아니라 모든 수심에서 발견되며 식물플랑크톤과 동물플랑크톤에서도 동일한 경향을 보인다(Ray, 1991; McGowan and Walker, 1993; Angel, 1997; Pierrot-Bults, 1997; Williamson, 1997).

외양해역 표영생태계의 경계를 표현하는 주요 표층해류와 심해에서 보다 많은 어류종이 분포한다. 그러나 외양해역의 종은 연안해역보다 낮고 개체군 밀도도 낮게 된다. 지금까지 알려진 어류종에 약 50%가 연안성이고 12%는 심해성 그리고 외양해역의 표층에 출현하는 종은 단 1% 수준에 지나지 않는다. 나머지는 담수어류가 차지한다. 물론 이들 모든 해역환경에 알지 못하는 많은 수의 어류종이 서식하고 있을 것이다. 특정 장소에서 표영성 어류의 종 다양성은 낮은 편은 아니지만 각 어종의 분포범위가 넓게 되어 전체 외양해역의 표영 환경을 고려하면 낮게 된다. 반면 저서성 어류의 분포는 국지적인 환경특성을 보이는 해역이 많기에 전체적으로는 높게 된다(Angel, 1993; Haedrich, 1996).

해류에 몸을 맡겨 생활하는 종은 태어난 해역에서 다른 해역으로 분포를 넓히게 되고 그 분포해역에는 어떤 생물종이 일시적으로 생활하는 해역도 포함된다[24]. 여름동안 쓰시마난류를 타고 동해의 일본 연안해역에 표착한 가시복 유생과 구로시오를 타고 따뜻한 남방에서 일본 혼슈의 수심이 얕은 태평양 연안해역으로 운반된 자리돔류 등이 예이다. 이들 종은 수온이 낮아지는 겨울에 살아남기 힘들다. 일반적인 현상으로 실제 해류에는 서식하는 생물의 종 다양성은 높다. 그러나 장기적인 조사 결과에 의하면 해류의 높은 종 다양성은 해류 흐름의 시스템적 특징에 따른 것이 아니라 발원하는 해역의 특이성을 반영하는 것으로 판명되고 있다. 일부 종은 해류를 다른 장소로 이동할 목적으로 이용하여 종의 생활사 과정에서 색이(索餌)활동과 번식에 적합한 해역으로 회유한다. 한편 어떤 생물군집의 일부가 우연하게 순환류와 와류 등에 휘말려 다른 생태계로 운반되게 되면, 새로운 생태계에 적응하지 못해 죽거나 단기간에 적응하여 증식하고는 새로운 생태계의 생물군집 개체수 대부분을 차지하기도 한다. 또 회유하는 어류에는 연어과 어류 및 뱀장어와 같이 바다와 하천의 경계를 통과하여, 바다, 하구역 및 하천에서 생애의 일부분을 보내는 종도 있다(The Ring Group, 1981; Wiebe and Flier, 1983; McGowan and Walker, 1993; Mann and Lazier, 1996).

---

24 원서에서는 무효분포(無效分布)라는 용어로 설명하고 있다.

다. 주요 해수의 순환

표영환경에서 생물군집의 수평분포는 수천 km라고 하는 거대 규모이다. 태평양과 대서양의 외양생태계는 바람과 지구자전으로 발생하는 전향력으로 거대하면서 안정된 순환류에 의하여 물리 및 생물적 특성을 달리하는 몇 개의 해역으로 명확하게 나누어져 있다. 가장 잘 알려진 것은 북대서양 환류(중앙환류) 및 북태평양 환류(중앙환류)와 아한대 환류이다. 북대서양에서도 아한대 환류가 있고, 남태평양, 인도양 및 남대서양에서의 경계는 분명하지 않다. 다양한 동물플랑크톤 군집뿐만 아니라 식물플랑크톤 군집과 세균의 분포양상이 이들 대규모 환류와 일치한다고 보고되어 있다. 해류는 수평적인 환경범위를 결정할 뿐만 아니라 연직방향의 물리적 환경인자의 변화에도 영향을 주어 플랑크톤 종의 층상분포를 만들게 한다(그림 11).

북대서양 환류역은 사가소해(Sargasso sea)를 포함하는 광활한 해역을 포함한다. 사가소해는 해역에 부유하는 유조(流藻, driftting seaweed)인 모자반[25]이 많이 모이는 특성으로 지워진 이름이다. 금갈색을 하는 모자반 주의에는 다양한 생물이 독특한 의태(擬態, mimicry)[26]로 알려지는 어류, 갑각류, 연체동물 등이 서식한다. 이와 같은 독특한 생물군집으로 구성되어 풍부한 변화성을 나타내는 것은

---

25 모자반의 학명인 *Sargassum fulvellum*의 속명에서 유래한 해역 이름.

26 동물이 몸을 보호하거나 쉽게 사냥하기 위해서, 주위의 물체나 다른 동물과 매우 비슷한 모양을 하는 것을 말한다. 의태에는 기능이 전혀 다른 2가지 있으며, 하나는 동물이 생활하는 장소에서 눈에 띄지 않게 은폐하는 것이다. 작은 나뭇가지와 비슷한 대벌레나 자나방의 유충, 작은 돌과 비슷한 메뚜기 등의 공충과 해조와 비슷한 해마 등이 그 예이다. 이들 종은 의태를 통해 포식자를 피해 쉽게 먹이에 접근할 수 있다. 다른 하나는 독침·악취·무기 등을 가지는 동물과 흡사한 모양을 하는 경계의태(警戒擬態)이다. 독침을 가지는 말벌과 흡사한 많은 나방이나 꿀벌에 유사한 많은 꽃등에류가 좋은 예이다. 이들 종은 동물은 눈에 잘 띄는 경계색을 가진다.

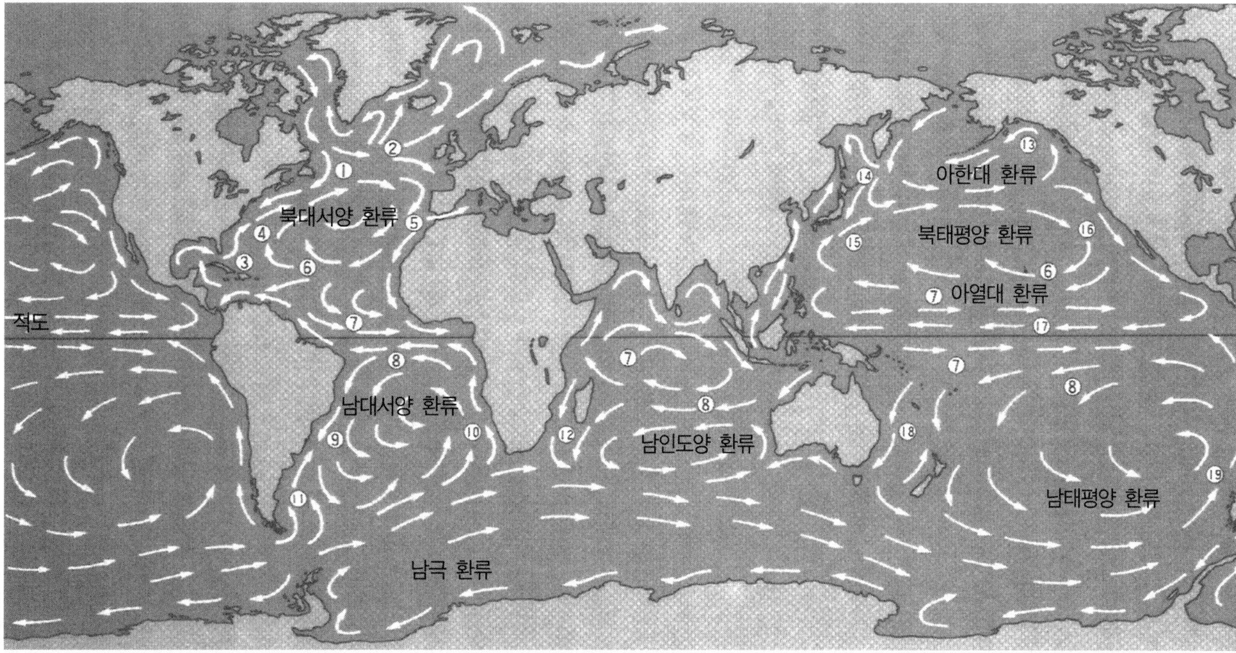

그림 11. 세계의 주요 해류도

① 라프라돌 해류, ② 북대서양해류, ③ 프로리다해류, ④, 멕시코만류, ⑤ 카나리아해류, ⑥ 북적도해류, ⑦ 전도방류, ⑧ 남적도해류, ⑨ 브라질해류, ⑩ 벵겔라해류, ⑪, 포크란드해류, ⑫, 아카르하스해류, ⑬ 알라스카해류, ⑭ 오야시오해류, ⑮ 구로시오해류, ⑯ 캘리포니아해류, ⑰ 적도해류, ⑱ 동오스트레리아해류, ⑲ 페루해류, (NHK "바다" 프로젝트, 1998)

대부분 외양환경에서 보여 지는 일반적인 종 사이의 유연관계와는 매우 다른 내용이다.

중앙환류는 북반구인 태평양과 대서양에서 시계방향으로 회전하며 남반구에서는 시계 반대방향의 흐름을 나타낸다. 중앙환류에서 해수가 따뜻해져 증발하면 표층에 밀도가 높은 해수가 형성되어 환류 중앙부에서 침강된다. 일반적으로 표층 혼합층은 연중 거의 100m이상 깊이로 안정되어 영양염류 농도는 낮지만 비교적 종 다양성은 높다. 심해에서 중앙환류로 영양염류가 서서히 안정되게 공급되지만 이러한 과정의 구체적인 내용은 잘 알려져 있지 않다. 식물플랑크톤 생산성은 생각보다 높으나 증식된 식물플랑크톤은 동물플랑크톤에 의해 번식하기 무섭게 먹어 치운다. 이러한 빈영양 수괴는 식물플랑크톤 생물량이 낮기에 태양광은 깊은 수심까지 투과된다. 이런 해역은 해수 투명도가 높고 식물플랑크톤 종조성이 빛의 구배에 따라 분명하게 변화된다. 세균, 식물플랑크톤 및 동물플랑크톤 등 종수가 많은 표층 생물군집은 약 40~100m 수심의 혼합층에서 재생산된 영양염류를 효율적으로 이용한다. 많은 과학자는 혼합층 생물생산량의 90% 이상이 재생산된 영양염류를 이용하여 생산되는 것으로 믿고 있지만 대기와 용승류에 의하여 공급되는 영양염류에 의해서도 많은 양의 새로운 생산이 발생한다. 종 다양성은 중간 정도의 영양염류 공급과 생산성에 의해 가장 높게 유지된다는 이론들이 이와 같은 내용에 의해 지지되고 있다(Grice and Hart, 1962; Angel, 1993; Banse, 1994; Mann and Lazier, 1996).

표층 식물플랑크톤 군집에는 두 개의 안정된 그룹이 있다. 하나는 250종에 가까운 종으로 구성되어 영양염류 농도가 낮은 표층 상부에 서식한다, 또 다른 하나의 그룹은 종수는 매우 낮지만 영양염류가 풍부하고 광량의 제한된 표층 하부에 분포한다. 두 그룹 모두 종의 균형성은 낮지만 20종정도가 전체 개체수의 90%를 차지한다. 상부 식물플랑크톤 군집의 종 다양성은 동물플랑크톤 섭식에 의해 유지되지만, 하부는 군집내 종간경쟁에 의해 유지되는 것으로 보고되고 있다(McGowan, 1986; Angel, 1993; McGowan and Walker, 1993; Mann and Lazier, 1996).

플랑크톤 군집에는 매우 작은 크기의 단세포생물이 많은 양으로 혼재되어 있는 것은 앞에서도 설명하였다. 일례로 북태평양 북서부 아열대해역은 프라시노조류(Prasinophyceae)가 전체 식물플랑크톤 엽록소의 약 40%를 차지하고 북동부 해역에서는 프림네시움목(Prymnesiales)과 프라시노조류 등 소형 단세포생물이 전체 엽록소의 45~90%를 차지한다. 광학현미경으로 종 동정이 불가능한 작은 식물플랑크톤 종이 바다의 물질순환에 중요한 역할을 하고 있다. 외양해역에서 이와 같은 극미소 식물플랑크톤의 종조성을 명확하게 하는 것은 기초생산력과 생물펌프의 효율을 이해하는데 절대적으로 필요한 내용이 된다(Chisholm et al., 1988; Suzuki et al., 1995; Obayashi et al., 2001).

동물플랑크톤은 먹이생물의 연직분포에 반응하여 분포한다. 앞에서 설명한 두 그룹의 식물플랑크톤이 많은 양으로 분포하는 수심에는 초식자가 많게 되고 바로 밑의 수심에는 육식자가 분포하지만 해저 가까운 수심에는 유기쇄설물 식자가 우점 분포한다. 동물플랑크톤 군집에서 이와 같은 전형적인 분포양상을 보이는 분류군은 종수와 생물량 모두에서 가장 높은 점유율을 나타내는 요각류에서 관찰된다.

또 동물플랑크톤을 먹이로 이용하는 어류는 다양한 수심에서 동물플랑크톤 종조성을 결정하는 중요한 역할을 한다(McGowan, 1986; McGowan and Walker, 1993).

순환류는 아니지만, 적도에 가까운 태평양 동부해역은 영양염류가 풍부한 해수가 수렴하여 독특한 수괴를 형성한다. 이 수역은 열대해역에서 가장 생산성이 높은 코스타리카돔(Costa Rica Dome)[27] 및 파나마만과 같은 용승역이 위치한다. 또한 영양염류가 풍부한 페루해류가 동남방향에서 생산성이 높은 이곳 해역으로 유입된다. 이와 같이 다양한 곳에서 이 해역으로 시간적 규모를 달리하면서 영양염류가 공급되고 있어 생태계는 다소 불안전하여도 생물생산성은 높고 종 다양성도 중위도와 유사한 수준을 나타낸다.

태평양과 대서양의 아한대환류는 반시계 방향으로 회전하면서 막대한 심층수가 용승하기에 해황 및 생물생산도 계절적으로 크게 변동한다. 두 해역 모두에서 생산성은 높지만 플랑크톤의 종 다양성은 낮다. 이와 같은 현상에 대해 일부 과학자들은 철과 같은 미량영양소 부족이 태평양 아한대역의 기초생산량을 낮게 하는 인자라고 주장하고 있다. 그러나 다른 일부 과학자는 식물플랑크톤 증식이 최대가 되기 이전에 동물플랑크톤이 먹어 치워서 기초생산량이 제한된다고 주장한다. 태평양 아한대해역의 표층 혼합층은 겨울에도 넓은 범위에서 비교적 얕은 수심으로 유지되고 있고 소형 동물플랑크톤도 혼합층에서 증식한다. 봄이 되면서 일사량 증가로 대형 식물플랑크톤이 증식을 하게 되지만 생산과 함께 동물플랑크톤에 의해 먹혀버린다.

27 북태평양 동부의 열대해역인 코스타리카 연안의 북위 9도, 서경 90도 위치에 직경 100에서 900 km 범위의 해역을 말한다. 이 해역은 높은 영양염류 농도와 기초생산력으로 다양한 생물상을 나타내고 있을 뿐만 아니라 흰수염고래/대왕고래의 서식지로 유명하다.

그러나 대서양 아한대해역은 겨울에 혼합층의 두께가 해저부근까지 확장되어 식물플랑크톤은 광합성을 할 수 없는 무광층 수심까지 운반되어 생산이 종료된다. 봄이 되어 일사량도 증가하고 늦봄에 표층 해수가 따뜻해지면 성층이 발달하여 동물플랑크톤이 금방 먹어치울 수 없을 정도로 식물플랑크톤은 급격한 대증식을 한다. 대증식으로 포식자에 의해 먹다 남은 부분은 해저의 심해로 침강한다. 이와 같이 태평양의 기초생산물 대부분은 표층에서 이용되어 상위 영양단계의 많은 표영성 어류를 유지시키고 있는 것에 반해, 대서양은 생산된 일부 식물플랑크톤이 침강하여 해저에 생활하는 많은 저서성 어류의 성장을 유지시키는 역할을 하고 있다. 태평양과 대서양 아한대환류 생태계는 유사한 생산성으로 다양성을 유지하지만 내용적으로는 이와 같은 많은 차이점을 나타낸다(Mann and Lazier, 1996).

라. 해류, 용승유, 링 그리고 와류

세계 대양의 동측해역[28]에는 주요한 연안용승역이 발달하여 높은 어업생산을 유지한다. 용승은 대륙연변의 표층에 동풍이 불어 표층해수를 외해로 운반시키게 되고 연안의 부족한 해수 공간을 심층수가 보충하기 위해 풍부한 영양염류를 포함한 저층해수가 표층으로 올라오는 현상이다. 바람이 멈추면 이들 해역은 성층이 매우 발달하여 유광층의 소수 식물플랑크톤종은 풍부한 영양염류를 이용하여 급속하게 증식한다. 즉 용승해역의 높은 생물생산성은 용승에 의하여 공급되는 풍부한 영양염류와 성층의 반복으로 유지된다. 식물플랑크톤은 동물플랑크톤을 증식시키고 결과적으로 어류의 높은 생산성을 유지

28 대륙을 기준으로 하면 서안해역

시키게 된다. 먹이사슬은 비교적 짧고 단순하여 에너지 전송효율이 높고 용승과 성층이 대륙붕 전체 해역으로 확산되면 풍부한 어업자원의 생산을 기대할 수 있게 된다. 그리고 외해까지 해수를 운반시킬 수 있는 강한 바람은 연안해역의 높은 생물생산이 외해까지 확장하는 결과를 가져온다. 이와 같은 용승류 영향을 받는 해역에서 어류의 종 다양성은 매우 낮으나 특정 종에 의한 생물량은 매우 높게 된다. 주로 막대한 생물량을 형성하는 어류는 정어리류로 대표된다. 대서양에서 아프리카 북서부 해역을 따라 흐르는 벵갈라해류(Benguela current)와 남서부 해역을 따라 흐르는 카나리아해류(Canary current)에서 발생하는 용승역이 아프리카 서해안의 정어리 어업을 유지시키는 역할을 한다. 또 태평양 동부인 남미 서안의 페루해류(Peru current)의 용승역에는 세계적으로 유명한 멸치(anchovy) 어업이 성행한다. 북미 서안인 캘리포니아해류(California current) 용승역은 멸치, 고등어, 청어, 정어리가 많은 양으로 어획되고 있다. 캘리포니아 해류역에서 장기간에 걸친 해양자료를 분석한 결과 지구온난화로 인한 수십 년 규모의 장기적인 해수면의 수온상승이 동물플랑크톤 생물량 감소를 발생시키고 있다는 상관성이 분명하게 확인되었다. 즉 켈리포니아 해류역은 대규모적인 기후 진동에 의하여 해수면 수온이 상승하는 것에 따라 육지로부터 바람의 강도가 약해져 용승작용을 약화시켜 심층의 영양염류 공급이 제한되고 있으며 그에 따라 생물생산이 감소하는 것으로 판단되고 있다(Mann and Lazier, 1996).

대양 동쪽의 연안 용승역 이외에도 대륙을 따라 발생하는 용승역은 다수 있다. 가장 잘 알려진 것은 주기적으로 여름에 발생하는 캐나다 노바스코티아(Nova Scotia) 연안과 스페인 북부해안의 용승류이다. 노바스코티아 용승류는 대륙붕에서 대양까지 확산되어 세계에서 가장 풍부한 자원을 생산하는 어장이었던 그랜드뱅크의 생물생산을 유지시키는 역할을 한다. 대서양 스페인 북부의 심층수는 대륙붕과 만의 안쪽에서 용승한다. 스페인 북부의 거대한 용승해역의 거대한 자연 생산성은 이베리아반도의 막대한 양의 홍합과 굴 양식을 유지시키고 있다.

해류와 링(ring)[29] 그리고 소용돌이는 용승류와 연동하여 많은 종을 빨아드려 새로운 해역으로 이동시켜 종의 분포를 확산시키거나 사멸시키고 있다. 실제로 오징어류는 해류에 의해 이동되는 것보다 해류를 타고 이동하는 것으로 판단된다. 북미동부 해역의 어업자원인 캐나다 일렉스오징어는 캐나다에서 플로리다의 케이프 캐너버럴 연안까지 출현하지만 플로리다 연안에서만 산란한다. 유생은 그곳에서 멕시코만류를 타고 북상하여 캐나다의 뉴펀드랜드 연안의 천해해역까지 이동한다. 때문에 성체는 그곳에서 북과 남으로 해류와 링 및 소용돌이에 의해 분산되고 산란기에는 남쪽의 연안류가 약한 해역으로 되돌아온다(Rowell and Trites, 1985).

2. 해저 경계층

해저는 높은 밀도의 해수가 바로 상층을 흐르는 흐름에 의해 발생하는 마찰에 의하여 상층 해수와는 다른 성질을 가지는 잘 혼합된 해

29 해양에서 와류 등 물리적인 현상에 의해 넓은 해역에서 등온성이 원형의 형태를 분포하는 것을 말한다.

저경계층이 형성된다. 해저경계층의 존재는 급격한 밀도변화에 의해 쉽게 알 수 있고 이례적으로 종 다양성은 높다. 해저경계층에 출현하는 생물군집은 정확히 표영환경의 것도 저서환경의 것도 아닌 양쪽 모두의 환경특성을 가지는 생물군집이라 할 수 있다. 일부 종은 섭식이나 번식 그리고 포식을 회피하기 위하여 이곳으로 이동하는 저서생물도 있고 또 일부는 해저에서 섭식하는 표영생물로 구성된다. 해저경계층의 주된 생물군집은 해파리와 부유성 해삼 등 젤라틴질 생물종과 소형 갑각류 등이다. 이들에 추가하여 일부 저서생물의 알과 유생 그리고 말미잘류, 사미류[30], 게류, 해삼 및 어류와 같이 해저의 단단한 기질이나 퇴적물 또는 표류물의 위에서 생활하는 표재생물의 일부가 포함된다. 이들 생물군집의 일부는 단독성이지만 해삼, 새우 및 어류 등은 집단으로 출현하기도 한다(Gage and Tyler, 1991).

해저경계층에는 1,000종 이상의 어류가 서식하며 연승(주낚)을 이용하더라도 채집이 되지 않은 많은 종이 있기에 실제로는 더욱 많을 종이 서식하는 것으로 생각된다. 이곳에 서식하는 다양한 어류는 위에서 침강된 대형동물의 사체나 살아있는 먹이를 언제라도 잡을 수 있게 적응되어 있다. 상어, 가오리, 먹장어, 대구류와 같은 저서어류는 해저에 숨어서 기다리기도 하지만 때에 따라서는 해저에서 떨어져 접근하는 먹이를 기다린다. 해저경계층의 어류는 중층과 점심층에서 유영하는 어류보다 크고 강하다. 이곳에만 서식하는 아귀류와 같은 어류도 알려진다. 심해평원뿐만 아니라 대륙사면과 해저화산의 해저경계에서도 유사한 생활을 하는 어류가 보고된다. 이들 분포 폭은 매우 넓어서 특정의 한정된 수심에만 서식한다고 할 수는 없다(Haedrich

30 거미불가사리류와 같은 의미이다.

and Marrett, 1990; Gage and Tyler, 1991; Haedrich, 1996).

해저에 고립되어 있는 화산성 구릉과 같이 특별한 환경을 만드는 해산 주변에 어류가 모여드는 경향이 있다. 금눈동 일종인 오랜지러피(orange roughy)와 같은 종이 서식한다. 이와 같은 해저경계면의 어류는 아마도 해산 지형이 만드는 흐름에서 섭식활동을 한다. 해저경계층에서 생활하는 기름진 어류는 트롤과 연승어업에 가장 중요한 어획대상 자원이 된다. 그렇지만 일례로 오랜지러피는 성숙까지 약 25년이 소요되고 수명도 150년 이상으로 추정되는 등 일부 특정 어류는 전형적인 장수 어류로서 산란량도 많지 않다. 때문에 연안해역 어류에 비하여 자원고갈이 되기 쉽고 자원회복에는 많은 시간을 필요호한다. 때문에 산란을 위해 모여든 이들 어류의 농밀군을 대상으로 하는 조업은 어류가 개체군을 다시 회복시킬 수 없을 정도로 높은 어획압력을 받게 된다. 미국에서 소비되는 오랜지러피는 주로 호주와 뉴질랜드에서 공급된다. 이들 해역은 공급을 충족시키기 위해 남획을 한 결과 최근 상업적 어획이 불가능할 정도로 자원이 고갈되었다(Koslow, 1997)

3. 심해의 저서생물

한 때 사막과 같이 생명체가 전혀 없을 것으로 믿어왔던 심해 저서환경에서 지금은 육상의 열대우림과 비교할 만큼 종 다양성이 높은 것이 알려진다. 심해 저서환경은 대륙붕이 끝나는 시점부터 시작된다. 우선 대륙사면이라고 하는 거리 100km 이내에서 수심이 2,000m까지 깊어지는 해저가 있으며 이곳은 대륙성 지각과 해양성 지각의 경계를 퇴적물이 덮고 있다. 대륙사면의 지형은 어떤 곳에서는 균일한 특성을 보이나 장소에 따라서는 매우 불규칙하고 해저협곡에 의해 분단된다. 대륙사면의 일부 장소는 종종 산사태가 발생하여 생물 종수를 감소시키는 불완전한 환경이 된다. 대륙사면 밑에서는 경사가 완만해지면서 500km 이내에서 수심이 4,000m가 된다. 이곳에게 시작되는 심해평원은 다양한 크기의 입상유기물과 무기물의 부드러운 퇴적환경이 수심 6,000m까지 펼쳐진다.

대부분 해저에서 큰 특징을 찾을 수는 없으나 급경사의 해산과 해산대가 연속되는 곳도 있다. 심해평원의 해수는 비교적 느린 속도로 흐르나 주기적으로 심해폭풍이 발생하여 퇴적물을 교란시키다. 또 대륙붕이 거대한 산사태를 발생시켜 만들어진 탁류가 해저협곡을 덮기도 한다. 이와 같은 심해폭풍과 빠른 흐름은 거대한 에너지가 되어 해저의 연성퇴적물을 이동시켜 단단한 해저를 노출시킨다.

대륙과 대륙 사이에 위치하는 심해평원은 중앙해령에 의해 분단된다. 이곳은 수직으로 잘려 있는 단층을 따라 화구에서 쏟아진 분출물이 흘러내려 새로운 지각을 형성하면서 해저로 넓게 확산되기 시작한다. 대서양과 인도양 및 남극해의 중앙해령은 대략 대양의 중앙부에 위치하지만 태평양은 동쪽으로 치우쳐 수심 약 2,500m 곳에 위치한다. 대륙성 지각과 해양성 지각의 경계선 부근은 지질활동이 활발한 곳으로 깊은 해구가 심해평원을 분단시킨다. 해구는 해저가 확산되면서 대륙 플레이트 밑으로 파고든 흔적으로 대서양보다 태평양에서 더 잘 관찰된다. 이와 같은 바다의 모든 지형은 해저의 생물적 특징과 밀접하게 관련된다(Gage and Tyler, 1991; Waters, 1995; Gage, 1997).

심해저동물은 ① 노출된 암반과 해저를 자유롭게 이동하는 대형종, ② 단단한 해저에 고착하거나 퇴적물 속에 잠입하는 초대형 저서생물, ③ 퇴적물에 서식하는 대형 저서생물과 중형 저서생물, ④ 원생동물과 세균을 포함하는 미생물 등 4가지 형태로 구성된다. 해저를 이동하는 것은 표재동물과 해저경계층의 어류이다. 고착생활을 하는 것은 생애 대부분을 폴립으로 단단한 기질에 착생하여 생활하다 짧은 기간만 해수 중을 부유생활 하는 해파리, 바다조름, 부챗말, 심해성 산호, 말미잘, 갯나리, 심해성 만각류, 멍게 등이 있다. 퇴적물과 노출된 암반 위에 서식하는 소형 종도 많다. 그 중에는 갯지렁이, 이매패, 고동, 절족동물, 성게, 유공충 등 친숙한 분류군에 속하는 다소 특이한 형태의 생물이 포함된다.

변화가 심한 이들 생물의 먹이는 다양하지만 대부분 먹이사슬을 따라가면 유광층의 기초생산으로 귀결되고 일부는 직접 표층에서 공급된다. 식물플랑크톤과 동물플랑크톤 사체와 분립은 마린스노우로서 비교적 균일하게 해저로 침강한다. 이들 유기쇄설물 집괴는 해저로 침강하는 도중에 분해되지만 많은 양이 해저까지 도달하여 심해저의 저서생물에 매우 중요한 먹이원이 된다. 마린스노우의 침강은 심해저 전체에서 보이나 그 양은 표층의 생산성 변화에 따라 시·공간적으로 변한다. 어류, 오징어 및 해산 포유류와 같은 대형동물 사체도 종종 해저에 침강되어 일시적이지만 저서생물에게 풍부한 먹이를 공급한다. 정해진 특정 장소에만 먹이가 떨어지는 것은 아니기에 심해저에서 먹이공급도 종 다양성을 높이는 원인이 될 수 있다. 고래와 기타 포유류 자원이 지금보다 풍부하였을 때에 이들 대형 포유류 사체는 해저의 저서생물이 중요한 먹이원이 되었을 것이다. 지금도 침강하는 먹이를 이용하면서 이동하는 호기편승형(好機便乘型) 종에게 대형동물의 사체는 훌륭한 먹이와 서식지를 제공한다(Gage and Tyler, 1991; National Research Council, 1995; Rex et al., 1997).

심해 저서생물의 종 다양성을 높이는 것은 퇴적물에 서식하는 중형저서생물로서, 최근에 그 종의 다양함이 새롭게 평가되고 있다. 미국 동부의 수심 1,500~2,500m 심해저에서 작은 방 한 개 면적인 $21m^2$에서 14문, 171과에 포함하는 798종의 중형 저서동물이 동정되었고 이 중 460종은 신종으로 기록되었다. 더욱이 그 주변에서 얻어진 200개의 표본에서 거의 같은 비율로 별도의 신종이 발견되어 전체에서 1,597종이 신종이 기록되었다. 이들 자료로부터 조사에 참여한 과학자들은 대서양 해저에는 100만종에서 1,000만종이 생물이 존재하는 것으로 추정한다. 이와 같은 심해생물의 종 다양성은 육상의 열대우림과 같거나 더 많은 것으로 추정된다(Grassle and Maciolek, 1992; Poore and Wilson, 1993; Briggs, 1994; May, 1994a; Reaka-Kudla, 1997).

심해저 생물군집의 종 다양성을 어떻게 볼 것인가에 대해서는 많은 학술지에서 논쟁이 대상이 되어 있다. 종 다양성은 매우 한정된 면적에서 채집한 표본결과를 기준으로 추정할 수밖에 없기에 다양한 추정과정에서 값의 변화는 매우 크게 나타난다. 즉 각각 얼마 되지 않은 표본으로 전체 심해저 저서생물군집의 종수를 예측하고 있기 때문이다. 해저환경에는 이미 발견된 종수 이상의 생물은 없을 것이라고 생각하는 연구자도 있고 해저환경의 종 다양성은 매우 낮기에 최대 수천 종 수준일 것으로 생각하는 연구자도 있다. 이와 같은 심해저 생물종수에 대한 논쟁은 심해생태계 연구를 자극하여 보다 많은 조사를 실시하게 하는 원인이 되기도 한다(Gage and Tyler, 1991; National Research Council, 1995; Rex et al., 1997).

초기 과학자들이 상상한 해저는 생명체가 거의 없는 어둡고 차가운 환경이었다. 그들은 높은 수압, 낮은 수온, 낮은 먹이량으로 특징지을 수 있는 심해저 환경에 생존할 수 있는 생명체는 거의 없거나 있더라도 극히 한정될 것으로 생각하였다. 처음 실시된 심해생물의 채집결과도 이와 같은 생각을 증명하는 것처럼 보였다. 그러나 처음 채집방법은 해저에서 채집된 시료가 선상으로 끌어올리는 도중 대부분은 없어지고 만 것이다. 1960년대 후반 개량된 채집기술로 채집된 북대서양 심해퇴적물에서 높은 종 다양성이 처음 보고되었다. 과학자들은 심해저의 생물현존량은 낮지만 많은 종이 불균일한 분포를 하는 것을 발견하여 수심이 증가에 따라 종 다양성이 감소한다는 것과 심해저는 균일한 환경에 먹이량이 낮기 때문에 종 다양성이 낮다는 지금까지 추론을 뒤집게 되었다. 지금도 심해저 생물군집의 분포범위가 얼마나 넓은 것인지에 대해서는 정확하게 알지 못한다(Jumars, 1976; Gage and Tyler, 1991).

태평양, 대서양 그리고 양극해의 조사에서 각각 대양저에는 독특한 생물군집이 서식하고 있다는 것과 종 다양성은 위도를 따라 변화하는 것이 확인되었다. 해저생물에게 대륙은 생식적인 격리역할을 하고 있기에 각 대양저에서 독자적인 종 분화가 이루어진 것으로 생각할 수 있다. 모든 바다에서 수심에 따라 분포가 변화되는 것은 공통적인 현상이지만 일부 대륙붕 퇴적물에서 높은 종 다양성을 나타내는 새로운 결과는 앞으로 지금까지 개념과는 다소 변화될 수 있음을 시사한다. 대서양에서 종 다양성은 대륙사면 중간 수심인 1,500~2,000m에서 최대가 된다. 태평양은 대서양보다 다소 깊은 수심에서 최대를 보인다. 심해평원에서 더욱 밖으로 진행되면 종 다양성은 감소되고 해구에서 더욱 감소한다. 대형종의 다양성은 소형종보다 더욱 얕은 곳에서 최고를 보인다. 이는 수심이 깊은 곳은 대형종의 섭식에 필요한 충분한 먹이가 없기 때문이다(Grassle, 1989; Gage and Tyler, 1991; Grassle and Maciolek, 1992; Rex et al., 1997).

북대서양은 저서생물에 대하여 가장 연구가 잘 된 해역이나 북대서양과 북태평양에서 얻어진 자료를 비교하면 북태평양이 북대서양보다 종 다양성이 높다. 북태평양 종 분포의 다양성은 균일하지 않으며 비교적 인접하는 해역에서도 종수에 큰 차이를 나타낸다. 이와 같은 이유는 대륙사면의 퇴적물 안정성과 해저에서 흐름 그리고 표층의 생산성 차이 등과 같은 복수 인자에 관련되는 것으로 생각된다. 북극해는 지사학적으로 비교적 새롭게 형성되고 얕은 수심을 하고 있어 다른 대양저와 격리되어 고립되고 있고 열수작용 등 인자들 조합으로 종 다양성은 낮은 특성을 보인다. 유럽 지중해, 동해, 홍해 등의 부속해도 이와 유사하게 가까운 대양저와 격리되어 있어 외부에서 생물유입이 방해 받고 있다(Gage and Tyler, 1991; Gage, 1997).

심해환경은 지사적인 긴 시간에 거쳐 안정화되기에 세계 바다의 해양환경은 비교적 짧은 시간적 규모에서 큰 변화는 발생하지 않는다. 이러한 환경 안정성은 심해저에서 다수의 특수화된 종을 진화시키는데 충분한 시간을 제공하는 것이 된다. 일례로 북극해와 같이 비교적 새로운 바다의 종 다양성이 남극해 보다 낮은 것으로부터도 설명할 수 있다. 저서생물의 높은 종 다양성을 설명하기 위한 다른 인자로는 심해가 광활하여 종 분산이 쉽다는 것을 들 수 있다. 자유로운 이동을 제한하는 물리적 장벽이 낮은 환경에서 종은 반복하여 넓은 범위로 분산하게 되어 같은 형태로 분산하는 다른 많은 종과 공존하게 된다. 이와 같은 결과 적은 범위에서도 종 다양성은 높게 된다. 일부 연구자들은 이와 같은 시간적 안정성이 적당한 간격과 규모에서 생물교란을 발생하게 되어 복잡한 서식지 환경이 형성되면서 종 다양성을 높게 한다고 설명하고 있다.

예로서 생산성이 낮고 큰 규모의 물리적 교란을 받기 어려운 심해저에서 어떤 생물이 구멍을 파게 되면 퇴적물이 주변에 쌓여서 오랫동안 유지된다. 플랑크톤 사체와 같은 작은 유기물 집괴가 구멍 그늘이나 패인 곳에 모이게 되면 그곳에 극소적인 새로운 생물군집이 형성된다. 나무, 어류 및 고래와 같은 큰 물체가 해저에 침강하게 되면 작은 지형변화가 발생하여 다양한 부식성 생물종이 모여들게 된다. 심해저에 침강하는 잘피 한 잎에도 잠시 동안이지만 독특한 생물군집의 서식지를 제공하게 된다. 따라서 이들 서식환경은 오랫동안 지속되지 않기에 종 구성은 시·공간적으로 변화한다. 생물작용에 의한 소규모이면서 산발적 교란은 생태적 지위를 많게 하여 높은 종 다양성을 유지하게 되는 것이 된다.

또 심해저에 자주 출현하는 해삼과 같은 이동성 있는 대형종의 섭식활동은 먹이가 되는 많은 소형종의 종간경쟁을 약화시켜 다양성을 높이다고 생각하는 연구자도 있다. 한편 최근 심해저에서 때에 따라 20 cm/sec 이상의 흐름을 발생시키는 폭풍이 수일간 지속되어 해저에서 두께 수 cm의 퇴적물을 이동시켜 해저경계층의 해수를 교란하는 것이 알려진다. 이곳에 발생하는 와류의 역할도 심해저 생물군집 구조와 다양성에 크게 영향을 미치는 것으로 판단하고 있다(Dayton and Hessler, 1972; Jumars, 1997; Abele and Waters, 1979; Grassle, 1989; Rex, 1981; Tyler, 1995).

4. 열수분출공의 생물군집

1977년 갈라파고스제도 외양의 수심 2,500m에서 열수분출공(熱水噴出孔, hydrothermal vent)이 처음으로 발견되었다. 그곳에는 일반적인 바다에서 관찰되지 않는 심해관벌레(tube warm)로 대표되는 매우 풍부한 생물군집이 형성되고 있음을 확인하였다. 열수분출공의 생물군집은 20세기 자연사에서 최대의 발견 중 하나이다. 열수분출공은 새로운 지각이 형성되는 중앙해령과 해저의 확산작용으로 생긴 분열된 곳과 해양지각이 대륙성 지각의 밑으로 빨려드는 곳에서 발견된다. 모두가 판 구조론(板構造論, plate techtonics)에서의 판 활동이 활발한 곳이다. 즉 용해된 암석이 해수와 접촉하면서 굳어진 해저의 균열 틈으로 차가운 해수가 흘러들어, 지각 밑에서 반응하여 특별히 황화물과 황화수소를 다량으로 포함하는 가스와 광물을 포함한 해수가 열수로 분출된다. 열수분출은 포함되는 내용물에 따라서 블랙스모커(black smoker) 또는 화이트스모커(white smocker)로 구분한다. 블랙스모커는 매우 높은 고온에서 황화물 입자가 풍부한 열수를 분출하는 것을 말하고 화이트스모커는 단지 온수를 분출하는 것이다. 열수분출이 되는 해저환경 특징은 화학물질 농도와 수온이 매우 짧은 시간과 거리에서 변동되며 온도 차이가 매우 크게 나타난다는 것이다. 수온은 겨우 수 cm의 거리에서 300℃ 이상에서 주변의 해수 온도인 2℃

까지 떨어진다. 한 장소에서 이러한 열수의 분출활동은 대략 10년 또는 그 이하의 기간에 종료된다. 또한 열수분출공은 해저에 연속하여 존재하고 있는 것이 아니라 가장 가까운 분출공 사이의 거리일지라도 수백 km 이상 떨어져 있다. 때문에 열수분출공의 생물군집은 어떤 방법으로 분포역을 넓혀가고 있는가를 아는 것은 매우 흥미 있는 의문을 제공하게 된다.

또한 열수분출공의 생물군집은 매우 독특한 먹이사슬이 형성된다. 먹이사슬의 근간이 되는 유기물합성은 광합성 식물이 아니라 열수의 황화수소와 같은 화합물을 이용하는 세균의 화학합성(化學合成, chemosynthesis)으로 생산된다. 화학합성세균의 높은 생산성이 열수분출역의 풍부한 생물군집을 유지하고 있지만 생물다양성은 낮다. 지금까지 열수분출공에서 보고되는 종은 전체 500종 정도이다. 고유종은 200종 정도로 대부분 열수분출공 고유의 과에 속한다. 생물다양성의 낮음에도 불구하고 열수분출공 생물군집은 보는 사람으로 하여금 매우 강한 인상을 안겨준다. 이는 황화수소를 이용하는 화학합성세균을 체내에 공생시켜 세균으로부터 영양을 획득하는 거대한 심해관벌레와 시로우리가이(*Calyptogena soyoae*)[31], 또 화학합성 세균을 먹이로 하는 유노하나게(*Gandalfus yunohana*), 열수분출공 새우(*Rimicaris kairei*)[32] 및 이들을 먹이로 하는 등가시치과(*Zoarcidae*) 어

31 심해 냉수 용출역에서 크게는 사방 수십 m의 패치를 형성하여 생활하는 각장 70-80 mm 이하의 소형 이매패로서 해저퇴적물에 깊게 매몰하여 수관만을 노출하여 생활한다. 용출한 냉수에 포함된 메탄을 퇴적물 중의 황환원세균이 소비하여 황화수소를 생산하기 때문에 10 cm보다 깊은 퇴적층에서 황화수소가 급격하게 상승시키는 원인이 된다.

32 몸길이가 6 cm 정도인 갑각류이다. 겉껍질 아래 화학합성을 하는 세균이 공생한다. 즉 열수분출공과 같은 특수 환경에서 공생세균이 화학합성에 의해 합성한 영양분을 이용하여 생활한다.

사진 11. 시로우리조개 속의 이매패와 만각류
(오키나와 트라프이평야 해령, 수심 1,400m, (獨)海洋研究開發機構 제공)

류와 같이 기묘하게 생긴 대형종의 개체밀도가 매우 높기 때문이다. 유노하나게 목의 망막은 노출되어 있고 열수분출공에서 방출하는 어슴푸레한 화학발광을 감지할 수 있다. 이러한 능력으로 하나의 열수분출공이 활동이 멈추게 되면 또 다른 새로운 분출공을 찾을 수 있게 된다(Gage and Tyler, 1991; Travia, 1993; Van Dover, 1996; Jinks et al., 2002).

열수분출공의 용존산소 농도는 낮지만 황화물과 석유를 기본으로 하는 탄화수소와 중금속과 같이 잠재적인 독성물질의 농도는 매우 높다. 열수분출공 환경은 다른 해저환경과 크게 다르기에 열수분출역에 보이는 생물군집은 다른 해저환경에서 관찰되지 않는다. 그러나 해저에 침강된 고래 골격이 열수분출공의 생물과 매우 유사한 화학합성을 하는 종을 포함한 미생물군집의 은신처로 활용되고 있음이 알려진 이후, 고래 뼈와 같은 물질이 열수분출공 생물군집의 서식장소로 제공하여 별도의 열수분출공으로 분산되는 "징검돌"이 되어, 생물군 분포 확대에 도움을 주고 있다고 생각하는 연구자도 있다(Smith et al., 1989; Smith, 1992).

5. 해저협곡과 해구

해저협곡이나 해구의 저서생물 다양성은 그들을 둘러싸고 있는 심해평원과 대륙사면의 다양성보다 낮다. 해저협곡은 급경사의 사면에 있는 퇴적에 의해 땅사태가 발생하기 쉽다. 이 불안정함에 추가하여 협곡에는 빠른 해수의 흐름이 있다. 이들 작용에 의해 협곡의 측면은 깎아내려 암반이 노출되어 단단한 기질에 고착하거나 패인 곳에 숨어 사는 습성을 가진 생물에게 유리한 환경이 된다. 일반적으로 해저협곡에는 영양염류가 풍부하다[33]. 때문에 종류는 적지만 해저협곡의 표영환경에는 생명체가 풍부하다.

해구는 수심 6,000m 이상인 곳이다. 가장 깊은 마리아나해구는 수심이 11,000m 이상이다. 이들 급경사의 사면 생태계도 퇴적물의 흘러내리는 땅사태에 노출되어 있지만 전체 해구에서 발생하는 것은 아니며 해수의 흐름도 해저협곡처럼 빠르지 않다. 해구에서는 그 장소

33 원저의 의미를 그대로 번역은 하였지만, 열수분출공과는 달리 화학합성을 하는 기초생산자가 해저 협곡는 존재하지 않기에, 영양염류가 풍부하여 표영환경의 생물이 많아지는 인과관계는 영양염류보다 먹이원이 풍부한 것으로 이해하는 것이 바람직 한 것으로 판단된다.

고유의 심해생물 군집이 서식하며 종 다양성은 낮다. 다양성이 더욱 높은 계급의 분류군에서도 낮고 생물군집의 구성은 다른 해구 사이에 유사하다. 그러나 장소에 의해서는 독자의 고유종이 발견되기도 한다.

6. 극지역의 바다

주변이 대륙으로 둘러싸인 북극해와 남극대륙 주변의 바다에는 견고한 얼음이 떠있는 표영생태계이다. 위도가 높은 것과 저수온 및 얼음이 두 생태계의 공통점이지만, 실제로는 매우 다른 특성을 가진다. 북극해는 바다 밑에 광활한 대륙붕이 존재하지만 남극해는 깊은 바다로 대륙을 둘러싸고 있다. 북극해는 계절적으로 주변의 하천에서 운반된 영양염류가 대륙붕 위에서 혼합된다. 한편 남극해는 북극해보다 2배 크지만 보다 안정된 상태가 유지되는 것이 특징이고 계절적으로 유빙이 수렴되면서 재차 얼어 만들어진 총빙(pack ice)[34] 절벽이 결렬하게 해수의 연직혼합을 발생시킨다. 남극해에서 이와 같은 해수의 연직혼합은 육지에서 공급되는 영양염류는 아니지만 저층의 풍부한 영양염류가 표층으로 공급된다. 최근 연구에서 남극해에는 철분이 매우 부족한 것이 알려진다. 만일 남극해에 철분이 공급되면 식물플랑크톤의 광합성 활성은 일시에 증가할 것으로 알려진다(Broecker,

34 해빙조각이 모여서 빽빽하게 얼어붙은 것을 말한다. 남극대륙을 둘러싼 빽빽한 얼음덩어리가 총빙이다. 총빙은 지금도 그렇지만 옛날 탐험시대에 탐험선을 가로막는 큰 장애물이었다. 총빙이 바람이나 해류에 움직이면서 배들이 통행이 가능하지만, 총빙에 배가 끼어 부서져 침몰하기도 한다. 얼음의 양이 6/10 이하면 열린 총빙, 7/10~8/10이면 닫힌 총빙이라 하여 해수가 보인다. 9/10이면 매우 닫힌 총빙으로 쇄빙선이 필요하다.

1990). 얼음이 덮여 있는 양극해역의 바다 속으로 투과되는 빛의 양은 매우 제한적이다. 빛을 필요로 하는 미세조류와 같은 기초생산자는 얼음 속과 얼음 밑쪽에 부착하여 생활한다[35]. 세균, 원생동물 및 일부 동물플랑크톤(일부 요각류와 바다곤쟁이류)도 이와 같다. 외양은 식물플랑크톤이 해수 혼합에 의해 공급된 영양염류에 반응하여 급격한 대증식을 발생시켜 남극해 먹이사슬의 기반이 되어 막대한 수의 연체동물, 어류, 바닷새 및 해양포유류의 생활을 유지시키고 있다. 얼음으로 덮여있는 바다의 생물다양성은 바람으로 얼음을 다른 장소로 이동시키거나 따뜻한 해수가 심층에서 용승되어 총빙에 수로와 폴리니아(polynya/polynia)[36]라고 하는 빙산에 열린 틈이 생기면 더욱 다양해진다. 폴리니아는 매년 거의 같은 장소에 생기며 저층의 영양염류가 올라와 빛이 있는 계절에 태양이 비치면 생산성이 높게 되어 풍부한 먹이를 찾아서 바닷새와 포유류가 모이는 장소가 된다. 또 얼음의 불균일한 분포는 미소한 생물의 종 다양성을 높이는 역할을 하지만 특별하게 높은 것은 아니다(Massom, 1988).

여름 북극해는 얼음의 녹는 짧은 기간에 주변 대륙에 위치하는 하천에서 담수가 유입되어 비교적 다량의 영양염류가 공급된다. 북극해 주변의 바다는 얼기도 하고 녹기도 하는 평갑판 모양의 총빙으로 덮여있다. 얼음면적은 여름과 겨울에 단지 10% 정도만의 차이만을 보인다. 또 주변에 얕은 해붕(海棚)이 있기에 다른 바다와의 사이에 해

35 ice algae로 불리운다.

36 해빙이나 총빙 사이에 있는 바닷물이 노출된 상당히 큰 지역을 말한다. 바닷물의 노출시간은 길게는 수년 동안 계속된다. 넓은 노출면적은 흑해 크기만 한 것도 있다. 폴리니아는 해류나 바람에 따라 위치와 규모가 달라진다. 'polynya'는 러시아어이며 폴리니아보다 크기가 작은 것을 리드(lead)라고 한다.

수교환은 약하고 고립되어 있다. 북극 흰곰과 바다표범은 총빙에서 먹이를 탐색하고 번식한다. 이곳은 많은 종의 어류와 바닷새가 있다. 한편 남극해에는 펭귄과 바다표범이 얼음을 북극해와 같은 용도로 사용한다. 그러나 어류는 그리 많지 않다. 남극해는 바다곤쟁이류(크릴새우) 및 오징어류와 같은 무척추동물이 바다 생물상을 대표하여 막대한 양의 바닷새와 포유류의 먹이가 되고 있다.

양극해 사이에는 저서생물에도 큰 차이가 있다. 남극대륙은 총빙이 대륙 주변을 둘러싸고 있으며 얼음 면적은 연간 70%나 변화한다. 또한 얼음이 녹을 때에는 얼음에 퇴적되어 있던 유기물, 암석 및 자갈이 해저로 침강한다. 퇴적물은 해저에 불균일하게 분포하게 되어 다양한 해저환경을 만들고 있기에 저서생물의 종 다양성은 높게 된다. 남극해는 많은 고유종이 보이나 분류군으로 몇 개의 문에 유사한 형태의 동물밖에 없어 생물상은 단순하다. 북극해에서 보통 관찰되는 게와 상어 이외의 많은 저서어류, 다모류, 고동류 및 대형 이매패 등을 남극해에서는 볼 수가 없다(Dayton et al., 1994).

남극해의 무척추동물의 종 다양성은 북극해의 약 2배이다. 그러나 이것도 저위도 해역과 비교하면 매우 낮다. 극해는 저수온으로 유기물 분해가 진행되지 않아 영양염류의 재순환 속도가 매우 늦어 생산성이 높지 않다. 이것이 낮은 종 다양성의 원인일 수도 있다(Winston, 1990; Angel, 1993; Clarke and Crame, 1997).

극해의 어류는 성장이 늦고 장수하여 성숙까지 많은 시간이 필요한 것이 특징이다. 따라서 어군이 발견되어 자원으로 이용되기 시작하면 단 시간에 많은 양이 어획되지만 가입은 기대할 수 없게 되어 고갈된다. 남극대륙 주변의 수심 2,000~3,000m에 서식하는 메로

(*Dissostichus eleginoides*)[37]는 성숙까지 6~9년 걸리고 수명은 40~50년 정도이지만 1970년대에 심해 연승으로 어획이 시작되어 1980년대에는 자원이 급감하는 결과를 가져왔다.

37 남극과 주변해역의 심해에 서식하는 어류로 미국은 '칠레농어', 일본과 한국은 '메로' 또는 '비막치어'로 불린다. 최대 2m까지 성장한다. 수온이 낮은 해역에 서식하기에 피부조직과 피에 부동성 단백질을 가진다. 맛과 향이 좋고 영양도 풍부하여, 한국, 일본, 미국 등에서 횟감으로 인기가 증가하고 있다. 하지만 대표적 멸종 위기종으로 국제조약에 의해 어획량이 엄격히 규제되지만, $2,000/ton 이상의 가격으로 세계 소비량의 약 80%는 불법 어획된 것으로 추정하고 있다. 파타고니아 이빨고기(Patagonian toothfish)로 불리기도 한다.

제 5 장

생물다양성의 위협

앵무조개(*Nautilus pompilius* : 파퓨아 뉴기니아, 1968)

원시적인 몸 구조로 살아 있는 화석으로 불리는 연체동물로 두족류에 속한다. 인도양·태평양 등 열대해역의 산호초에 서식한다. 약 5억 4천만 년 전인 고생대 캄브리아기 전기에 출현하여 오르도비스기에서 데본기까지 번성하였으나 점차 쇠퇴해 트라이아스기 전기 이후에는 오늘날의 앵무조개와 비슷한 일부 종만이 남아 있다. 현재 앵무조개과에는 6종이 존재한다.

생물다양성 보전문제가 토의 대상이 된 것은 1970년대부터이나 바다 생물다양성 위협이 주목받기 시작한 것은 1990년대이다. 육상에서 종 다양성이 가장 높은 열대우림의 급속한 파괴는 일반인에게도 생물다양성의 소중함과 취약함을 깨닫게 해주었다. 실제로 열대우림에서 종의 멸종 속도가 빠른 것이 우리에게 큰 불안을 주고 있지만 보이지 않는 해양생태계를 포함하여 가공할만한 지구 생물다양성 현상을 안다면 전율을 느끼지 않을 수 없을 것이다. 현재 기록된 생물종 수는 지구 역사상 가장 많지만 당연히 없어진 종수 역시 가장 많을 것이다. 앞으로 50~200년 사이에 인간활동으로 생물종의 50%가 멸종할 것이라는 예상도 있다.

어느 시대든지 종의 멸종은 발생한다. 즉 새로운 종이 출현하는 과정에서 발생하는 자연현상의 하나이다. 그러나 과거는 종 멸종속도가 느려서 새로운 종의 형성 속도와 균형을 맞던지? 아니면 더 느리게 진행되었기에 지구에 생명탄생 이래 전체적인 생물다양성은 증가할 수 있었다. 이러한 과정에서 종이 대량으로 멸종한 시기도 몇 번 있었고 그 때 멸종 속도는 100만년 당 적어도 25~50% 또는 그 이상으로 상당한 종수가 사라졌다. 가장 잘 알려진 것은 백악기 말기에 공룡을 포함한 생물종의 대량 멸종사건이다.

생명탄생 이후에 어떤 종이 생존되고 멸종되는지는 대부분 우연적이다. 분명히 지구생명은 환경의 물리·화학적 변화가 일어날 때마다 항상 증가 또는 감소하여 왔다. 생물은 환경변화에 적응하기 위한 시간 즉 재래종이 이동하거나 유전적 적응을 하기 위한 시간과 환경이 변화하는 조건에서 생존할 수 있는 새로운 유전적 변이 및 새로운 종이 탄생하기 위한 시간을 필요로 한다. 새로운 종의 탄생은 수 만년이 소요되고 신속(新屬)과 신과(新科)가 탄생하기까지는 수백만 년이 필요하다고 생각된다. 그렇지만 인간활동에 의한 급속한 파괴가 이루어지는 작금의 상황에서는 지금까지처럼 점진적인 종의 진화는 허용되지 않을 것이다(Cairns, 1987; Lewontin, 1990; Myers, 1990).

이전의 대량멸종은 멸종 후에 최초로 감소 속도를 보상하는 정도는 아니지만 다른 지역에서 외래종 유입과 새로운 종의 탄생은 계속되었다. 오늘날 가까스로 종의 멸종 속도가 완만하게 된 이후에도 비슷한 일이 발생하고 있는지? 아닌지? 는 알 수 없지만 인간에 의한 지구 역사상 6번째의 대량멸종은 이전 멸종에서 보여 준 지사적 시간보다 더 짧은 시간에 바다를 포함한 모든 지구환경에서 발생하고 있다(Myers, 1990; Vermeij, 1991; Barbault and Sastrapradja, 1995).

해양환경은 육상에 비하여 평온하고 안정하다. 외양(대양)과 심해의 계절변동과 연간변동 폭이 특히 작다. 이러한 환경은 많은 생물종을 번영시키는데 크게 기여하였다. 그런 한편으로 이러한 환경조건은 많은 종들을 급격한 환경변화에 쉽게 적응하지 못하도록 발전시키기도 하였다.

바다는 많은 생물이 위도나 경도, 수심에 따라 다른 환경요인 조합에 적응하여 서식한다. 그리고 분포역 경계를 생물과 화학물질이 서서히 통행한다. 때문에 어떤 서식지 생물이 환경이 악화되어도 다른 환경으로 분산하여 적응성을 보충할 수 있을 것으로 일부 과학자들은 생각하고 있다. 그러나 모든 종이 그렇게 쉽게 이동할 수 있는 것이 아니기에 환경악화는 확실하게 생물의 생존을 위협한다.

생태계의 생물종은 단독으로 생활할 수 없다. 생물군집은 상호작용의 네트워크에 의해 유지되고 있기에 한 종의 멸종은 다른 종으로 전염될 수도 있다. 더욱이 인간활동에 의한 해양환경의 악화범위는 우리가 생각했던 것보다도 더 광범위하다는 것이 오늘날 과학으로 확인되고 있다. 바다의 생물다양성에 주요한 위협요인을 정리하면 다음과 같다.

1. 남획과 양식

인간 욕심에 따른 근대어업은 무수한 해양포유류를 멸종시켰고 고래와 기타 멸종 위기 종들이 사는 것조차 힘든 상황으로 만들었다. 신흥국의 연안해역에서는 지금도 식량원으로 물새와 바다거북의 알을 채취하고 있고 산호초에서 아름다운 색상을 띠는 많은 열대어는 관상용으로 선진국에 수출되고 있다.

지금까지 멸종된 종에 스텔라바다소(*Hydrodamalis gigas*), 대서양 귀신고래(*Eschrichtius robustus*), 까치오리(*Camptorhynchus labradorius*), 큰바다쇠오리(*Pinguinus impennis*), 카리브수도사물범(*Monachus tropicalis*) 등이 있다. 이들 종은 모두 서양의 선진국에 의한 남획의 희생물이다. 포경어업은 1년에 5만 마리 이상의 고래를 포획하였던 1950~1960년대가 정점이었지만 일부 해역에서는 아직도 계속되고 있다.

이전 최대의 포경국가였던 영국과 미국이 고래보호의 선두에서 노르웨이, 일본, 러시아, 아이슬란드 등 포경 후발국가와 고래를 식문화로 하는 국가를 비난하는 것은 포경을 반대하는 많은 나라에서 조차 염치없는 행동이라고 할 것이다. 대왕고래와 참고래 등 멸종 위기종을 보호하는 것은 당연하지만 밍크고래 등 소형이면서 어획 가능한 자원까지 전체적으로 보호하는 것은 바른 것인지? 개체수가 많이 증가한 밍크고래를 그대로 두면 대왕고래 등의 대형 수염고래 종류의 개체수가 영구히 회복되지 못할 것이라는 지적도 있다.

어쨌든 인간활동에 의해 변화된 환경은 멸종 위기에 있는 동물들에게 더욱 어두운 그림자를 드리우고 있다. 종에 따라서는 유독(有毒) 오염물질이 체내조직에 축적되어 생식기의 이상과 기형을 발생시키는 등 생물집단에 질병을 만연하게 하고 있다. 적조는 이들 생물들을 해치기도 하고 먹이가 되는 어류 자원량을 크게 감소시킬 뿐만 아니라 많은 어류 성육장을 교란시킨다. 그리고 최근 급증하는 해운과 해양스포츠의 레저 기구가 고래 무리와 충돌하는 사태까지 빈발하고 있다.

19세기 말 유럽에서는 트롤어업 기술이 발달하여 어선의 항속거리가 길어지면서 그린랜드의 자연 얼음을 냉장으로 이용할 수 있게 됨에 따라 북해를 중심으로 한 아한대 한류역의 청어와 대구 어획량은 비약적으로 증가하였다. 이러한 어업기술의 발전은 얼마 되지 않아 남획에 의한 자원감소를 발생시켜 유럽 각국의 어업자원 쟁탈은 심각한 국제 정치문제로 발전하게 되었다. 원래 인류의 공유물인 생물자원을 포획해서 판매하는 어업이라는 산업은 투자와 선점 경쟁을 조장하여 기술이 진보하여 규모가 커짐에 따라 과도한 포획으로 자원감소를 발생시켜 산업자체가 후퇴하는 딜레마에 빠지게 되었다. 다른 산업은 수요가 크게 되면 더욱 효과적인 생산방법을 고안하게 되지만 자연의 자원생물을 대상으로 하는 어업에는 이와 같은 방법이 적용되지 않는다.

지금은 바다 어디에 가든 인간활동이 어업자원의 붕괴라는 형태의 보복을 받고 있다. 가장 파괴적인 어업은 북아메리카 동북 앞바다의 저서어류 어장이다. 그곳은 1970~1992년의 약 20년 사이에 대구, 메를루사(*Merluccius*)[38]와 해덕대구[39]의 어획량을 67%나 감소시켰다. 예전에 캘리포니아에 부(富)를 가져다준 정어리 어업은 1940년 초반에 소멸하였고 1972년에는 페루연안의 멸치 어업이 80%나 감소하였다. 그리고 1990년대부터는 베링해의 핼리벗(*Hippoglossus stenolepis*)[40]와 태평양, 대서양의 참다랑어와 황새치가 고갈되었다. 캘리포니아산 말전복(*Haliotis gigantea*)은 멸종하기 시작하였고, 태평양 연안의 연어과 어류의 일부 계군(系群)과 열대의 대왕조개(*Tridacna gigas*) 그리고 흑해의 철갑상어 등의 일부 종은 자원량 감소가 우려되고 있다(Myers et al., 1997; McGinn, 1998).

---

38 메를루사는 남방대구라고 하는 대구과에서도 깊은 수심에 사는 종류로, 대서양과 북태평양에 서식한다. 유럽 메를루사(*Merluccius merluccius*)는 지중해에서 노르웨이에 걸쳐 어획되고 북아메리카에 서식하는 메를루사 일종인 은메를루사(*Merluccius bilinearis*)는 갓 잡았을 때 은빛 광채를 내기 때문에 붙은 이름이다. 성체는 길이 1미터, 무게는 최대 5 kg까지 한다. 메를루사는 이베리아 반도에서 인기가 좋아 스페인은 메를루사(merluza), 포르투갈은 페스카다(pescada)라고 한다. 이베리아 반도에 메를루사를 전한 바스크인은 레가츠(legatz)라고 하며 프랑스에서는 소몽 블랑(saumon blanc)이라고 부른다.

39 북태평양 연안에 분포하는 대구과 어류로서 성체의 최대 길이는 100cm, 몸무게는 17kg이다. 수심 10~450m의 바닥이 바위·모래·자갈·조개껍데기 등으로 덮인 곳에 서식한다. 연체동물, 갑각류, 작은 물고기 등 저서생물을 먹으며, 1~5월에 부성란을 산란하며, 부화 4년 후에 산란 회유를 한다.

40 북대서양과 태평양에 서식하는 대형 가자미로 축일(holy days)에 즐겨 먹는 별미라는 의미에서 "holibut'으로 불리었다. 지구상에 존재하는 가자미류에서 가장 큰 대서양 가자미(*Hippoglossus hippoglossus*)는 몸의 오른쪽에 눈이 위치하며 서늘한 물에서 서식한다. 길이는 2.3m, 몸무게는 295kg까지 자란다. 대서양 가자미보다 작은 태평양 가자미(*Hippoglossus stenolepis*)는 베링해 주변에 서식하지만, 대서양 가자미보다 남획의 위험에서 다소 자유롭지만, 남획으로 자원량이 급감하였다.

사진 12. 북양의 트롤 어선의 선상에 모아진 가자미

(1960년대의 이러한 풍경은 이제는 더 이상 볼 수 없게 되었다.)

어획대상에서 가장 강한 위협을 받는 종은 대형으로 오래 사는 참다랑어, 황새치랑 및 오렌지라피 등이다. 이들 종은 성어까지 수년에서 수십 년을 필요로 하지만 많은 수가 번식하기 이전에 죽임을 당한다. 때문에 매년 부화하는 수는 감소하고 살아남은 개체는 조숙하게 되어 평균체장이 점차 소형화 되고 있다. 먹이사슬의 최상위에 있는 대형 육식어류의 개체군 감소가 전체 생태계에 미치는 영향은 매우 크다. 대형 육식어가 감소하기 때문에 어획대상 어종은 보다 작은 어류와 오징어 등 보다 영양단계에 있는 대형 육식어의 먹이생물로 옮겨가게 되어 이들 먹이 생물의 감소는 대형 육식어 자원량을 더욱 감소시키는 것은 자명한 이치가 된다. 보다 작은 어류에는 대형 어류의 새끼들이 포함되어 있어 재생산 할 수 있는 크기까지 생존하기조차 어렵게 된다. 연안 표영환경의 생태계는 남획에 의해 세계 어느 장소에서도 어획대상 자원량이 상당히 빈약한 상태로 변화되어 있다. 이와 같은 현상이 지속된다면 일부 과학자들은 멀지 않는 시기에 연안해역의 표영계는 자원으로 이용할 수 없는 해파리, 살파 및 더욱 소형 생물에 의해 차지하게 될 런지 모른다는 위기감을 나타내고 있다 (Botsford et al., 1997; Dayton, 1998; Pauly et al., 1998).

인간은 지금 어류자원을 근절시킬 수 있는 능력까지 가지고 있다. 지금 우리는 인간의 어획능력을 자연 공급력에 알맞은 수준으로 조절하는 것이 가장 시급한 공동의 명제라 할 수 있다. 불행하게도 대부분 국가가 수산학은 생물해양학에서 분리되어 발전하였기에 어업대상 종은 언제나 독립된 생물자원으로 생각하여 해양생태계의 일부분이라는 사고를 하지 않는다는 것이다. 이런 결과 남획이 만연하게 되었고 그 결과 이들 자원은 세계적인 붕괴에 직면하고 있다. 명백한 것은 자연과 생물다양성을 생각하지 않았던 수산과학자는 수산자원을 살려내지 못했다는 사실이다.

어류는 제철의 맛이 있기에 대체적으로 연안어업은 계절적으로 어획물이 변한다. 또한 행정과 수산업협동조합 지도력이 어느 정도 강력한가에도 따르지만 대부분 어업활동은 자원이 감소하거나 그럴 염려가 있는 때는 일시적으로 정지되어 왔다. 그런데 지금은 냉동과 냉장기술이 진보에 따라 일반시민들이 언제라도 마켓에서 원하는 어류를 원하는 양만큼 살 수 있다고 생각하게 되어 버렸다. 그리고 규제가 없는 연안해역에서 남획임을 인지하면서도 생활유지를 위하여 어업인들은 매일 조업을 하고 있다.

거의 모든 연안국에서 연안어업은 이루어지고 있지만 공해의 원양어업은 극히 일부의 국가가 행사를 하고 있으나 시장규모는 매우 크다. 또한 조업범위도 넓고 선단도 고도화 장비와 기술을 갖추고 있다. 일례로 북태평양 트롤선 1척은 10만~30만 톤의 어류를 어획할 수 있다. 대부분의 현대 어선은 대형어구를 조작하는 바다에 떠있는 공장이라 할 수 있다. 그들 공장에서 150km에 달하는 연승(주낚)에는 수천 개 이상이 낚싯바늘, 점보제트기가 한 다스 들어갈 정도 크기인 트롤그물, 길이 70km에 미치는 대형 유자망을 조작하고 있다. 이러한 어선에 의한 어획압력은 매우 커서 일부 어류 종은 매년 전체 개체수의 80~90%가 어획되는 것으로 추정된다. 공해(公海) 어업도 국제적인 감시대상이 되지만 이러한 기세라면 자원량은 쉽게 원래로 돌아갈수 없을 것이다(World Resources Institute, 1987; Safina, 1995).

전 세계에서 어획되는 어류는 수 천종이지만 정어리, 전갱이, 청어라는 시장에 나열된 이름을 제시하면 겨우 200종이 통계상의 어획량

90%를 차지한다. 그중 6종만으로 세계 시장 공급량의 약 25%를 차지한다. 성능이 좋은 최첨단 어구가 설비된 한정된 어선들이 세계 어류자원의 허용 가능한 가입량 한계까지 어획을 하고 있다. 이런 결과 어획량은 1960년경부터 1980년대 중반까지는 급격하게 증가하였고 지금은 보합상태에 있다고 할 수 있다. 1990년대에는 어선단의 규모가 더 확대되었음에도 불구하고 어획량은 감소하고 있다(제1장 그림 3 참조). 어업통계를 계속 하고 있는 유엔식량농업기구(FAO)는 세계 어획대상 종의 거의 절반이 완전히 이용되었고 나머지 20% 이상의 종은 과잉 어획되고 있거나 자원이 고갈되고 있음을 경고하고 있다. 미국해양어업국(NMFS)도 대서양과 멕시코만에서 어획되는 모든 중요 어종을 포함해서 모니터링하고 있는 어업대상종의 거의 80%가 남획 또는 어획량 한계점까지 어획되고 있다고 보고한다(Earle, 1995; Botsford et al., 1997; Lubchenco, 1998; FAO, 1999).

수산자원론에는 모든 어업대상 종은 어느 수준 이하로 어획이 억제되면 자원지속이 가능한 집약수준 즉 최대지속생산량(MSY)이 된다는 사고방식도 있다. 그러나 과학자와 환경문제 전문가 중에는 지속 가능한 어획량을 현재 수준보다 더 줄이지 않으면 안 된다고 확신하는 사람들도 있다. "남획", "MSY 100% 어획" "MSY 100% 이하", 어종을 이렇게 자원량으로 나누는 생각은 우리가 해양생물을 보는 관점에 중대한 영향을 미친다. 이용정도가 "100%에 미치지 못하는 종"이란 도대체 어떠한 것인가? 그것은 바다 물고기가 인간에 의해 착취되기 위해서만 존재한다는 의미일까(Weber, 1993; Earle, 1995)?

외양해역에서 (연안의 새우트롤 어획도 포함) 목적으로 하는 어류를 어획하는 과정에서 선택능력이 없는 어구에 혼획 되어 어획되는 잡어는 어획 대상어류보다 종종 많게 된다. 또한 어류나 새우에 섞여 법적 보호대상종인 해양포유류, 물새, 바다거북도 혼획 된다. 최근 저위도 해역의 새우잡이에서는 어획물의 70% 정도가 혼획물이라는 것이 알려지고 있다. 잡어의 일부는 어분 재료로 사용되기도 하지만 대부분 잡어는 선상에서 바다로 버려진다. 때문에 이렇게 버려지는 잡어의 개체군과 생태계에 미치는 영향을 객관적으로 조사하는 것은 매우 어렵다. 유엔총회의 의결에 따라 공해 유자망어업은 지금 많은 어장에서 금지되지만 지금까지 유자망은 일정시간 동안 수 km에서 수십 km라는 긴 거리를 차단하여 살아있는 모든 생물들을 마구잡이로 포획하였다. 불의의 사고로 어선에서 떨어져 회수되지 않은 채 방치되는 유자망 잔해인 유령네트(ghost net)는 외양해역의 생물들을 포획하면서 지금도 바다를 표류하고 있을지도 모른다.

어획대상 종이 변화에 의해 생태계에 중대한 부차적 영향을 미치기도 한다. 대형 육식어류는 생태계에서 종 다양성을 조정하는 역할을 하였다. 일례로 산호초에 서식하는 육식어류인 우럭종류가 남획으로 수가 줄게 되면 어획대상 종은 보다 소형인 비늘돔 같은 초식성 어류로 옮겨지며, 이들 어류 수까지 줄어들면 해조류가 너무 성장하여 햇빛을 차단하므로 산호가 줄어든다. 어종 변화에 의한 또 하나의 영향은 새로운 종 가입과 재래종 개체수 감소에 따른 종간작용의 변화이다. 하나의 변화가 계속하여 다른 것에 영향을 미치는 캐스케이드(cascade)적 작용에 의해 먹이사슬에 관련된 종 구성이 바뀌면 종 다양성은 대체로 감소한다. 어업은 남획되는 종 전체의 유전적 다양성에도 나쁜 영향을 미칠 수 있다(National Research Council, 1995; Botsford et al., 1997; Vitousek et al., 1997; Dayton, 1998).

바다에는 여전히 단속을 피해 불법, 무허가, 무보고 조업은 계속되고 있다. 아시아의 신흥국 등에서 벌어지는 다이너마이트를 사용하여 폭발 충격으로 실신하여 떠오른 어류를 잡는 어법, 해수에 청산카리를 풀어 생식용과 관상용 어류를 잡는 어법은 사로잡혀 상품이 되는 어류보다 죽어버려지는 어류가 더 많게 된다. 게다가 산호를 포함하여 많은 어획대상 이외 생물이 희생되면서 서식장소 환경은 악화되고 어업자원량은 급격히 감소하고 있다. 돈벌이에 급급한 상업자본주의 확대로 인하여 지역어업인이 어획량과 어장의 분할사용을 결정하여 온 전통적인 공동 사회적 제도는 붕괴되었다. 이와 같은 경향을 산호초를 가지고 있는 신흥국에서는 큰 고민거리로 작용한다.

어업 쇠퇴에 따라 많은 나라는 국제시장에서 어패류 생산을 보충하기 위해 양식을 하여왔다. 이론적으로 양식은 천연자원에 미치는 어업압력을 줄이고 연안생태계를 풍요롭게 할 가능성을 가진다. 그러나 실제는 거의 모든 양식은 가격이 높은 어류와 새우를 생산하기 위한 것으로서 지속적으로 증가하는 인구를 부양하기 위하여 실시하는 어업자원의 총량을 증대시키는 일에는 거의 도움이 되지 않는다. 산업으로서 양식은 팔리지 않으면 성립되지 않는 특성을 갖는다. 환경오염문제에서 벗어나기 힘들고 토지와 물, 먹이가 희소화 되기에 세계 양식 생산량은 연간 1,300만 톤(해조류를 포함하면 1,600만 톤) 정도에 머물 것으로 예측되고 있다.

현재 양식기술과 방법에 많은 문제가 산적한다. 연안 서식장의 변화, 병해의 발생과 만연, 바다에서 치어와 유어 체포에 의한 천연자원 감소, 인위적으로 선발되는 양식용 품종은 한정된 소수 어미개체로부터 생산되기 때문에 종의 유전적 다양성을 잃어버려 약체화 된다. 그리고 외래종을 많이 포함한 양식종이 자연환경으로 이입(탈출)되는 것과 먹이투입과 과밀양식의 원인이 되는 오염문제 등이 포함된다. 많은 양식기술과 설비가 자연환경을 고려하여 계획되지 않고 자연생태계와 양립할 수 있는 종류를 선택하거나 종류를 적절하게 혼합하여 양식하는 시도도 바다에서는 거의 이루어지고 있지 않다. 모든 것은 이윤추구에 관심이 모여 있기에 보다 많은 문제가 발생하게 되는 것이다(Hindar et al., 1991; Brown and Kane, 1994; Pacific Congress on Marine Science and Technology, 1995).

2. 서식장의 물리적 파괴

생물다양성을 잃어버리는 가장 확실한 원인의 하나는 서식장의 물리적 파괴이다. 바다는 연안해역이 가장 먼저 피해를 입는다. 세계 인구 250만 명 이상인 대도시의 2/3는 바다에 접해 있고 전 인구의 70% 이상이 해안에서 100km 이내의 육지에 살고 있다. 항만건설, 수로 준설, 도로와 선로의 건설, 매립, 둑 조성, 습지 개변, 간척, 제방과 작은 돌제 및 잔교의 건설, 어업과 수산양식의 영향, 비행장과 부두를 만들기 위한 인공섬 건설, 준설물 처리장, 마리나와 관광설비의 개발 그리고 하천에서 취수와 같은 것을 포함하여 인구가 집중되는 연안개발과 개조는 생물의 서식장을 심하게 훼손시켜 왔다. 세계적으로도 해역의 정화능력의 저하와 육상개발에 인한 토양 혼입으로 모래해안의 색이 매년 변화하여 흰 모래사장이 없어지고 있다는 사실을 사람들은 알고 있을까? 미국은 1970년까지 연안습지대의 약 절반을 잃어버렸다. 도쿄만은 이미 20% 이상 매립되었다. 비슷하게 열대의 홍수림(맹그로브)도 목탄과 건축자재용으로 무분별하게 벌채되어 새우양식장으로 바뀌었고 주택건설과 산업개발을 위해 매립되고 있다(Tiner, 1984; Fortes, 1988; National Research Council, 1995).

하천에서 내만으로 유입되는 담수와 모래량 감소도 생물의 서식처를 악화시키고 있다. 사방댐 건설, 강줄기 정비, 관개, 상수원 개발을 위한 취수가 원인이다. 결과적으로 담수에 섞이는 염분증가와 규소감소, 퇴적물 감소에 따른 삼각주 축소, 온도경도와 영양염류 변화 그리고 하구의 오염물질 집중과 증가현상이 발생된다. 하구역과 간석지 면적이 작아지면 오염이 증가하기 때문에 종 분포는 변화하게 된다(National Research Council, 1995).

바다로 유입되는 담수유량의 감소로 극적인 변화를 일으킨 생태계의 예로는 흑해와 이전에 콜로라도강이 흘러가던 캘리포니아만 북부, 나일강 삼각주 및 샌프란시스코만 등을 들 수 있다. 진정한 의미에서 바다는 아니지만 중앙아시아의 아랄해 주변도 1960년경부터 호수로 유입되는 담수를 취수하여 광활한 주변 반사막지대를 농지로 바꾸는 대규모 관개사업을 실시하였다. 그러나 이 사업으로 천산산맥의 눈 녹은 물을 유일한 수원으로 하는 아랄해 호수의 수위는 1987년에 13m 낮아졌을 뿐만 아니라 당초 해수의 1/4 정도 수준이었던 염분이 해수와 같은 수준으로 증가하여 세계 4번째의 광활했던 호수 면적도 60%로 축소되는 결과를 초래하여 아랄해의 어업생산은 거의 괴멸되었다. 더욱이 농지로 끌어 들여진 하천수에 의해 처음에는 곡물과 면화 수확량이 증가되었지만 얼마 되지 않아 땅속의 염분을 토지 표면에 남긴 채 담수는 증발되어 염해가 급증하고 있다.

트롤망과 저인망을 오랜 시간 예망하게 되면 어장의 해저는 심하게 손상된다. 이러한 어법은 한번 사용으로도 해저를 심하게 파괴하지만 반복 사용하면 저서생물과 저서어류의 군집을 회복 할 수 없게 파괴하게 된다. 때문에 저서생물을 먹이로 하는 표영생물은 먹이 고갈로 다른 장소로 이동하게 된다. 많은 어획대상 종을 포획하는 것이 점차 어렵게 됨에 따라 어획물 가격이 상승하여 어업경영은 어떻게든 균형을 맞추다고 하지만 어류를 어획하기 위해 파괴되는 해저면적은 점차 확대되게 된다(Jameson et al., 1995; Dayton, 1998).

지금까지와는 다소 다른 물리적 파괴로 해상 쓰레기가 있다. 이미 세계 각처의 해안에서 플라스틱, 어망, 로프, 스트로폼 등과 같은 다양한 쓰레기가 발견되지 않은 장소는 찾아보기 어렵게 되었다. 알라스카 연안해역과 호주의 많은 작은 섬 등 천혜의 환경을 유지하는 곳까지 쓰레기는 침범하여 있다. 오키나와 섬 해안에 표착하는 쓰레기 70%는 한국, 타이완, 중국으로부터 유입된 반갑지 않은 선물이다. 어류, 해양포유류, 바닷새, 바다거북 등이 쓰레기들에 얽히어 물에 빠지든가 또는 쓰레기를 삼켜 질식사 및 소화기 폐색을 일으킨 예는 다수 보고되어 있다. 이와 같은 작은 생명들이 전체적으로 어느 정도까지 위협받고 있는지 확실하지 않지만, 실내 실험에서 발포 스티롤 재료인 플라스틱입자가 동물의 여과기능을 손상시키고 소화관을 상하게 하여 영양흡수를 방해하는 것이 확인되고 있다(Manville, 1988).

3. 화학적 오염

수질오염은 서식지의 물리적 파괴보다도 매우 인지하기 어렵지만 생태계의 생물다양성은 물리적 파괴와 비슷한 수준으로 악화시킨다. 더욱이 해수에 녹거나 섞여있는 유해화학물질은 해수유동에 의해 오염원에서 더욱 넓은 범위로 분산될 가능성이 크다. 물리적 분산에 더하여 먹이사슬을 통한 생물적 분산도 염려된다. 생태계 및 지구환경을 둘러싼 화학물질의 유통은 먹이사슬에 의해 전송된다. 화학물질은 생물성장에 중요하지만 동시에 성장을 늦추거나 생식기능에 중대한 영향을 미친다. 또한 먹이 탐색, 도피 및 생식행동 등에 관여하는 수생생물 사이의 정보전달에도 유해한 영향을 미치게 된다.

해양오염 전체의 80%는 육상의 인간활동에 의한 것이고, 나머지 20%는 선박의 항해, 쓰레기 투기, 유전 및 가스개발, 심해채광 등 바다에서 행해지는 여러 가지 인간활동이 원인이 되어 발생한다. 오염원인이 되는 화학물질은 직접 바다로 방류되기도 하고 하천에서 유입되며, 일부는 대기로 발산된 후 바람에 실려 해수면으로 운반된다. 이들은 유입된 바다의 해수를 오염시킬 뿐만 아니라 대양 및 심해, 심지어는 오염원에서 멀리 떨어진 극해역의 생태계까지 심각한 영향을 미치고 있다(Stegeman et al., 1986; GESAMP, 1990; Livingstone et al., 1992).

이와 같은 해양환경에서 오염원과 멀리 떨어진 곳까지 오염 위협이 미치는 것은 유체라는 물의 특성 때문이다. 화학물질은 수용성이나 지용성인 것이 많고 표영환경과 저서환경의 퇴적물에 서식하면서 먹이를 찾는 생물에게 더욱 쉽게 영향을 미치게 된다. 이들 오염물질은 동물의 체내에 흡수되어 축적되고 먹이사슬을 통해 상위 영양단계의 포식자 체내로 전송되어 농축된다. 이러한 과정을 "생물농축"이라 한다. 화학오염은 과도한 영양을 제공하는 유기오염과 독성물질에 의한 독물오염 두 가지 형태로 구분할 수 있고 이들 물질의 동태와 생태계에 미치는 영향은 매우 다르다.

가. 유기오염

생물의 성장과 건강에는 질소, 인, 규소, 철 등 많은 미네랄이 필수적이다. 해수에는 이러한 물질을 포함하는 영양염류가 녹아있다. 그러나 연안해역에서는 종종 이러한 영양염류가 부족하여 미세조류의 성장을 제한한다. 반대로 영양염류가 대량으로 해수에 용존할 때에 미세조류가 대증식과 이상발생을 동반하기도 한다. 이러한 과정에서 가장 중요한 생물군은 기초생산자인 식물플랑크톤이다.

자연상태에서 영양염류는 폭풍과 바람에 의해 바다 바닥의 표층퇴적물에서 표층으로 운반되거나 육상에서 식물체에 의해 만들어진 많은 부식물질을 함유한 퇴적물질이 하천 등을 통해 바다로 유입된다. 또한 일부 영양염류는 농지 비료와 가축 분뇨를 포함한 폐수유입 하수처리장의 배출수 및 누수에 의해서도 바다로 운반된다. 대기는 오염에 의한 질소성분을 과도하게 포함하고 있기에 빗물은 연안해수의 질소 농도는 증가 시킨다. 그리고 해수는 높은 완충작용을 나타내기에 산성우가 해수를 쉽게 산성으로 변화시키지 못하지만 대기에서 유입된 질소는 부영양화의 원인이 된다. 연안 해수의 질소 25~40%는 대기에서 공급된다. 미국의 체사피크만에 유입된 질소에서 최소한 25%가 오하이오주까지 포함하는 넓은 범위에서 자동차와 석탄 화력

발전소에 의한 대기오염이 주원인이라는 것이 보고되어 있다.

질소는 아마도 인간활동에 의해 발생하는 가장 눈에 띄는 유기오염물질이다. 대기의 주요 구성성분인 질소 가스와 물에 녹아 이온화되어 식물이 이용할 수 있는 형태의 질소화합물 사이에는 큰 차이가 있다. 질소 가스는 질소고정 박테리아 이외의 생물에는 거의 이용되지 않지만, 해수에 녹아 있는 질소화합물은 식물플랑크톤에 의해 직접 이용된다. 일반적으로 수권에 질소를 첨가하는 것은 단순히 광합성 생물의 성장을 촉진하는 것으로 생각된다. 확실히 질소와 다른 영양염류의 유입에 따른 조류 증식은 어느 수준까지 생물다양성을 훼손하지 않은 상태에서 생태계의 생산성을 증가시킨다. 그러나 양이 너무 많으면 특정 종의 이상발생과 대증식을 발생시켜 생태계에 나쁜 영향을 미친다. 조류의 이상발생으로 초식동물이 소비할 수 있는 범위를 넘어 더욱 밀도가 증가하게 되면 해수로 유입되는 태양광은 차단되고 일시적인 영양염류의 고갈로 조류는 죽어 해저퇴적층에 쌓인다. 죽은 조류는 박테리아가 분해하기 때문에 저층의 산소농도가 감소되어 빈(무)산소층을 형성한다. 빈(무)산소층은 이동 가능한 저서생물에게는 이동을 발생시켜 그곳을 떠나게 하며 정착하는 종은 죽음을 맞이하게 된다. 먹이사슬의 모든 단계에서 물질순환이 정체되고 종다양성은 감소하면서 생태계는 악화된다. 이 과정을 "부영양화"라고 하고 있다.

부영양된 수역에서 영양염류가 정산적인 수준으로 회복되면 식물플랑크톤 밀도는 적정량이 되어 생태계는 회복하게 된다. 그러나 일부 하구역과 연안해역은 영양염류가 지속적으로 유입되고 있어 결코 원래 상태의 회복은 불가능하게 된다. 하구역 이외에도 부영양화가 극심한 예는 있다. 즉 멕시코만의 얕은 연안해역에서 18,130km^{2}에 달하는 광활한 해역은 이미 "죽음의 바다"이다. 그곳은 미국 중부 농업지대의 풍부한 유기영양물질이 미시시피강을 통해 유입되어, 여름은 극단적인 부영양화의 진행으로 해저는 빈(무)산소수괴가 형성된다. 최근에도 이곳의 빈(무)산소층의 면적과 형성기간은 계속 증가하고 있다. 때문에 이곳은 많은 생물이 죽게 되어 해역의 생물다양성도 매우 감소하였다.

뉴욕주 연안해역도 미국 북동부 도시에서 유입되는 하수에 의해 부영양화가 진행되어 해저에 빈(무)산소수괴가 형성된다. 도쿄만도 유사하다. 부영양화에 더하여 해저에는 건설용으로 모래를 채굴한 뒤에 그대로 남아 있는 깊이 수 십m의 웅덩이가 몇 개 있다. 여름동안 일사(日射)에 의해 따뜻해진 가벼운 해수는 하층의 차갑고 무거운 해수위에 올라 연직구조가 안정되기에 웅덩이 속은 유기물이 퇴적되어 분해되면서 산소가 다량으로 소비되어 무산소화가 진행되면 황화수소를 발생하는 혐기환경으로 변화한다. 여름이 지나 가을이 되면서 계절풍에 의해 표층해수가 외해로 밀리면서 웅덩이 속의 무산소수가 용승되어 얕은 여울로 밀려오면 용승과정에 있는 어류와 저생생물 등은 유독한 황화수소에 의해 죽음을 맞이하게 된다. 또한 황화수소를 포함한 무산소수는 표층의 산소와 결합하여 유황입자의 청색을 띄게 되기에 이 현상을 "청조(靑潮)"라고 하여 적조와 구별하고 있다. 무산소의 저층수가 용승되는 현상이 매년 반복되면 그곳의 생물다양성은 지속적인 손실을 받게 된다.

유기오염은 종종 식물플랑크톤 종수의 감소와 특정종의 이상발생을 일으킨다. 극단적인 경우에는 과도한 영양염류가 다른 환경과 연관되어 호기편승형 미세조류 몇 종만을 대량 증식시켜 해수의 색을 원인종의 색으로 바꾸게 된다. 이른바 "적조"라는 현상이다. 특정 미세조류의 이상발생은 동물플랑크톤에게 좋은 먹이로 역할을 하지도 못하고 특정 소형 요각류만을 증가시키는 원인이 된다.

한편 과도한 어획으로 이들 소형 요각류를 이용하는 어류도 감소하고 있다. 이러한 상황에서 대량으로 발생하는 생물은 해파리이다. 해파리는 자포를 가지는 촉수와 나무뿌리와 같이 펼쳐진 수관으로 미생물에서 소형어류까지 넓은 범위의 생물을 먹이로 한다. 물론 먹이에는 어란과 치자어도 포함되므로 어류 개체수는 더욱 감소하여 자원회복은 더욱 곤란하게 된다. 이와 같은 시나리오가 과학적으로 완전하게 실증된 것은 아니지만, 연안해역의 유기오염이 더욱 진행된다면 먹이사슬이 변화되어 최종적으로 연안은 해파리의 천국으로 변화될지도 모른다. 실제 도쿄만과 세토내해는 이미 보름달물해파리(*Aurelia aurita*)가 주요 생태계의 구성군으로 될 만큼 증가하여 화력발전소의 취수구를 막거나 어업피해를 발생시키고 있다. 동해 연안해역은 거대한 큰덤불해파리(=노무라입깃해파리, *Nemopilema nomurai*)가 대량으로 출현하여 연안어업에 심각한 피해를 발생시키고 있다. 원인이 되는 큰덤불해파리의 발생지로 추정되는 중국연안에 환경변화가 있는 것에 틀림없다(Omori et al., 1995)[41].

영양염류의 증가가 유익한 것인지? 아니면 유해한 것인지?에 대해서는 현장 농도에 의해 결정되기에 보통은 바다에서 희석·확산되어 문제가 될 이하의 농도가 된다. 이러한 논리는 선박을 이용하여 연안해역에 분뇨와 오니(汚泥)를 투기할 때와 파이프를 이용하여 유기물

41 윤양호(역), 2009. 아름답고 불가사의한 생물 해파리의 경고. 전파과학사 내용 참조

이 다량 함유된 하수를 바다로 투기할 때 정당화하기 위해서 인용되는 설명이다.

오염물질을 장기간에 거쳐 지속적으로 바다로 배출하거나 투기하면 넓은 범위에서 부영양화는 발생하여 수질오탁과 오염물질이 해안으로 재차 접근하는 등 바람직하지 않은 상태로 발전한다. 용해된 유기물질 확산문제만은 아니다. 하수 침전물에 포함된 병원체와 유해물질에 의한 새로운 환경문제가 발생할 수도 있을 것이다. 연안해역의 영양염류 농도를 낮추기 위해서 비료사용을 제한하거나 공중살포를 줄이며 오염배출 처리기술을 더욱 높이는 (제 3차 처리로 영양염류를 제거) 등의 방법을 생각할 수 있다. 더욱이 오수처리장의 오니를 무해·무병원체 비료로 사용하거나 퇴비로 이용할 수 있는 콤포스트형 화장실을 만들어 수세식 화장실을 사용하지 않은 방법도 있다(Mayer, 1982; GESAMP, 1990; Conversi and McGowan, 1994).

유기오염은 급속한 공업화 과정에 있는 신흥국에서 가장 중대한 해양환경파괴를 가져온다. 인구증가가 현저한 이들 국가는 하수처리가 충분하지 않거나 거의 하지 않고 있다. 그리고 연안 사람들은 대량의 오물을 처리하지 않고 바다와 운하에 버린다. 지금 유기오염이 연안어업 쇠퇴의 주된 원인 중에 하나로 의심받고 있다. 유기오염 이상으로 염려되는 것은 동일한 과정에서 발생하는 독성물질에 의한 오염이다(Vitousek et al., 1997).

나. 유독/유해 미세조류의 대발생(적조)

최근 연안해역에서 유독미세조류의 이상발생이 세계적으로 빈발하고 있다. 단세포인 유독 미세조류는 여러 가지 강한 독소를 만들어,

먹이사슬을 통해 상위 영양단계에 있는 생물에게 영향을 주고 있다. 특히 먹이사슬을 통해 독소를 축적한 어류나 패류를 식용으로 이용하는 인간에게 마비성, 설사성, 기억상실성 등 다양한 중독을 발생시키고 있고 심할 때에는 사망에까지 이른다. 중위도에서 고위도 지방의 연안해역은 유기오염으로 강우기에는 육상에서 유입되는 영양염류에 의해 무독 규조류가 대량발생을 보이지만 늦봄부터는 수온약층에 의한 연직구조가 안정됨에 따라 독성을 가진 와편모조류가 이상발생을 장기적으로 지속하는 양상을 보이고 있다. 미세조류의 이상발생으로 적조와 같이 해수가 변색되기도 하지만 해수변색 없는 이상발생도 보이지만 색이 없으면 우선 알아보기가 어렵게 된다.

연안해역의 부영양화는 종종 유독/유해 미세조류의 증식기간을 장기화 하여 해역의 생물다양성과 생산성을 표영환경에서 수개월 동안 현저하게 감소시킨다. 이러한 예로서 1990년대 미국 남부의 대서양 연안의 기수역에서 발생한 와편모조류 *Pfiesteria piscicida*에 의한 수차례의 이상발생이다. 이상발생으로 무수한 어류가 떼죽음을 당하고 단지 물에 접촉한 것만으로 인간도 부상을 당하였다. 소설 같은 이야기이지만 *Pfiesteria* 종은 어류를 상처 내어 죽게 하고 죽은 어류의 조직을 먹어치웠다[42]. 이상발생이 돼지와 칠면조와 같은 가축 사육장이 집중되어 있는 점에서 가축 사육장에서 유출된 축산폐수의 과도한 영양염류가 이상발생과 관계하는 것으로 추정되었다(Burkholder et al., 1992).

유독/유해 미세조류의 이상발생 규모와 발생시기는 장소에 따라 다르며 내만의 일부 제한된 해역에서 발생할 수도 있지만 연안해역의 수천 - 수만 ㎢의 해수 표면적에서 발생하기도 한다. 매년 같은 장소

42 윤양호(2010). 바다의 반란 적조(赤潮). 집문당 내용 참조

와 시기에 발생하기도 하지만 단 한번 돌연 발생할 때도 있고 수일에서 수주 동안 발생하기도 한다. 그리고 매년 반복적으로 발생하여 수년간 지속되기도 한다. 세계적으로 미세조류 이상발생의 발생건수와 기간이 길어지는 원인에 대해서는 많은 연구결과가 있으나 아직 확실하지가 않다. 하지만 일부 과학자들은 인간이 연안환경을 변화시켰기 때문이라고 확신한다. 이상발생의 원인으로 성장자극을 하는 수종의 유기물이 있고 자극을 받은 종이 식물플랑크톤 군집에서 빠르게 우점된다는 설과 유독 미세조류는 항상 도처에 소수의 낮은 밀도로 서식하지만 성장에 좋은 환경이 조합 되었을 때는 점화선이 되어 빠른 성장속도와 높은 우점율을 보인다는 설도 있다(Culotta, 1992; Anderson, 1997; Smayda, 1997).

유독/유해 미세조류의 이상발생은 연안해역 어업에도 심각한 영향을 미치고 있다. 이상발생을 일으키는 종에는 신경성 독을 생산하는 종이 있다. 신경성독은 미세조류를 왕성하게 섭식하는 진주담치와 다른 패류 등에는 영향이 없지만, 독에 오염된 패류를 먹은 척추동물에게는 유해한 영향을 미친다. 아르헨티나 연안해역에서 일어난 고등어 대량폐사는 유독 미세조류와 관련이 있다고 한다. 고등어는 미세조류를 먹는 살파(Salpa)를 포식하기에 체내에는 살파가 먹은 유독 미세조류의 독이 서서히 축적 된 것으로 판단되었다. 유독 미세조류는 어류를 대량 폐사시키고 있지만 이와는 달리 어류를 죽게 하지는 않으나 만성적으로 영향을 주어 감염증을 발생시키고 섭이량을 감소시켜 재생산을 저하시킨다는 보고도 있다. 때문에 이들 유독 미세조류의 이상발생은 어류 개체수를 감소시키는 한 가지 원인일 수도 있다. 일부 독성은 해산포유류 집단폐사를 발생시키는 원인이 되기도 한다. 무엇보다 포유류의 저항력을 저하시키는 최대 원인은 인간활동에 따른 환경악화라 할 수 있다(Smayda, 1990, 1992; Anderson, 1997; Mianzan et al., 1997).

다. 독성물질 오염

해수에는 영양염류와는 달리 대부분 생물에 부정적인 영향을 주는 무익한 일부 화학물질이 녹아있다. 어느 농도까지 생물이 견디어 낼 수 있는지? 어느 정도면 해가 없게 되는 것인지? 등은 물질의 종류와 판정방법에 따라 다르다.

일상적인 환경에서 다양한 종류의 화학합성물질이 방출되어 잠재적으로 바다 환경을 악화시키는 원인이 되고 있다. 자연적으로 발생하는 일부 화학물질에도 독성을 가진 것이 있다. 모든 유독물질이 생물종에 미치는 영향으로 기형, 질병, 장해, 성 변화, 생식기능 결여, 커뮤니케이션 장해, 행동 이상 및 사망 등을 들 수 있고 생태계에서 유전적 다양성과 종 다양성의 감소를 가져온다.

유류, 유해금속물질, 방사성 동위원소 등과 같이 천연에 존재하는 물질도 때로는 해양생태계에 유해하다. 석유는 해저에서 채굴되어 유조선으로 수송되어 연안의 다양한 탱크에 저장되지만 일련이 이와 같은 과정은 해양환경 오염원으로 작용한다. 자동차, 도로, 건물의 표면에 녹아 나온 화학물질이 섞인 도시의 빗물, 하수처리장의 배출수, 광산과 유해금속물질을 사용한 산업에서 배출되는 폐수에 포함된 유해금속물질 등도 결국은 바다로 흘러들어 간다.

해수표면 마이크로층[43]은 영양분이 풍부한 유기분자, 유해금속물

---

43 해수면 표층막(surface film)으로 표현되기도 한다.

질, 합성유기화합물이 집중적으로 분포되어 있다. 해수면은 강한 표면장력이 작용하고 있어 독물을 포함한 금속이온은 천연 또는 합성유기분자와 결합한다. 이들 영양분과 독물 스프의 농도는 주변 해수의 2~2000배 수준이다. 박테리아 또한 해수면 마이크로층에 집중되어 있고 플랑크톤 시기를 보내는 어류와 무척추동물의 초기 발달단계에도 극표층은 중요한 장소로서 역할을 한다. 이곳에서 난과 유생에 대한 오염영향은 사망, 기형, 염색체 이상으로 나타나는 것이 고등어와 가자미 등에서 관찰된다. 오염결과는 해수면에 제한되지 않고 이들 성어가 서식하는 넓은 범위의 생태계에서 개체군 밀도와 생물다양성에까지 영향을 미치고 있다(Hardy, 1991).

오염물질은 해저퇴적물에 집중되어 장기간 축적된다. 퇴적물에서 관찰되는 유독물질은 과거 산업에서 유출된 것과 투기된 것 등의 흔적일 수도 있지만 지금도 계속하여 유입되고 있다. 많은 유독물질이 퇴적물과 결합하여 표영환경보다 높은 농도로 축적된다. 퇴적층에 유독물질이 축적될 수 있는 양에는 한계가 있기에 최종적으로 유독물질은 해수로 용출된다. 펄을 먹거나 펄에 접촉하는 동물에 의해 퇴적물의 독성물질은 체내로 흡수되어 시간의 경과와 함께 생체조직 내의 축적은 누적된다. 또한 먹이사슬을 통해 상위 영양단계 생물로 전송되어 농축된다.

생체에 흡수된 유독물질 동태는 저장, 대사, 배출의 균형에 의해 결정된다. 종류와 화학물질에 따라 거동이 다르기에 생물농축과 지속시간 규모는 분류군과 영양단계에 따라 다르다. 때문에 생물농축은 생물종에 따라 큰 차이가 발생한다. 잔류성이 높은 오염물질을 가장 잘 축적하는 생물은 황새치, 신천옹, 바다표범과 같이 최상위 영양단계에 위치하는 수명이 긴 육식동물이다.

라. 유류오염

유류는 보통 유전이 있는 해저의 "누출구"에서 서서히 새어 나온다. 이들 누출구에는 유류를 분해하여 대사하는 미생물과 동물이 서식한다. 이와 같은 생물종은 많지 않지만 특수한 환경에 생물이 어떻게 적응하여 진화하여 왔는가를 생각할 수 있는 좋은 예가 된다.

유류에 적응할 수 있는 생물세계에 만일 다량의 유류가 유입된다면 많은 종에게 치명적일 뿐만 아니라 만성병이나 생식장애를 발생시킨다. 해양환경에 다량의 유류 유입에 의한 유류오염은 유조선 화물창고의 정기적인 청소와 유전 및 육상으로부터의 유출에 의한다. 유류사고로 바다에 유입되는 유류의 양은 만성적이라고 할 수 있는 전체 유류 누출량에 비하면 많지 않지만 특정해역에 단기적으로 돌발적 발생을 보이기에 주변 해양환경에 극단적인 영향을 미친다.

해양환경에서 유류유출의 무서움은 엑손발데스(Exxon Valdez)호, 토레이케니온(Torrey Canyon)호 및 아모코카디즈(Amoco Cadiz)호 등의 유조선 사고와 멕시코만의 아이세크(Aiesec)유전 사고 및 사고 다음 오래 동안 해안에 부착된 기름으로 많은 사람들에게 강한 인상을 남겼다. 이와 같은 재해 때 마다 죽거나 죽음에 임박한 동물 등이 영상으로 보도된다. 재해현장에는 자원봉사자에 의해 새와 물개 등에서 기름을 닦는 일에 막대한 노력을 제공하지만 아마도 피해를 입은 동물 대부분은 놓아주어도 정상적인 생활은 불가능 할 것이다(Earle, 1995; Schmidt, 1997).

유류유출에 의해 표영과 저서환경에 서식하는 동물과 미생물에 미치는 영향을 TV카메라로 볼 수도 없고 사고 후에 눈으로도 확인할 수 없다. 때문에 오랜 시간 지속적으로 유류유출에 관한 영향을 보도하는 예는 거의 없다. 일례로 1989년 알라스카에서 발생한 엑손발데스호 유류유출 사고와 같이 많은 경비와 노력을 들여도 오랜 기간에 거친 영향조사 및 연구를 지속하는 것은 어렵게 된다. 유류사고 때마다 생각되는 것이지만 유류유출의 무서운 영향을 느낄 수 있는 것은 기름이 해안으로 몰려와 사람들이 실제로 그 비참함을 목격할 때뿐이라는 것이다.

만일 유류유출이 연안해역에서 멀리 떨어진 곳에 한정된다면 사고는 "파도 밑으로 감추어질" 가능성이 많다. 피해가 없다고 하여 조사가 되지 않기 때문이다. 더욱이 어떠한 유출에서도 유류은 점차 시계에서 멀어지게 된다. 대부분 유류유출은 유출 이후에 유독가스로 증발한다. 나머지 소량은 자연에서 분해되고 타루볼(tar ball)을 형성하기도 하며 일부는 씻어 흘러가거나 미생물에 의해 분해되기도 한다. 그렇지만 한편으로 유류는 해양생물의 아가미와 세포막 등에 작용하여 긴 시간을 통해 생물을 죽이기도 하고 연안 해저퇴적물에 남아서 몇 년에 거쳐 유독물질을 용출하는 원인이 되기도 한다. 유류유출에 의한 전체의 영향 범위에 대해서는 아직까지 알려진 내용이 없다. 때문에 장기간에 대한 영향도 거의 밝혀져 있지 않다. 유류유출은 생물을 쇠퇴의 길로 인도하는 만성적인 환경스트레스로 작용한다. 생태계는 유류유출 사고에서 회복되는 것처럼 보이나 실제는 상처를 받고 있는 것이 된다.

유류유출 사고는 극단적이지만 눈에 띄지 않은 만성적인 유류누출은 더욱 넓은 범위의 생태계에 막대한 영향을 미친다. 20세기에 수백만 마리의 바닷새가 유출된 유류에 의해 죽음을 당했다.

마. 중금속과 방사성 물질 오염

해수에 일부 천연 유해금속물질이 포함되어 있다. 그들 물질의 농도는 대부분 생물에 피해가 되지 않는 수준이나 인간활동은 자주 이들 농도를 문제가 될 수준까지 증가시킨다. 이러한 유해금속물질은 채광 등 공업과 쓰레기 소각에서 자주 문제가 되는 수은, 카드뮴, 납, 아연, 구리, 크롬, 주석 및 망간 등이다. 이외에 비소와 셀레늄이 때에 따라 문제가 된다. 일부 천연방사성 핵종, 예를 들면 칼륨, 루비디니움, 토리움, 우라니움 등 방사성 동위체도 채광장에서 배출된다. 이들은 오염원 주변에 높은 농도로 축적하지만 다음에 설명하는 인공방사성 만큼 염려되지는 않는다(GESAMP, 1990; EPA, 1997).

바람에 운반된 토양입자와 화산분화 및 해수 염분의 비말(飛沫)[44], 산림화재, 그리고 생물에 의한 분산 등 자연현상에 의해서도 유독금속물질은 해수 표면에 낙하한다. 그러나 이들 양은 공장에서 배출되거나 자동차 배기가스, 석탄이나 나무의 연소, 쓰레기 소각장 및 쓰레기 적하장의 기화, 스프레이를 사용한 도장 등으로 대기로 유입되는 양에 비하면 아주 작다. 수은은 휘발성이 높아 대기를 통해 바다로 유입되는 원소로 특별한 주의가 필요하다. 수은독화는 생체 내에서 메칠화에 의해 높아지는 것이 확인되었다.

총체적으로 유독금속물질은 어느 농도 이하에서는 만져도 유해하지 않다. 그러나 생체축적과 생물농축에 의해 생체 중 농도는 서서히 높아진다. 또 해저퇴적물에 축적된 것은 퇴적물과 단단하게 결합하기

44 안개처럼 분사되거나 날아 흩어지는 물방울 나타냄

에 생체 내로 섭취는 거의되지 않는다고 생각되지만 정확한 판단은 어렵다. 일부 동물은 해저퇴적물의 작은 생물을 먹기 때문에 간접적으로 퇴적물을 섭취하고 있어 해저부근의 해수유동에 의해 퇴적물에서 용출되는 독물질의 양이 증가하게 된다.

고준위 방사성량은 죽음을 가져올 가능성도 있고 저준위도 장기간에 걸쳐 노출되면 생식과 행동에 영향이 있을 것으로 의심되고 있다. 유해금속물질의 영향은 종에 따라 다르고 또 개체에 따라서도 다르다. 또 금속의 종류에 따라서도 다르고 생물이 그것을 어떻게 배제, 축적하는 대사활동에 의하여 다른 형태로 변화되는 것에 따라서도 다르게 된다(GESAMP, 1990; Langstone et al., 1992; Kime, 1995).

바. 유기합성화합물 오염

인공 유기합성화합물은 공장제품으로 만들어지기도 하고 생산과정에서 부차적으로 생산되는 다양한 종류의 탄소를 포함하는 화학물질이다. 현재까지 8만종 이상이 생산되었고 이중에 약 3,000종이 전체 생산량의 90%를 차지하는 것으로 추정된다. 그리고 매년 200~1,000 종류의 새로운 화학물질이 시장에 나온다, 합성화학물 중 큰 규모의 그룹은 석유에서 만들어지는 탄화수소군이며 또 다른 하나는 강한 독성을 나타내는 유기할로겐군으로 주로 유기염소화합물이다(Shane, 1994).

다양한 제품의 유독세제와 석유화학물질이 하천과 연안수를 오염시키고 있다. 더욱이 공업 부산물로 발생하기도 하지만 화석연료의 연소과정에서 주로 발생하는 방향족탄화수소(PAHs)는 연안해역 퇴적물에서 매우 보편적으로 관찰된다. PAHs는 진정한 의미에서 합성화합물이라고 할 수 없는 산림화재의 산물이다. 그러나 지금은 천연 발생량이 다양한 공업과 화력발전소에서 나오는 발생량에 추월 당해 인위적인 합성화합물로서 인식되고 있다. 이와 같은 합성화합물질은 돌연변이나 발암 원인물질로 알려지고 있어 인류의 건강을 크게 위협하고 있다.

오염물질에서 최고로 악명이 높아 충분한 주의와 감시가 필요로 하는 것이 잔류성 유기오염물질(POPs)이며 이들 대부분 유기염소화합물이다. 유기염소화합물에는 DDT, 독산펜, 올드린, 딜드린, 클로르데인 등 악명 높은 살충제는 물론 공업에 사용되는 폴리염화비페닐(PCBs), 염소화학공업 및 쓰레기 소각장에서 발생하는 다이옥신과 퓨란 등을 포함된다. 이들 화학물질은 대부분 잔류성이 높고 처음 유입된 환경에서 멀리 떨어진 곳까지 이동하여 원양 및 심해환경에서도 검출된다.

최근 북극권에 다량의 POPs가 매우 광활한 범위에서 관찰되었다. 인간이 만든 유해물질에서 가장 꺼림칙한 이들 화합물이 저위도의 육상과 대기에서 바다표면으로 하강하여 휘발과 농축을 반복하면서 해류에 의해 극지역 방향 특히 북극으로 운반된다. 그리하여 북극의 해수와 퇴적물은 물론 먹이사슬을 통해 바닷새 및 육식포유류에 높은 농도로 축적되어 이들 생물을 식량원으로 이용하는 사람들의 건강을 심각하게 위협하고 있다. 수명이 길고 먹이사슬의 최상부에 위치하는 줄박이돌고래(*Stenella coeruleoalba*) 체내에 지방과 친화성이 높은 유기염소화합물의 농도는 해수 농도의 100만~1,000만 배 높게 축적되어 있는 것이 확인되었다. 이것은 태반을 통해 4~9%가 태아로 전이되고 출산 이후에도 모유를 통하여 71~91%가 새끼에게 옮겨져 축적된다(Tanabe et al., 1982; 宮崎信之・田辺信介, 2005).

일부 POPs 종은 사망과 기형을 발생 시키는 질병, 생식 및 행동 이상 등 유독물질의 영향을 미치는 모든 현상에 관여되고 있다. 일부 화합물은 체내에 축적된 소량으로도 인간을 포함한 모든 동물의 호르몬 균형을 변화시켜 다양한 생식기에 장해를 발생시킬 가능성이 있다. 이들 내분비교란물질(환경호르몬)의 작용은 에스트로겐(난포호르몬)과 비슷하여 어류와 패류에서 수정능력의 감퇴 및 성전환을 발생시킨다. 이와 같이 오늘날 지구환경은 인간이 만든 많은 양의 유기합성화합물에 의해 심각한 위협을 받고 있다. L. Carson의 충격의 저서로서 "침묵의 봄"의 연작이라 할 수 있는 "빼앗긴 미래"에서 T. Colborn 등은 이와 같은 내용을 자세하게 폭로하고 있다(Carson, 1962; Colborn et al., 1997).

지구에서 바다는 물론 기타 환경으로 유입된 유기염소화합물이 인류건강에 심각한 영향과 생체축적 및 잔류성이 문제가 제기되어 사용금지가 되고 있지만 지금도 별도의 유기인계 및 카르바민산(caraminsaure)[45]염계의 살충제가 대량으로 생산되고 있다. 이들을 포함한 분해하기 쉬운 기타 화학합성물질의 영향에 대해서는 아직 잘 조사되어 있지 않다. 왜냐하면 잔류성이 낮게 되면 생물에 영향이 거의 없다고 평가되기 때문이다. 그러나 단기간으로도 높은 독성은 나타낼지도 모른다. 텍사스 연안에서 발생한 돌고래 대량폐사와 같은 참사는 카르바민산염계 살충제 유출이 원인이 된 것으로 알려진다. 이들 화학물질은 빠르게 분해되지만 분해 이후의 작용에 대해서는 아직 거의 알 수 있는 정보가 없다.

45 아미노산의 일종으로 요소나 우레탄, 칼슘염 등의 유도체이다

유독오염물질의 작용과 소량 농축에서 보여 지는 영향으로 생각하면 이들 물질은 생물 각각의 개체뿐만 아니라 생태계와 생물다양성을 크게 위협하고 있는 것이 확실하다. 바다에 일상적으로 유입되는 무수한 화학합성물질에 의한 복합적인 오염 영향은 아직도 추정에 지나지 않지만 수질을 악화시키고 생태계 전체를 쇠퇴시키는 하나의 원인이 되고 있음에는 틀림이 없다고 생각한다.

사. 인공방사성 물질 오염

핵무기 실험은 환경에 다양한 인공방사성 핵물질을 방출한다. 바다에서 인공방사성 원소의 확산분포에 가장 크게 영향을 미치는 것은 핵무기 실험이다. 현재 인공방사성 물질의 자연계 방출은 국제적으로 규제되어 있다. 핵무기 이외에 과거와 현재에도 무기생산과 원자력플랜트에서 나오는 방사성 폐기물과 사용이 끝난 핵연료 재처리 플랜트에서 발생하는 폐기물이 있다. 러시아 체르노빌 원자력발전소에서 발생한 방사성 핵물질이 대량 방출과 같은 원자로 사고 위험은 오늘도 계속된다. 1990년대 후반 이후 러시아는 바다와 하천에 대량의 핵폐기물을 투기하였다. 이들 물질은 먹이사슬에 포함되어 바다에서 식량을 얻는 북극권 러시아 사람들의 건강에 심각한 위협을 주게 되었다. 일부 바다나 하천에 방출된 방사성 핵종에는 즉시 퇴적물에 부착되어 멀리 이동되지 않는 것도 있지만 해수에 오랫동안 머물면서 멀리 확산되는 것도 있다. 일례로 영국의 핵 재처리플랜트에서 누출된 방사성 핵종은 그린랜드 주변까지 확산된 것이 확인되었다. 이들 오염물질이 해양동물에 미치는 영향은 아직 잘 알지 못한다. 또 생물다양성에 미치는 영향도 아직 보고되지 않았다.

4. 외래종 유입

인간은 다양한 활동에 의해 어떤 생물종을 다른 장소로 이동시키기도 하고, 일부 종을 희생시키면서도 특정종의 번식과 성장을 희망하고 있다. 그러나 이와 같은 행위는 종종 재앙을 발생시키기도 하고 문제발생 이후 막대한 비용과 노력을 투자하여도 원래의 상태로 되돌릴 수 없게 된다. 새로운 환경에 운반된 생물종, 즉 외래종은 원래 서식하던 토속종의 개체수를 감소시키거나 다른 곳으로 쫓아낼 수 있을 정도의 세력을 확대 할지도 모른다. 새롭게 유입된 외래종이 새로운 장소에서 크게 성공할 기회는 건전한 생태계에서도 가능하다. 그러나 이미 어떠한 이유로 스트레스를 크게 받고 있던지? 또는 원래 있던 종의 개체수가 일부 없어지는 곳과 같은 생태계에서 더욱 그 가능성은 크게 된다. 실제적으로 지금까지의 대부분 결과도 이에 부합된다. 화석은 지사적 시간규모의 일이지만 큰 재해와 환경변화에 의해 토속종이 감소한 생태계에 새로운 외래종이 유입되어 대량 발생을 보이는 증거들을 남기고 있다(Vermaij, 1991).

과학자들은 "최근 인간에 의해 이루어지는 바다 생물의 반출·입은 해양환경에 되돌릴 킬 수 없는 결과를 발생시키고 있다"라고 경고한다. 이것은 세계 모든 항구에서 선박평형수가 배출되고 있는 것과 깊은 관계가 있다. 선박은 항구에서 화물을 하역한 다음에 운항 중 선체의 안정을 확보하기 위하여 평형수 탱크에 해수를 담아 선박의 균형을 유지하고 운항한다. 그리하여 다른 항구에 도착하거나 바다를 건너 새로운 화물을 적재할 때에는 선박평형수를 배출한다. 새로운 항구에 배출된 선박평형수에는 공선으로 출발할 때의 항구에서 운반되어온 무수한 생명체가 포함되어 있다. 선박평형수 배출로 플랑크톤, 저서생물의 알과 유생을 주로 하는 수천 종이 생물이 매일 새로운 환경으로 배출되어 죽거나 또는 군집의 작은 구성요소를 만들거나 아니면 원래 서식하던 종을 내쫓고 번성한다. 육지와 바다를 끼고 멀리 떨어진 하구역의 식물과 동물은 지리적 격리 때문에 동일종이 아닌 경우가 많지만 두 해역의 온도, 염분 등 해수의 동태가 유사하기 때문에 새롭게 유입된 외래종에게 매우 적합한 환경으로 작용할 수도 있다 (Carlton and Geller, 1993).

외래종 유입으로 해양생태계에 많은 변화를 발생시킨 예는 많다. 흑해의 빛 해파리(*Mnemiopsis leidyi*)는 아마도 미국 체사피크만에서 선박평형수와 함께 운반된 것으로 생각되어 진다. 빗해파리는 1988년부터 새로운 서식지인 흑해를 점령하여 대량으로 발생하여 이전에 서식하던 동물플랑크톤을 모두 포식하여 버렸다. 때문에 흑해의 초식성 동물플랑크톤 생산량 중 90% 이상이 감소한 반면 소형 와편모조류가 증가하여 먹이망은 단순화 되었고 그에 따라 생물다양성은 감소하였다. 또 유럽 하구역에서 선박평형수에 의해 미국으로 운반된 얼룩말 홍합(zabra mussel)은 1988년 초에는 미시간호에서만 발견되었으나 이후 순식간에 오대호 전역에서 미시시피강 유역까지 분포를 확대하여 번식 영역을 넓히고 있다. 샌프란시스코만은 아시아에서 건너온 고착성 이매패류인 지중해그린크랩(*Carcinus aestuarii*)을 포함한 외래종이 새로운 서식지로 정착될 가능성이 특히 높은 해역이다. 도쿄만에도 많은 외래종이 유입되어 정착되어 있다.

여기에서 주목할 것은 새로운 종이 유입된 다음 대발생 등 정착되는 해역의 환경은 이전부터 수질변화와 오염 그리고 남획 등에 의해 강한 스트레스를 받고 있었던 곳이다. 샌프란시스코만의 특징은 서식하는 생물군집이 지사학적으로 젊다는 것이다. 샌프란시스코만은 1862년에 대홍수의 영향을 받아 담수에 살지 못하는 일부 종은 전멸되었다. 이와 같은 결과는 생태계에 아직 멸종된 종이 차지하였던 니치가 완전히 채워져 있지 않다는 것을 뜻한다. 비어 있는 니치의 존재는 외래종에 있어 새롭게 번영할 수 있는 매우 호적한 조건으로 새롭게 번영을 허가받을 수 있는 천혜의 장소가 된다(Zaitsev, 1992; Hedgpeth, 1993).

종은 언제나 분포범위를 확대하는 이외에 다른 생태계로 침입하려 한다. 때문에 새롭게 탄생한 화산섬도 결국은 생물이 서식하게 되고 변화하는 환경은 새로운 조건에 적응하기 쉬운 종을 보충하여 진화하게 되는 것이다. 종 변천은 변화에 적응한 생태계의 기능을 유지하면서 생물을 번영시켜 복잡한 생물군집을 유지하기 위한 자연적인 과정이다. 따라서 원래의 생태계를 변화시킬 수 있는 인위적인 종 운반은 종종 생물다양성을 파괴적으로 위협한다. 낚시꾼에 의해 무심하게 방류된 큰입우럭(*Micropterus salmoides*)으로 일본의 많은 호소생태계가 파괴적인 피해를 입고 있는 것은 좋은 예라 할 것이다.

선박평형수처럼 대량은 아니지만 이외로 외래종 유입을 발생시키는 것은 양식이다. 특정 수산생물을 성장시켜 수확하기 위하여 의도적으로 연안의 내만해역에 방유한 종들이 새로운 환경에 서식하고 있다. 예로서 일본에서 이식된 참굴은 지금 미국 서해안의 자연환경에서 성장하고 있다. 가두리에 있는 양식동물은 자연환경으로 도망치는 경우가 많다. 캐나다 브리티쉬 콜롬비아주 등에서 양식되던 살몬토라우트(salmon trout)는 무지개송어(*Oncorhynchus mykiss*)와 스티일헤드

(steelhead trout)를 교배시켜 만든 품종으로 지금까지 100만 마리 이상이 바다로 도망친 것으로 알려진다. 칠레 및 호주 타스마니아 연안에서 태평양에 분포하지 않은 대서양연어(*Salmo salar*)를 양식하고 있고, 중국에서 성행하는 멕시코산 보리새우류(*Litopenaeus vannamei*) 양식생물도 서태평양의 자연환경에는 서식하지 않은 종이라 할 수 있다. 양식종과 함께 다른 종도 우연하게 도입될 수 있다. 양식장에 운반되는 알과 종묘에 사용한 해수에 포함된 플랑크톤, 양식종과 함께 포장된 해조류와 양식 조개의 껍질에 부착하여 생활하는 부착생물과 기생동물 그리고 양식종의 병원체도 새로운 문제를 발생시킬 가능성이 있다.

지금 막대한 종수와 양의 생물이 인간활동에 의해 지구를 왕래하고 있다. 그러나 환경문제 정책담당자는 외래종 취급에 대한 확실한 개념이 없다. 때문에 문제가 발생할 때에 일시적인 대책을 수립하고 있을 뿐 근본적인 문제해결은 염두에도 두지 못하는 실정이다. 관련 중앙행정부는 생물다양성이라는 용어를 화제로 제공하더라도 보전을 위한 통일된 의견을 도출하려 하지 않는다. 그런 결과로 병원균 침입으로 시끄럽지 않은 한 관상용과 애완동물로서 경제적 이익을 주는 종의 수입을 허가하고, 과거 확실하게 문제가 되었던 종만을 외래종 범주로 규제하려 한다. 이러한 자세의 외래종에 대한 문제 대처 방법은 실제 문제가 발생하게 되면 대처하기에는 너무 늦게 된다. 현재 선박평형수에 의한 외래종 침입을 방지하기 위한 다양한 방법이 시도되고 있지만 실시까지 과정은 매우 느리고, 경제적 이유에서 항구의 활동을 제한시킬 수 있는 정책시도는 전혀 실시하지 못하고 있는 실정이다.

5. 외양과 심해에서 인간활동의 영향

매우 오랫 동안 외양과 심해는 인간활동의 영향이 미치지 않은 곳으로 생각되었으나 실상은 그렇지 않다. 연안보다는 좋은 환경상태이지만 어업과 오염 그리고 지구규모의 기후변동은 이미 외양생태계에 지속적으로 관여하여 생태계를 변화시키고 있다. 현재 조사 검토 중인 심해저 산업폐기물 투기 및 광물자원과 에너지자원 채광 등이 상업적 이용이 가능할 때에는 외양생태계에도 정말로 크나큰 위협이 될 것이다.

일부 화학오염물질이 외양 표층과 심층에서 발견된다. 예로서 PCB와 수은은 외양표층에서 연안해역과 유사한 높은 농도로 검출되며, 대기를 오염시키는 스프레이 발사제와 냉매로 사용되는 클로로플루오로메탄(Chlorofluoromethane, CFM)은 도시에서 대기로 운반되어 결국은 바다로 유입된다. 바다에 유입된 오염물질은 북극해 표층에서 심해로 침강하여 해저를 따라 남쪽으로 이동하여 수 십 년 사이에 카리브해에 도착한다. 영국의 핵 재처리플랜트에서 누출된 방사성 핵종이 그린랜드 연안까지 추적된 내용은 이미 설명하였다. 과학에서 방사능 핵종과 같이 비교적 추적하기 쉬운 물질은 해수유동을 조사하기 위한 실험도구로도 이용되지만 생물에 미치는 영향은 매우 염려된다. 종 다양성이 높은 심해저에는 개체군 밀도가 낮은 종이 많다. 물리·화학적으로 비교적 안정된 심해환경에 서식하는 생물에 유독 오염물질의 유입을 포함한 급격한 환경변화는 매우 위협적이라 할 수 있다(Anrkrong et al., 1987; Davis, 1994).

지금까지 분뇨, 군수품, 핵폐기물, 사용이 끝난 플랫폼 등의 해상

시설, 준설폐기물 등은 연안해역에 대량으로 투기되어 왔다. 심해 해양투기는 연안투기가 환경을 황폐화 시키고 있음을 알게 되었을 때 발의되었다. 심해평원은 오염위험이 있는 폐기물과 저준위 방사성 오염물질을 받아드릴 장소로 적합하다는 과학자도 있다. 논리는 "생물의 일주연주이동을 통하여 바다의 물질이동은 대부분 밑으로 작용한다. 게다가 심해평원은 생물이 적고 정지된 환경으로 투기된 오염물질은 투하된 지점에서 거의 움직임이 없어 상부의 표영생태계에 영향을 미칠 가능성이 매우 희박하다."라는 것이다. 그러나 이와 같은 주장이 설득력을 얻지 못하는 것은 지금까지 많은 연구자에 의해 수행된 심해생물 연구에서 입증되었다. 그 동안 심해투기가 그다지 논쟁 대상이 되지 않았던 것은 인간이 심해를 볼 수 있는 기회가 매우 적어서 문제를 직시할 수 있는 기회가 없었기 때문이다.

심해에서 마그네슘과 같은 광물 채광은 오래 동안 생각되어 왔지만 태평양에서 망간단괴와 코발트리치 크러스트(cobalt-rich crust)[46]에 대해서도 상업채광 가능성이 검토되고 있다. 더욱이 에너지 관계자의 관심은 메탄하이드레이트(methane hydrate)에 집중되어 있다. 미국 북동부 연안해역의 메탄하이드레이트 매장량은 미국에서 연간 소비되는 천연가스의 300배 이상으로 추정된다. 지구 전체의 메탄하이드레이트를 탄소량으로 환산하면 육상에 매장되어 있는 모든 석탄, 석유, 천연가스을 합한 것에 두 배가 되는 것으로 추산된다. 심해저 채광은 아직 채산성이 맞지 않아 이루어지고 있지 않으나 만일 채광이 시작된다면 심해저는 일순간에 갈기갈기 찢겨서 생물의 서식하는

46 망간, 코발트, 니켈, 백금 등의 희소금속과 전기자동차의 모터 등에 사용되는 희토류인 네오디뮴, 디스프로슘 등을 포함하는 해저 광물자원을 말한다.

장소는 광범위하게 파괴되어 버릴 것임에 틀림이 없다(Appenzeller, 1991; Thiel et al., 1998; Suess et al., 1999).

최근 화제가 되는 이산화탄소 심해저장과 중・심층으로 희석방류하는 것은 현재 기술 수준에서 보면 모두 실행가능 단계에 있다. 이러한 방법으로 대기 이산화탄소가 삭감된다면 지구온난화 진행을 일시적으로 저지할 수 있을지 모른다. 그러나 심해저장은 해저의 패인 곳에 액화 또는 고형화 이산화탄소를 매장하는 것이기에 저장장소와 주변의 저서생물 군집에 치명적인 영향을 주는 것은 피할 수 없다. 한편 중・심층으로 방유하는 것은 희석정도에도 영향이 있지만 광범위한 면적에서 해수의 산성화에 따른 플랑크톤 사망률의 증가와 이산화탄소 자체에 의한 생리적 영향이 염려된다(Omori et al., 1998).

일반적으로 많은 사람들은 아직도 바다 심해저는 사막과 같은 이미지를 버리지 못하고 있으나 잠수정 조종을 경험한 C.L. Van Dover는 "심해의 낙원"이라는 저서에서 "책장에 있던 책에 심해는 매우 넓고 변화가 없는 황무지로 생명이 거의 존재하지 않은 사막이라고 쓰여 있지만, 나는 심해저에 도착하여 그것이 진실이 아님을 처음으로 알게 되었다(Van Dover, 1996)"라고 기술하고 있다.

6. 지구온난화와 오존홀

인간은 이미 되돌릴 수도 없고 결과도 예측되지 않는 지구온난화라는 거대한 실험을 시작하였다(Schneider, 1997). 지구온난화는 의심할 여지없이 이산화탄소와 메탄 그리고 기타의 온실가스가 축적된 결과이다. 산업혁명 시기에 대기의 이산화탄소 농도는 280 ppmv (1 ppmv는 체적비로서 100만분에 1에 해당) 정도로 안정 상태였다. 그러나 산업혁명 이후 매년 상승하였고 특히 1953년 이후는 1.5 ppmv/year의 속도로 증가하여 2000년에 365 ppmv를 초과하였다. 금세기 말에는 500 ppmv 수준이 될 것으로 추정된다. 대기 중 이산화탄소 양의 증가한 만큼 기온상승이 발생하는 것은 아니다. 기온이 상승하는 것은 온실효과 가스의 증가보다 20~30년 늦게 나타난다. 또 대기에 방출된 이산화탄소는 50~200년은 대기에 지속적으로 존재하는 것으로 생각된다.

대중 중에 증가한 이산화탄소가 바다표면에 용해되는 정도에 따라 해수의 수소이온농도(pH)는 현재 약 8.1에서 100년 후에는 7.8정도로 낮아져 산성화가 진행될 것으로 예상된다. 이렇게 되면 탄산칼슘을 껍질로 하는 식물플랑크톤에서 지구규모로 넓게 분포하는 인편모조류와 동물플랑크톤인 익족류 및 산호초는 껍질을 만드는 능력이 떨어져 심하면 껍질이 녹아 최악의 멸종을 걱정하고 있다(Orr et al., 2005).

지구온난화에 의한 지구표면 온도변화의 크기는 오랜 지구 역사에서 보면 그다지 이상한 것은 아니다. 지구는 현재보다 더욱 온난화 되었던 시기도 있었다. 문제는 지금까지 자연에서 발생한 변화에 비해 100배 정도 빠르다는 온난화의 속도이다. 즉 지금까지 자연의 온도변화에 반응하여 서서히 진화한 종들이 지금까지 경험하지 못했던 빠른 변화의 속도를 견딜 수 있는냐? 하는 것이 문제이다.

대기온난화는 북반구 고위도 지방에서 최대가 될 것으로 예상되나 해양생태계의 영향은 이미 저위도에서도 같은 수준으로 발생하고 있다. 1℃나 2℃ 온도상승이 조산호군집에 극적인 영향을 미치게 되고 해수의 열적 팽창과 북극 툰트라와 빙모[47]에서 녹아내린 물은 해수면 상승이라는 또 다른 영향을 발생시킨다. 미래 발생 가능한 영향에서 걱정 되는 것은 해수면상승을 이겨낼 수 없는 산호초, 염생습지 및 맹그로브(홍수림)이다. 대부분 산호초는 이미 적정수온의 최상부에서 서식하고 있다. 1997년에서 1998년에 거쳐 지구규모의 이상 수온상승이 있었고 그로 인해 세계 각지의 산호초에서 백화현상이 발생하였다. 가장 피해가 큰 인도양 몰디브와 스리랑카에서는 95% 가까운 산호가 백화되어 죽었다. 오키나와 및 파라오에서는 50~70%의 산호가 영향을 받았다. 백화현상은 2000년에 카리브해, 2006년은 호주 그레이트베리어리프에서 보고되고 있다(Hoegh-Guldberg, 1999).

빙하와 툰드라가 녹아서 면적이 축소되는 영향도 중요하다. 이러한 현상은 해수의 염분을 낮추어 영양분과 부유물 농도를 증가시키게 된다. 많은 생물분포는 종의 격리와 분산에 관계된 해류순환패턴이 지구규모의 변화에서 발생한다. 해수밀도는 수온, 염분 및 압력에 의해 결정되지만 현재의 순환패턴은 표층을 수평 이동한 밀도가 낮은 해수가 점차적으로 차가워지면서 결국은 그린랜드 연안과 남극 웨델해(Weddell Sea)[48]에서 얼음이 될 때 해수의 염분이 농축되면서 밀도가 증가하여 심층으로 침강하게 된다. 심층으로 침강한 고염 해수는

47 빙모(氷帽, ice cap)를 빙관(氷冠)이라고도 한다. 빙원(氷原)보다 소규모로 모자처럼 산 중턱 이상의 빙하이다. 아프리카 킬리만자로산(山), 북극의 스피츠베르겐섬·노바야젬랴 및 젬랴프란차이오시파(프란츠조세프랜드) 등에 존재한다. 기타 아이슬란드와 노르웨이 산지 등에 많이 분포되어 있고 빙상(氷床)과 같은 뜻으로 쓰이기도 하지만 이 때는 5만 km^2 이하의 면적을 나타낸다.

48 남극 대륙의 코츠랜드와 남극 반도 사이의 해역으로 엘리펀트 섬 남쪽의 대부분은 얼음으로 덮여 있다. 1823년 이 바다를 처음 항해한 영국의 항해사 제임스 웨들의 이름을 따서 붙여졌다.

1,000~2,000년 동안 인도양에서 태평양을 북상하게 되고 최종적으로는 용승에 의해 풍부한 영양염류를 포함한 저층의 해수가 세계의 다양한 곳에서 표층으로 밀려 올라오게 된다. 모델에 의하면 그린랜드 연안의 해수온도가 지금보다 상승하면 해수의 침강이 약해진다. 그렇게 되면 기온과 수온을 조절하여 지구규모에서 탄소와 질소 기타 영양염의 순환에 중요한 역할을 하는 "해양 대순환 컨베어"가 제대로 기능을 하지 않을 수도 있다(그림 12).

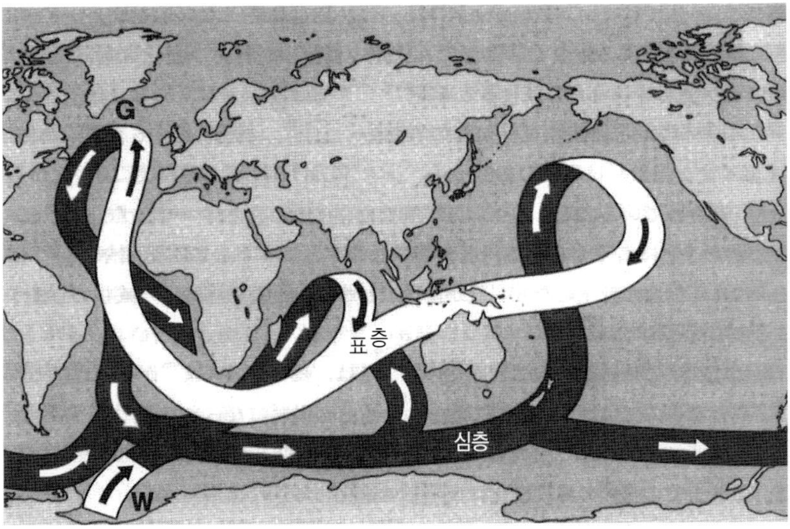

그림 12. 해양의 컨베어시스템

이것과 관계가 있는지 없는지 확실하지는 않지만, 최근 해수면 온도를 낮추는 기능을 하는 계절적 용승류의 발생빈도가 감소하고 있고 어느 해역에서는 수 년 동안 용승이 발생하지 않고 있다. 만일 용승이 발생하지 않으면 적도해역의 수온은 지금보다 더욱 상승하게 되고 육상 기온도 높아지기에 생물은 더욱 서식하기 어려운 환경으로 변화되게 된다(NHK, 1998).

연간 평균 5cm 정도로 추산되는 해수면 상승으로 육상에 염수침입이 증가하면서 염생습지와 저지대 농경지 생태계는 기반을 상실하고 있다. 또 태평양 도서지방의 홍수림은 많은 곳에서 중등조위(中等潮位, mean sea level)[49]에서 겨우 50cm 정도의 높이 범위에서 성육하고 있기 때문에 대부분 금세기 중에 중등조위 이하가 되어 수몰되어 버린다. 또 표고가 2~3m에 지나지 않은 마샬제도와 투바루제도와 같은 환초에 있는 산호섬도 예상되는 해수면 상승속도의 윗부분을 취하면 섬 대부분이 수몰되어 없어진다. 그것도 산호초가 위쪽으로 성장 가능한 것은 산호군집이 건전했을 때 일이다. 온난화에 의해 산호가 백화되어 약해지면 초의 성장은 기대할 수 없게 된다. 한편 북극해는 지구온난화에 의한 유빙군(pack ice) 면적이 매년 축소되어 바다표범을 포식하는 어린 북극곰의 성장에 영향을 주고 있다는 보고도 있다.

해수의 온도상승이 어업생물 생산량 감소와 연결된다는 증거가 점차 증가하고 있고 최소한 일부 해역에서 그 발생이 보여 진다. 캘리포니아 해류역에서 1950~1993년에 거친 장기간 플랑크톤 자료의 분석에서 1980년까지 지속된 따뜻한 시기에 동물플랑크톤 생산량이 감소한 것이 확인되었다. 영양염류 농도가 낮아지면서 발생되는 생산량 감소는 남쪽에서 따뜻한 해수의 북상과 밀접한 관계가 있는 것으로 나타났다(Roemmich and McGowan, 1995; McGowan et al., 1996).

휘발성화합물질, 특히 냉장고, 세제 및 스프레이에 사용되는 프레

49 해수면이 가장 높은 대조와 가장 낮은 소조의 중간 해수면으로 해발고도의 기준이 되며 평균해수면 또는 평균해수면이라고도 한다.

온가스(CFCs)는 지금도 대기상부에 축적되어 오존층을 파괴하고 있다. 파괴된 부분을 통해 해수표면에 도달한 자외선은 바다 표층에 서식하는 생물의 생존을 위협한다. 가장 형편이 좋지 않은 자외선 B가 오존이 감소하기 이전보다 쉽게 대기를 관통하게 된다. 봄에 남극 상공의 오존홀(ozone hole)[50]이 크게 되어 해수표면에 서식하는 막대한 수의 알과 배 그리고 자치어와 유생은 증가된 자외선 B에 직접적으로 노출되게 된다. 생리적으로 가장 연약한 시기인 이들 동물이 받는 피해는 아마도 먹이사슬을 통하여 보다 큰 동물에까지 직접적인 영향을 미치게 된다. 해수표면에 분포하는 식물플랑크톤에 대한 자외선 B의 피해는 실험에서 확인되었고 남극해는 증가한 자외선 B 때문에 생산량이 12%나 감소하였다. 이에 따라 남극 바다곤쟁이 개체수의 감소도 보고된다. 이에 대한 원인은 분명하지 않으나 오존홀과 자외선 B의 증가에 따른 결과일 수도 있다. 북극해 생태계는 남극해 오존홀이 증대하면 같은 메카니즘에 의해 상처받기 쉽게 될 것이다(Karentz, 1992).

50 남극 성층권의 오존이 급감하면서 구멍이 뚫린 것처럼 낮은 농도의 장소가 생기는 곳으로 10월에 형성되는 특이한 기상조건에서 CFCs가 효과적으로 오존을 파괴하여 발생한다. 위도가 높을수록 오존의 감수가 심하다.

1998년 8월 중순
백화 전

8월 하순
백화 중

10월 하순
백화 후

그림 13. 산호의 백화 현상 진행

제 6 장

생물다양성과 생태계의 보전

실러캔스(Coelacanth: 코모로군도, 1954)

실러캔스는 3억 7천 5백만 년 전인 고생대 데본기 후기에 출현하여 중생대 백악기 후기인 8천만 년 전에 멸종된 것으로 알려진 총기류(總鰭類)에 속하는 물고기로 시퍼런 몸 색깔에 최대 길이가 2 m에 가깝고 무게가 100 kg에 가깝다. 이 물고기는 1938년 12월 남아프리카 해안에서 그물에 걸려 산 채로 발견된 이후에 지금까지 남아프리카 코모로군도(Comoro Islands)를 중심으로 200마리 정도가 발견된다. 투구게, 앵무조개 등과 같이 살아있는 화석으로 불린다.

과학은 해양생태계와 생물군집에 대하여 설명하고 그들 기능과 취약부분을 분명하게 한다. 또 생태계와 생물군집이 인간활동에 어떻게 반응하고 있는가를 측정하는 등 연구성과는 비교적 잘 알려지고 있다. 정보는 질과 양 모두에서 지속적으로 발전하고 있으며 어떠한 정보가 부족하고 어느 곳에 불확실성이 존재하는 것인지에 대해서도 많은 발전이 되어 왔다.

때문에 우리는 과학을 통해 가까운 미래 생태계가 인간활동에 어떻게 반응하고, 어떠한 일이 발생하게 되는지를 알 수 있게 되었지만 그 결과는 그다지 만족스럽지 않다. 일반적으로 예측은 매우 큰 불확실성과 편파성을 동반하기 때문에 과학자는 충분한 근거가 없는 일을 예측하는 것을 싫어한다. 가령 매우 나쁜 일이 발생할 것 같은 예측을 하더라도 행정과 시민들은 예측결과에 대한 적극적인 예방행동을 주저하게 되고 산업계는 일부 연구자를 포함시켜 예측에 대한 영향이 과학적으로 증명되었다는 주장으로 정치가와 공무원들을 움직여 문제해결을 뒤로 미루게 한다. 세계에서 지구온실가스를 가장 많이 배출하면서도 국내경제에 미치는 영향이 크다는 이유로 교토의정서를 인정하지 않은 미국과 중국의 방자함과 "오존층을 파괴하는 물질에 관한 몬트리올 의정서" 채택 이후에도 산업육성을 우선하여 대체 프레온가스 규제에 적극적이지 않은 일본정부의 대응방법 등은 이러한 태도의 전형이라 할 수 있다.

인간활동으로 바다 환경은 이미 많은 변화가 발생되었으나 세계는 변화의 내용을 묵인 또는 무시하고 있다. 해양생태계의 환경영향예측에 특별한 어려움이 있음은 1984년 국제자연보호연합(IUCN)의 R.V. Salm과 J.R. Clark가 지적한 다음 문장에 잘 표현되고 있다. "해양환경보전을 희망함에 있어 일반인들이 간단하게 바다에서 어떤 일이 발생하는지를 알 수 없다는 것은 가장 어려운 일이다. 많은 사람에게 바다는 언제나 미스테리한 침묵의 세계일뿐이다. 인간활동이 육상환경에 어떠한 영향을 발생시키고 있는지를 시각적으로 쉽게 알 수 있기에 보전을 위한 행동이 필요하다는 것을 향시 생각하게 된다. 그러나 바다에서 보이는 것은 단지 표면일 뿐 바다 속의 생물에 대해서 물속에 살수 없는 우리들의 무관심과 조사에 많은 어려움이 있다. 이와 같은 사실은 인류가 해양생태계를 보전하고자 하는데 크나큰 어려움으로 작용하고 있다(Salm and Clark, 1984)".

최근 해양생태계에 관한 많은 과학적 지식이 창출되고 있어 해양환경보전의 중요성이 일반시민에까지 인식되고 있다. 또한 인류는 해양생태계에 대해 알면 알수록 알지 못하는 내용이 더 많이 존재한다는 사실도 깨우치고 있다.

제5장에서 인간활동에 의해 발생하는 생물다양성의 변화 및 생태계 파괴 등 위협을 주는 과학적 정보를 제시하였다. 이 장에서는 바다의 생물다양성을 보전하기 위해 지금까지 수행되었던 일과 아직 수행하지 못한 일 그리고 이해하기 어려운 해양환경특성 및 인간활동에 대한 생태계 반응을 예측하고 대처하기 위해서는 무엇이 필요한지를 설명한다. 지금 자연과학, 정치, 법제도, 경제학, 사회학, 교육학 및 윤리학을 통합하여 바다의 생물다양성을 보호하는 최선의 방안도출에 대하여 실마리를 찾기 시작하였으나 보호의 필요성은 확실하다.

지금까지 육상의 생물다양성을 보호하기 위한 몇 개의 모델이 만들어졌다. 육상은 환경을 측정하고 종의 손실을 조사하는 것이 바다에 비하면 훨씬 쉽기 때문이다. 그러나 육상과 바다 환경은 크게 다르기 때문에 육상에서 개발된 보전기술을 바다에 적용하더라도 그 효과가 긍정적이지 않은 경우가 많다. 일례로 위기상황에 있는 종 목록을 제시하여 사람들이 보전에 대한 관심을 유도하기는 어렵지 않지만 바다에서는 위기상항이라고 문제되어도 모니터링이 가능한 종은 매우 한정될 수밖에 없다. 또한 바다에서 위기종의 목록을 제시하더라도 효과는 제한적일 수밖에 없다. 육상의 종은 인간에게 보다 친근하고 분포와 상황도 알기 쉽지만 대부분의 해양생물에 대해서는 그러한 상황을 알지 못한다. 더욱이 어떤 종이 생태적 중요함을 상실할 정도로 감소한 다음에 보호를 시작하는 것은 생태계 기능에서 보면 의미가 없다. 인간활동에 따른 부정적인 영향에서 바다의 생물다양성을 보호하기 위한 방법은 해당 생태계의 특성과 인간이 바다와 어떻게 관련되고 있는지를 파악하는 것에서부터 시작된다.

1. 해양환경과 생태계 특성 그리고 보전대책

해양환경 특성에는 생물다양성 보호를 위해 방향을 제시할 수 있는 일부 내용이 포함되어 있기에 우선 그 특성을 살펴보자.

① 물은 보편적인 용매이다

물이 매우 다양한 물질을 녹일 수 있다는 사실은 역설적으로 해수에 존재하는 많은 오염물질이 서식하는 생물의 생화학적 활성에 직접 작용할 수 있음을 의미한다. 오염물질은 낮은 농도에서 생물에 영향을 미치지만 해수의 오염물질 농도를 분석하여도 어느 정도 생물에 노출되어 있는지를 종합적으로 평가할 수는 없다. 즉 오염물질은 확산과 해수순환에 따라 항시 변화하면서 이동하는 과정에 연속적으로 생체에 농축되기 때문이다. 이와 같은 오염물질로부터 생물다양성을 보호하기 위해서는 오염발생원의 배출을 제어하거나 엄격하게 규제하여야 한다. 바다에서 수심이 얕은 조간대의 해저환경에 오염물질이 퇴적하는 것을 제외하면 육상처럼 바다에서 오염물질의 회수하는 것은 간단하지 않다.

② 용존 오염물질은 극표층 및 퇴적층의 표층에 집중된다

오염물질 농도는 해수 표면과 해저 퇴적물의 표층에 가장 높다. 때문에 생물다양성에 영향을 미치는 먹이망과 기타 환경오염원이 되는 것은 주로 해수 표면과 해저 퇴적층의 표층으로 이들 중간에 존재하는 해수가 아니다. 이와 같은 결과는 어디에서 해양오염의 평가를 해야 되는 가를 고려할 때 충분히 배려하여야 할 내용이다.

③ 바다는 복잡한 순환을 하는 유체이다

해수유동은 용존 및 입자형태의 오염물질은 발생원에서 먼 곳까지 운반한다. 또한 오염물질은 해수에서 활성을 보이기에 이동 경로에 서식하는 모든 생물에게 영향을 주게 된다. 이와 같은 성질 때문에 현재 설정된 각종 수질기준은 비교적 확산이 적은 폐쇄수역의 생물에는 기능을 할지 모르지만 개방된 외양의 생물보호에는 도움이 되지 않는다. 뿐만 아니라 바다의 오염물질 농축에 대한 규제는 그다지 효과가 없기에 오염 발생원에 목표를 둔 규제가 필요하다. 때문에 효과적인 해양오염방지를 위해서는 종종 국제적인 합의와 협력을 필요로 하게 된다.

④ 바다에는 일생 또는 유생시기에 부유생활을 하는 생물이 매우 많다

플랑크톤은 바다의 흐름에 따라 떠다니는 생물이기에 한 장소에서 고정하여 생활할 수 없기에 일생을 통해 하나의 생태계에 한정하여 생활할 수 없는 종이 많다. 이러한 현상 때문에 특정 해역의 종을 보호하기 위한 보호구역은 매우 광범위한 면적이 되어야 한다. 범위를 설정하는 경계도 정치와 행정이 기반이 되지 않고 해수 흐름의 패턴에 의해 결정이어야 한다. 또한 종의 중요한 유생 공급원을 확보하여야만 한다. 그러나 현재 최선의 보호구역에서도 이와 같은 보호정책은 아직 매우 불완전하다.

⑤ 종 동정이 어렵다

지금도 유사한 형태를 가지는 자매종은 계속 발견되고 있지만 아직 분류학은 절대적 확실성으로 종을 평가할 수 있는 단계는 아니다. 1990년대 후반부터 분자생물학 기술의 진보로 많은 종 분류에 대한 새로운 지식은 우리들이 불확실한 종 동정과 동일종에 대한 계군의 존재가 바다의 생물자원관리에 매우 큰 영향을 미칠 수 있다는 것을 알게 되었다. 대서양 청어에는 21개 이상의 계군이 있으며 각 개군은 다른 생활사와 분포역 그리고 개체군 밀도를 가지는 것으로 추정하고 있다. 종과 계군은 정확하게 구분되지 않기에 희귀종과 멸종 위기종을 결정하는 것에도 큰 어려움이 존재하게 된다(National Research Council, 1995).

⑥ 바다는 종과 같이 개체군 다양성도 중요한 단위가 된다

단지 멸종 위기종에 있는 단일 개체군을 보호하는 것만으로는 그 종의 장기적인 생존을 위한 유전적 다양성을 보호하기에 충분하지 않

다. 또 확실하게 멸종 위기에 있는 개체군이 있다면 만일 종 전체의 멸종 위기가 낮더라도 보호해야만 한다. 이와 같은 보호전략은 다양한 하천의 특성으로 구분되는 태평양 연어과 어류의 개체군 보호 사례에서 찾아 볼 수 있다.

⑦ 바다의 먹이망은 육상보다 훨씬 복잡하다

대부분의 해양동물은 유생에서 성체까지 성장하는 동안 몸의 크기와 운동력이 크게 변화되어 성육 단계마다 먹이생물과 섭식방법까지 변화하기에 성장에 따라 서로 다른 영양단계(trophic level)에 위치한다. 또 바다는 기생과 공생관계를 제외하면 종과 종 사이에 굵은 선으로 연결되는 관계가 많지 않다. 즉 먹고 - 먹히는 관계에서도 포식자는 특정 종만을 먹이로 하지 않고 먹이생물에서 가장 포획하기 쉬운 크기순으로 먹이를 선택한다. 보통 가장 잘 먹을 수 있는 종이 사라진 다음에 다른 먹이생물을 이용하기에 일반적으로 초식성으로 생각되었던 종도 경우에 따라서는 동물을 잡아먹기도 한다. 또 어떤 종이 사라지거나 개체군이 감소되면 생활사 모든 단계에서 그 종을 먹거나 먹히는 모든 종은 물론 종의 사체를 먹는 종까지 점차적으로 그 영향이 파급되게 된다. 이와 같은 복잡성 때문에 다양한 인간활동이 바다의 생물다양성에 어떠한 영향을 미치고 있는가 하는 것을 예측하는 것은 매우 어렵게 된다.

⑧ 많은 해양생물의 재생산 변동은 크다

작은 알을 대량으로 산란하여 확산시키는 대부분 해양생물의 생식전략은 해양환경의 변화에 쉽게 영향을 받기도 하지만 현저한 개체군 밀도의 변화로 연결된다. 또 개체수가 감소하더라도 그 원인이 인위적 또는 자연적인 것인지 구별하는 것은 매우 어렵다. 때문에 바다에서 종 보전을 위한 방법이나 규제를 정할 때에는 미리 자연상태에서 발생할 수 있는 생물의 재생산을 예상하고 그에 따른 세심한 운용이 필요하다는 것을 나타내는 것이다.

⑨ 대부분 해양생물은 수명이 짧다

해양생물의 수명문제도 대규모의 개체수 변동을 발생시켜 인간활동과 관련된 적조와 같은 미세조류의 이상발생으로 연결된다.

⑩ 바다 생물군집은 시 · 공간적인 분포 변화가 크다

해류변화와 난류 패턴은 회유하는 종 이외에 플랑크톤 군집의 계절분포를 결정하기도 하고 지역적인 개체군과 생물군집에 변화를 발생시킨다. 또 표영생물의 많은 종들은 군집을 형성하기에 한정된 공간에서 분포도 일정하지 않다. 또한 이동이 없는 저서생물은 종의 유지와 번식은 물론 새롭게 수역으로 가입되는 유생의 양에 크게 의존한다. 이러한 변화가 생물자원의 효율적인 이용과 관리를 어렵게 한다.

⑪ 생물다양성에 영향은 주는 과정은 특성이 다른 몇 개의 큰 공간규모에서 작용한다

각종 환경요인이 생물다양성에 미치는 영향은 수 미터에서 수천 킬로미터 범위에 거쳐 반응한다. 생물이동에는 다른 개체군과 상호작용에서 발생하는 단거리 이동도 있으나 계절적 섭식활동과 재생산 활동에 관련하는 장거리 회유 및 해수 흐름에 의한 장거리 이송까지 다양하다. 일례로 바다거북의 성체는 외양에서 생활하지만 해안으로 올라와 알을 낳는다. 또 뱀장어 성체는 하천과 하구역에 서식하지만 산

란을 위해 외양으로 이동한다. 오염물질도 잔류성 유기염소화합물은 천천히 매우 먼 거리까지 이동하지만 발생원 가까운 해저퇴적물에 침전되어 오랫동안 조금씩 용출되는 다양한 물질도 있다. 때문에 인간활동이 바다 환경에 미치는 영향은 먼 거리와 긴 시간을 거친 다음에 나타날 수 있다.

⑫ 생태계 연구와 모니터링은 어렵다

인간활동이 환경에 미치는 영향은 생태계가 완전히 파괴되거나 회복 가능여부가 판명되기 이전까지 정도를 파악할 수 없다. 때에 따라 일찍 경고 메시지를 보내기도 하지만 우리는 그런 메시지의 의미를 대부분 알지 못한다. 모니터링을 위한 지표생물 선정은 매우 중요하지만 계획수립 이전에 많은 조사와 현황평가가 있어야 하기에 결과가 도출된 다음에는 이미 때를 놓칠 수도 있다. 이러한 딜레마는 바다를 이용하는 사람과 생물다양성을 보전하는 사람 사이에 종종 논쟁의 씨앗이 된다.

2. 바다의 생물다양성 보존을 위한 접근방법

전술한 내용으로 효과적인 해양생태계 보호계획을 마련하는 작업은 간단한 것이 아님을 잘 이해할 수 있었을 것이다. 그러나 만일 영향예측이 되지 않는다면 보호는 어떻게 할 것인가? 결국 우리가 할 수 있는 유일한 방법은 인간활동을 규제하고 환경변화를 최소화 하여 매우 민감하지 않고는 알 수 없는 자연의 경고를 감지하는 것이다. 더욱 중요한 것은 한 사람 한 사람이 지구생태계에서 자신의 활동과 역할에 책임을 지는 것이다.

이와 같은 윤리가 일반화되기까지 우리는 바다 생명을 지키고 생태계를 보전하려는 다양한 시도를 하여왔다. 그러나 극히 일부의 제한된 부분에서만 성공하였다. 법제정, 운용방법 및 국제적인 합의 형태에 따라 환경을 파괴하는 인간활동을 제한하고 이미 발생한 환경손상을 회복시켜 왔다. 그렇다면 더욱 확실하게 성공을 기대할 수 있는 보다 선견적인 방법이 필요할 것이다.

이와 같은 접근방법은 다음과 같다. 희귀종과 멸종 위기종 확정 및 보호, 인간활동을 제한하는 보호구역의 설정, 육상과 해역을 포함하는 연안통합관리, 확실한 자원관리와 어장보전에 기반을 둔 어업규제, 오염의 규제와 방지, 인간활동이 생태계에 미치는 영향평가 및 생태계 현황파악을 위한 환경모니터링 및 조사, 환경에 나쁜 영향을 미치는 산업활동을 감축하기 위한 경제적 인센티브 그리고 상처 받은 생태계의 복원 등이다.

가. 종 보호

생물다양성 보전에서 가장 일반적인 방법이 멸종 위기종과 희귀종을 선정하여 보호방법을 마련하는 것이다. 이 방법은 육상생태계에서 시작되어 최소한 위험에 처한 것으로 판단되었던 많은 종을 멸종 위기에서 구하여 종의 생존에 적합한 환경조건을 정비하므로서 많은 다른 종의 생존까지도 확보할 수 있었다. 바다에서도 같은 방법으로 해산 포유류를 멸종에서 구하였고 일부 종의 어류와 산호 등 고래 이외에 보존 필요성이 있는 종 목록을 작성할 수 있는 계기를 마련하게 되었다.

해산 포유류인 고래 보호를 위해 많은 나라가 포경을 포기하였다. 지금도 노르웨이, 일본, 아이슬란드 등은 포경금지를 반대하고 있지만 일부 규제에는 동참하고 있다. 그렇지만 대부분 대형의 수염고래류는 규제 이전의 개체수로 회복되지 않고 있다. 보호조치가 늦어진 참고래는 유전적 차이가 있는 개체수의 멸종을 피할 수 없었다.

멸종 위기종의 보호로 바다의 생물다양성을 보전하고자 하는 시도에는 다음과 같은 일부 심각한 문제가 있다. 첫째는 멸종 위험이 있지만 아직 종의 동정되지 않은 미지의 종이 많다는 것이다. 미지의 종은 현재 상황도 알 수 없고 알고 있는 종이라도 전체의 분포와 개체군 상황을 파악하기가 매우 어렵다. 서식처 보전도 마찬가지다. 외양의 공해에서 보호를 강화하는 것은 더욱 어렵다. 실제 많은 멸종 위기종이 어업활동에 의해 "우연히" 포획되어 죽어가고 있다. 이와 같은 우연한 포획에서 이 정도는 괜찮다고 하는 실질적인 한계를 정하는 것은 불가능에 가깝다. 둘째는 멸종 위기종이 수행하는 생태계의 역할이다. 일단 멸종 위기에 처할 정도로 개체수가 감소하면 그 종은 지금까지 차지하였던 니치를 다른 종에 넘겨주게 되어 이미 생태계 기능면에서는 중요하지 않은 종이 되어 버린다. 때문에 원만한 보호로 멸종을 피하더라도 생태계에서 원래의 니치를 찾을 수 있을까? 하는 의문을 가지게 된다. 생물군집 구조가 변화된 다음에 멸종 위기종을 보호한다는 것은 영원히 잃어버리게 되는 유전적 증거를 남겨 두고 싶은 인류의 최후 맺음말에 불과한 것은 아닌지? 이미 이 단계에 도달한 종의 보호는 육상과 바다의 생태계를 유지하려고 하는 목적에는 부합하지 않게 된다.

같은 이유로 살아있는 유전자 저장고인 동물원과 수족관도 시민의 교육계몽과 오락의 장으로 역할을 한다면 유전자 재료를 보호하려는 최후 노력의 장소로 중요하다. 이는 아마도 죄 많은 인간이 조금이나마 지은 죄를 상쇄할 수 있는 수준에 지나지 않을지 모르지만! 민간 경영의 수족관 대부분은 지금도 방문객을 증가시키기 위해 다양한 동물 쇼 등에 보다 노력을 하고 있어 종자은행(gene bank)으로서 종의 보존에는 동물원만큼 기능을 하지 못하고 있다. 결과적으로 인류는 자연 서식지를 보호하고 건전하게 생물을 성육시키고자 하는 사고를 가지고 있는지에 대한 여부에 의문을 가지게 된다. 미국의 환경보호 단체 SeaWeb이 앙케이트 조사에서 많은 미국인은 가장 신뢰할 수 있는 해양환경 정보원은 지역 수족관이라는 결과를 얻었다. 같은 질문에 한국이나 일본은 어떠한 결과가 나올까?

나. 해양 보호구역

국제적으로 특정 구역의 생물군집과 생물다양성을 보전하기 위하여 많은 해양보호구역(MPA)이 설정되어 있다. MPA에는 해양공원, 보호구역(sanctuary), 금어구, 일본의 "해중공원" 등 다양한 이름의 보호구역이 포함된다. 보호구역에는 과학조사를 포함하여 모든 채포행위가 금지된 no-take zone에서부터 어업과 선박항해 등의 특정 활동을 규제하는 해양공원과 귀중한 특정 종이 서식하거나 생물다양성이 특이적인 해역을 보호하기 위한 다양한 보호구역이 있다. 그러나 법률적 규제와 관리방법은 국가와 장소에 따라 다르다. 규제와 범위는 생물다양성에 어떠한 위협이 보여 질까?, 시민을 무엇을 지지하고 또는 자부심을 같게 되는가? 하는 등 사회적 합의 형성에 의존하기 때문에 이해관계로 기준설정에 서로 충돌하는 경우가 있다.

산호초는 가장 관리하기 쉬우면서 효과적인 MPA가 될 것이다. 산호초는 바다에 가라앉아 있는 작은 육지와 같아 생물군집은 비교적 정주성이 강할 뿐만 아니라 탄생하여 성육한 초에서 떨어지는 일이 매우 드물게 된다. 때문에 어류와 암초성의 저서생물은 조류 패턴에서 보면 상류와 하류에서 서로 보완되어 보호하는 산호초의 면적은 넓을수록 기대효과가 크게 된다. 산호 자체가 알과 유생을 하류로 공급하기에 상류의 산호초를 보호하면 보호되지 않은 하류의 산호초도 더불어 혜택을 받게 된다.

국제적으로도 특정 산호초 해역을 MPA로 설정하여 철저하게 보호하는 것을 권장하고 있다. 더 늦기 전에 각지에서 충분한 넓이의 산호초에 대해 MPA를 설정하여 하루 일당 벌이의 임해개발공사보다 산호초 보전이 먼저 생각될 수 있는 날이 하루 빨리 올 수 있기를 기대하여 본다. 건전한 산호초가 유지되면 다른 생물들도 동시에 회복되게 된다.

복합적인 이용이 인정되는 MPA에서는 어업이 실시된다. 이럴 때 과제로는 자원이용을 지속가능한 수준으로 확실하게 제한시키는 것이다. 해양공원과 같은 장소도 보호가 목적이라면 다이버 등 관광객의 영향은 최소로 하여야 한다. 복합적 이용을 인정하는 MPA는 연안해역의 효율적에서 종합적으로 더욱이 순응적인 관리계획을 수립하기 위한 첨병이라 할 수 있다. 확실하게 이와 같은 관리계획은 유효한 모델이 되지만 모델단계에서 한발 앞서 연안통합관리가[51] 필요하게

51 우리나라는 2000년 연안통합관리 계획을 수립하여 2000-2010년까지 제1차 연안통합관리를 실시하였고, 2011년 이후 10년간을 제2차 연안통합관리 기간으로 설정하여 연안해역의 공간 이용을 보전연안, 이용연안, 특수연안 및 관리연안으로 구분하여 관리하고 등 효율적 연안관

된다.

MPA 설정에서 어려운 것은 주변해역의 생물다양성 유지와 복원에 도움이 되도록 계획되었을 때 과학적으로 그 효과를 입증하는 것이다. 이론적으로 여러 가지 추정은 가능하지만 실증은 어려운 것이 MPA 설정과 확대에 족쇄로 작용한다. 그리고 정책적으로 사람이 없는 수역을 MPA로 설정하는 것은 비교적 쉽지만 주민이 있거나 어업활동이 성행하는 연안해역은 간단하지가 않다. 동남아시아와 일본 및 한국에서는 어떠한 형태의 효과적인 MPA가 설정될 수 있는 것일까? 이것이 우리가 고민해야 할 과제이다.

일반적으로 복합적 이용이 인정되는 MPA는 넓을수록 좋으나 그렇게 되면 반대로 감시가 어렵다. 광활한 해역을 동력선으로 종종 순찰하기에는 많은 비용이 소요되며 은신처가 많거나 또는 멀리 떨어진 해역에 대해서는 감시가 거의 불가능에 가깝다. 때문에 MPA는 적극적인 지역 주민들의 합의와 참여 없이는 오래 갈 수 없다. 때문에 주민에 대한 경제적인 보상과 계몽활동이 중요한 부분을 차지한다. 성공의 열쇠는 "주민에게 신뢰받는 일"로서 책임 있는 행정 담당자, 과학자 및 지역의 리더가 필요하다. NPO의 풀뿌리 활동과 역할도 중요하다. 만일 효과적인 교육계몽과 어느 정도 보상이 가능하면 지역 주민들도 규제에 따른 일부 제한을 충분하게 이해할 수 있게 될 것이다 (Eichbaum et al., 1996).

지금까지 바다에서 금어구역 설정을 적용 한 예는 매우 한정적이나 주민과 지역의 전통적인 공동사회 제도에서 금어구역에 따른 유용어종의 산란장소와 피난장소가 보호되는 예는 많다. 이러한 해역은

리를 위한 정책이 실시되고 있다.

어획대상 종의 개체수가 증가와 보다 크게 성장한 개체가 관찰된다. 또한 이러한 결과는 주변해역의 어업에도 도움이 되기에 캘리포니아주 샤넬제도의 국립해양보호구역에서는 구역 내에 어류의 피난장소를 설정하여 주변 생태계를 보호하면서 전체 어업자원량을 증대시키고자하는 시도를 하고 있다.

생물다양성 보전활동가들 사이에서 MPA를 설정하자는 생각은 자주 등장하지만 완전한 보전방법은 아니다. 즉 대부분 MPA는 연안선에서 거리, 경계 및 해저지형를 기준으로 영역을 설정하고 있고, 바다환경을 결정하는 해수흐름 패턴을 고려한 설정은 매우 드물기 때문이다. 즉 바다에서 해수순환은 표영환경의 어류 군집뿐만 아니라 저서생물 군집에게도 종족유지에 필요한 결정적 요소로 작용한다.

해류패턴을 고려하여 설정된 MPA에서 비교적 효율적으로 규제가 되는 해역이라도 멀리 떨어진 곳에서 유입되는 오염물질에 대한 대책문제는 남게 된다. 유생의 공급원이 보호되지 않거나 이동경로가 차단되어 생물군집의 보충과 가입이 원활하지 않을 수도 있다. 실제 연안환경의 물리 및 생물적 특성이 변화하거나 절단되면 유생의 확산경로는 심하게 손상을 입게 된다, 표류하거나 회유하는 해양생물의 목적지와 경로를 예측하는 것은 육상동물의 이동경로를 예측하는 것보다 훨씬 어렵다. 실제 MPA를 설정에는 어떠한 것이 가능할지를 먼저 생각하여 해안선의 관리, 어업 및 오염에 대한 광범위한 규제보다도 훨씬 큰 틀에서 추진되어야 할 것이다. 고립된 MPA를 설정하는 것만으로 생물다양성을 보호하는 조치로 충분하거나 상당부분 유효하다는 생각은 잘못된 것이다.

다. 연안통합관리

과학자 중에 미래 세계는 인간이 전체적인 지구환경관리를 하게 될 것이기에 미리 이를 목표로 관리계획을 수립해야 한다는 사람도 있다. 이는 command-and-control이라고 하는 것으로 우선 육상경관에 바다경관를 더하여 총괄하고 그곳에 어떤 종을 어떤 목적으로 얼마만큼 성육시킬 것인가라는 의미를 포함한다. 멸종 위기종도 보존가치가 있는 종도 인간이 결정하여 해양생태계는 물론 바다도 농업과 원예와 같이 관리가 가능하다는 이론이다. 이와 같은 사고는 일말의 고려가치도 없는 잘못된 생각으로 생태계는 인간이 만들거나 자유롭게 변경시킬 수 있는 대상이 아니다. 자연을 대하는 우리는 더욱 겸손하여야 한다. 그러나 지구에서 인간생활이 지속되는 동안 연안해역에서 어느 정도의 인위적 환경관리는 절대적으로 필요하게 된다.

세계 연안해역은 인구폭발로 인한 집중적 압력에 노출되어 있다. 급속한 도시화 및 주택지와 여가활용에 필요한 용지의 개발 그리고 내륙지역의 다양한 활동은 연안생태계에 매우 큰 영향을 미친다. 구속력 없는 규제와 관리방법으로는 이미 효율성 제고에 아무런 실효가 없다는 것이 확인되었다. 내륙에서의 집약적인 농업으로 지하수와 지표수를 오염되었고 오염물질은 하천을 통해 하구역으로 운반되어 연안해역을 오염시킨다. 대기와 해수유동은 이들 오염물질을 외양역과 심해로 이동시킨다. 때에 따라서는 지구 반대의 대륙연안까지 운반시키기도 한다. 공업폐기물과 오수처리 이후의 배출수, 미처리 하수, 연안 건설과 조성 등 다양한 원인들이 복합적이면서 누적된 영향을 연안환경은 수용하고 있다. 이와 같은 모든 내용을 조정하는 포괄적이면서 종합적인 관리가 상하의 종적 조직으로 형성된 행정에 의한 각

분야별 규제보다 효과적임은 말할 필요조차 없다.

지금은 연안통합관리가 개념적인 수준에 지나지 않지만 일부 지역에서는 현실화되고 있다. 일례로 미국의 오레곤주는 연안환경 보호를 목적으로 포괄적인 연안해역 관리계획을 수립하여 발효하였다. 조금 늦었지만 캘리포니아주도 계획을 수립하여 실시를 눈앞에 두고 있다. 캘리포니아주 및 와싱턴주의 연안에는 이미 MPA가 설정되어 있는 곳이 있다. 만일 태평양을 접하는 3개 주의 연대계획을 법적으로 승인하면 오레곤주 당국의 제안한 통합적인 연안관리는 미국 서해안에서 실현된다.

세계적으로도 이미 영해를 인접하고 있거나 같은 주변국을 마주보고 있는 국가는 서로 공유하는 생태계 보전을 위한 협력계획을 수립하는 단계에 와있다. 이와 같은 합의 형성은 매우 느리게 추진되기에 다소의 곤란한 내용이 발생하지만 보다 효율적인 결과를 도출시킬 수 있는 방법으로 중요시 되고 있다. 다만 지금은 모든 분야를 통합한 규제보다 어업과 특정 종류의 오염과 같이 개별적인 문제에 대한 규제 합의가 더욱 효율적이고 보다 쉽게 추진할 수 있다고 생각된다.

개방해역의 해양시스템을 관리하는 공동계획도 광역지역 규모에서 전개되고 있다. 광역해양생태계(LMEs)로 불리는 이 계획의 범위는 많은 것이 해류의 순환패턴을 기본으로 정의되어 생태적으로 의미 깊은 내용으로 미국이 적극적으로 추진하고 있다. 그렇지만 이러한 공동계획은 관리대상의 자원을 도출하는 것이 주요 업무로서 해양생태계에 영향을 미치는 육상의 인간활동 등은 협의대상이 되지 않는다. 현재 LMEs는 64개소가 지정되어 있으며 그 중에 베링해, 북동태평양, 북미 동해안의 개방해역 등을 포함한다(Sutinen and Soboil, 2003).

지금은 일반화되어 있지 않지만 앞으로 일반화 될 것으로 판단되는 관리방법의 하나로 해역마다 사용목적을 정하는 구획(zoning)이란 것이 있다. 복합적인 사용을 인정하는 구역설정은 해양환경과 인간활동의 규제가 특별히 보호가 필요한 곳에 한정한다는 잘못된 인상을 줄 수도 있다. 그러나 구획은 이런 의미가 아니라 육지와 해역의 양쪽을 연속적인 연결에 의해 전체 연안해역을 목적에 부합하도록 구분하여 이용하는 연안통합관리를 추진하자는 것이다. 이런 구획은 인간활동이 전혀 인정되지 않은 곳에서부터 다른 수준과 종류의 활동이 허가되는 곳까지 모두 대상이 된다. 유네스코 세계자연유산으로 지정되어 있는 호주의 그레이트베리어리프(Great Barrier Reef) 해양공원[52]은 거의 공원전체로 확대되어 있는 광활한 보호구역이 이러한 구획으로 관리되고 있다.

라. 어업규제

어업은 연안해역의 생물다양성과 외양해역의 일부 종에게 가장 위협이 되는 요인이다. 최근까지 상업어업을 규제하는 것은 국경과 영해에 한정되었다. 대부분 국가는 외국어선이 공식적인 합의 없이 영해에서 조업하는 것을 인정하지 않으며 배타적 경제수역(EEZ)에서도 외국어선의 조업을 금지하고 있다. 어업활동에 엄격한 규제가 필요하다는 각국의 인식은 공해의 어업자원을 관리하는 조약교섭과 체결로 연결되었으나 자국의 EEZ 내에서 어업규제에 적극적인 나라는 그리

---

52 호주 퀸즈랜드주의 해안선을 따라 전체 약 2,300km 길이에, 207,000km^{2}의 면적을 가지는 세계 최대의 산호초 군락지로 유네스코 세계자연유산에 등재 된 해역이다. 약 15,000년 전 산호가 만들어지기 시작하여 지금은 약 3,000여 개의 산호섬으로 구성되어, 1,500종 이상의 해양생물이 서식하는 해역이다.

많지 않다.

남획의 주요 원인은 자본의 과잉화(과잉 장비의 어선이 지나치게 많다)와 어획기술의 발전이라고 하지만 이를 규제하고 축소하자는 움직임은 그다지 많지 않다. 자원감소가 산업쇠퇴로 연결되는 딜레마를 가지는 상업어업의 숙명은 생선이 적어지면 적어질수록 그에 반해 한 마리 생선가격은 상승한다는 자본주의 경제틀에서 지금까지 유야무야되어 왔다.

이미 어업붕괴가 발생한 뉴잉글랜드 연안해역과 같은 해역은 자원량이 충분하게 회복될 때까지 어업인들이 가지는 어업권을 국가가 매입하여 어선을 출어할 수 없게 하는 것이 정부계획이다. 이러한 정책은 지난 어업발전 시기에 어선구입과 장비의 성력화를 어업인 개인에게 지원하였던 정책과는 반대이다. 그러나 현실적인 자본주의 경제와 시장원리주의 사회에서 세계의 거대한 트롤어선과 참치선단은 거의 규제를 받지 않고 지속적인 남획으로 바다의 생물자원과 생태계를 심하게 훼손시키고 있다.

외양(대양)에서 자행되었던 거대한 유자망 어업은 너무나 무자비한 행위로 인정되었고, 그런 사태를 방치할 수 없어 최종적으로는 유엔총회를 통해 조업을 일시 정지하는 조치가 내려졌다. 그러나 지금도 소형 유자망 어업은 연안해역에서 광범위하게 사용되고 있다. 인간은 거대한 어구에 더하여 전체 어군을 포획할 수 있는 어군탐지기와 항공탐지기술을 가지고 있다. 지금은 인공위성 자료까지 사용할 수 있어 민간업자가 가공한 실시간 정보를 어업인들이 구입하여 남아 있는 어군까지 싹쓸이하고 있는 실정이다. 해양학자가 자랑스럽게 발표한 새로운 해저지형도에는 지금까지 알려져 있지 않던 해저산맥이

상세하게 표시되게 되었다. 그 결과 심해의 특정지형에 모여 산란하지만, 성장이 매우 느려 자원회전이 늦은 별우럭(grouper), 오랜지라피(orange roughy), 메로(patagonian toothfish)와 같은 어류의 무리가 육안으로도 GPS와 어군탐지기에 의해 간단하게 위치를 알 수 있게 되어 순식간에 모든 자원량이 어획되어 버렸다. 때문에 어구와 탐지기 그리고 어선의 수와 크기에 관한 국제적인 규제가 긴급히 필요하게 되었다. 연안의 좁은 수역에서는 이와 같은 어업규제의 효과를 보는 해역도 일부 존재한다.

20세기 후반 선진국과 일부 개발은행은 신흥국의 어선과 장비를 대형화로서 어획량을 증가시키기 위해 각국에 많은 금액의 원조와 융자를 실시하였다. 그 결과는 어떻게 되었을까? 남획으로 어업자원은 감소하고 생태계는 악화되었지만, 어획된 대부분의 어류는 선진국에 수출되어 신흥국 국민에게 부족한 단백질 공급을 기대하였던 초기의 목적은 달성할 수 없었다. 작은 어선으로 조업하는 자급자족적 어업인은 첨단장치를 갖춘 거대어선으로 조업허는 상업어업에 의해 배척되는 일이 많다. 이와 같은 악순환의 반복을 차단하고 식량이 필요한 지역주민에게 어류자원을 돌려주기 위해서도 어업규제는 필요하다.

어업자원 보존을 위해 유엔식량농업기구(FAO)는 매년 어업국에서 제출한 자료를 기초로 어종별 어획량 동향을 보고하고 있다. 물론 앞에서 설명한 중국의 예도 있는 것처럼 자료의 정확도가 부족하더라도 세계에서 이용되는 어패류 및 해양포유류의 정량적인 기준은 될 수 있다. 그러나 통계에 취급하는 자료는 시장에서 매매되는 어패류의 양으로 혼획되어 바다에 버려지는 어류와 무척추동물의 양 즉 얼마나 많은 어류가 죽어나가도 있는지는 알 수 없다. FAO와 같은 식량기관의 최종적인 목표는 안정된 어획량 유지이다. 때문에 자원생물의 번식능력과 전체 생태계의 생산성 보존은 대상이 되지 않는다(FAO, 1999; Thorne-Miller, 2006).

고전적 어업규제의 유형은 어망의 망목크기 제한, 조업기간 단축, 어업구역의 설정과 같은 것이다. 물론 규제설정은 과학적인 근거를 기초로 하지만 예방적 법칙으로 더욱 다양한 설정이 필요하다. 그러나 규제가 무의미 하거나 어이없는 일로 끝나는 예도 있다. 알라스카 연안해역의 넙치(halibut) 어업은 자원감소를 방지하기 위해 조업기간을 일 년에 단 하루로 한정하는 반면 조업하는 어선 수도 어획량도 정하지 않았다. 이른바 "올림픽방식"이라는 어업규제이다. 결과 매년 조업일에는 지나칠 정도로 많은 어선이 어군을 찾는 일에 혈안이 되었고 어군이 발견되면 어업인들은 종일 쉬지 않고 조업하였다. 이와 같이 지옥과 같은 하루가 끝나면 어획물은 모두 가공되어 냉동된다. 상품으로 선어인 넙치는 거의 시장에서 볼 수 없으며 있다하여도 결국 1주 또는 2주 정도 짧은 기간에 한정되는 예기하지 못한 상황이 발생하였다. 이러한 효과 없는 사태를 경험한 미국은 자원관리를 위해 새로운 방법을 수립하게 되었다.

그 하나가 국제적으로도 인정의 평가되는 "개별양도가능어획할당(ITQ)"이다. 이것은 특정 어업인이 특정 구역에서 배타적으로 어획하는 권리를 사서 어획한다는 틀에서 보면 한국이나 일본의 어업협동조합이 가지는 어업권도 조합원이 배타적인 수역을 확보하여 어업을 한다는 점에서는 비슷하다. 평가하는 사람은 ITQ가 어획압력을 감소시켜 보다 안전한 조업이 가능하여 환영하지만 일부에서 바다의 일부를 "소유"하는 방법은 자연생태계로 기능하는 공공의 자산과 수역이 사유화로 연계된다고 하여 반대한다. 또 다른 하나는 적정어획량(optimal yield)을 불확실한 요소가 많은 최대지속생산량(MYS) 이하로 설정하여 생태계 보호 및 어패류와 해양포유동물 서식처 보호를 확실하게 자원관리계획에 반영시키자는 움직임이다. 이러한 새로운 방법이 성공하기 위해서는 지금까지의 수산학 및 자원관리제도 그리고 어업관행이 근본적으로 변화되어야만 가능하다(Restrepo and Powers, 1999; Fluharty, 2000).

수루가만(駿河灣)의 벚꽃새우어업에서 어업협동조합의 조합원은 다른 곳에서 그다지 경험한 적이 없는 제도를 만들어 협소한 배타적 수역의 자원을 보호하고 있다. 이것은 전체 어획고(금액)에 기반을 둔 어업관리로서 벚꽃새우를 어획하는 권리가 주어진 3지구 120척의 어선이 어획량을 설정하여 조업하고 전체 선박의 어획고를 총합산하여 균등하게 배분하는 방법이다. 이 방법은 자원 및 어장의 합리적이고 안전한 이용을 목표로 하는 단체조업을 실현하기 위하여 어쩔 수 없이 자본주의 국가에서 적용하기 어려운 소득재분배라는 방법을 택하고 있다. 다만 소득재분배는 행정이나 지도가 아닌 과학자의 조언을 기초로 적정어획량을 설정하고 어업인들이 합의에 의해 실시된다는 특징이 있다. 이로서 과도한 어업경쟁이 배제되어 전체적인 어획량 조정은 가능하게 되고, 어획물의 가격유지효과가 인정되면서 자원유지에 대한 의식이 한층 높아졌다. 이러한 밑바닥에는 후손에게 자원을 남겨주겠다는 마음과 어업인 사이의 지역공동체 의식이 강하게 관련되고 있다. 어업인은 과학적 조사 자료와 예방적 접근에서 산출된 어획허용량을 기반으로 여유 있는 연간어획량을 산정하고, 선단은 매일 미리 어장과 어획량을 정하여 조업시간과 예망횟수를 조업 현장에서 판단하여 공동조업을 실시하고 있다(Omori, 2002).

비람직한 어업규제의 방향은 어선 수 및 어구에 관한 직접적인 규제와 어기와 금어기의 설정을 조합한 것이다. 수명이 길고 재생산이 늦은 어류에 대해서는 충분히 고려된 구역(zoning)을 설정하고, 개체수 유지에 큰 영향을 미치는 대형 산란어의 보호에는 어업인의 합의를 기반으로 어장과 어기를 제한하고 정확한 어획량을 보고하는 것이 자원유지에 효과적이다. 이것에 더해서 규제를 촉진하고 구체화하는 지원조치도 필요할 것이다.

이미 일본에서는 이러한 규제 시행이 매우 어렵다는 것이 입증되었다. 때문에 국제적인 어업규제에는 더욱 많은 어려움이 산재하게 된다. 수산업은 너무나 오랜 기간동안 아무런 규제가 없는 상태로 존속하여 왔다. 즉 "빨리 발견한 사람이 승리" 및 "잡을 수 있을 만큼 잡아라 결국은 공짜이니까"라고 하는 정신이 밑바닥에 깊게 깔려있다. FAO와 각국 정부는 남획이 결국 어업을 쇠퇴시켜 식량공급량을 감소시킨다고 경고하고 있음은 물론 자원량 모니터링과 생태계 영향도 다양한 조치를 강구하고 있다. 그러나 어업인들과 규제에 합의를 도출하는 것은 그렇게 쉽지는 않다. 지속가능한 어업과 생물다양성 보호라는 2개의 목표를 달성하기 위해서 장기적인 틀(framework)을 작성할 수 있는 국내·외의 조직은 물론 목표 실현이 가능한 관리방안도 필요하다(Caddy, 1997; Pauly, 1997).

그러나 국제적인 어업규제 및 각국의 어업규제에서 유용종 이외에 혼획 되어 죽음을 당하는 어류, 포유류, 바닷새, 바다거북 및 무척추동물에 대해서는 거의 언급이 되고 있지 않다. 또한 어업대상종과 연결고리를 형성하여 지속적인 개체군 밀도가 변화하는 종들에 대한 조사와 보호에 관한 내용은 일반적인 어업관리 프로그램에서 언급되지 않는다는 것이 보다 문제를 심각하게 하고 있다. 국제적 보호의 틀을 확립하는 내용에 이러한 문제 제기가 필요한 이유이기도 하다.

마. 오염물질의 규제와 방지

해양에서 오염물질은 크게 영양물질과 유독물질로 나눌 수가 있다. 과잉인 영양염류는 부영양화와 생물다양성의 감소로 직결되기에 배출규제와 수산기준이 설정되어 있다. 때문에 특정해역에 대한 기준의 충족여부의 판단은 쉽다. 그러나 만일 영양염류가 미세조류의 대증식에 의해 급속히 흡수된다면, 해수 중의 농도는 유입하는 오염물질의 양을 정확하게 반영하지 못하게 된다. 유입량을 규제하는 것은 어렵지만 농지와 삼림에서 영양염류의 용출의 원인이 되는 비료사용의 감축시키고, 농지와 벌목지 그리고 수변 사이에 숲과 초원을 유지시키며, 나무를 심거나 수변에 가축의 침입을 방지하는 등의 조치로도 영양염류 유입량을 감소시킬 수가 있다. 오수처리시설에서 배출되는 영양염류는 보다 발전된 처리공법개발과 오수를 여과하는 습지 조성 또는 수세식이 아닌 콤포스트[53]형 화장실을 사용을 추진하는 등의 혁신적인 방법으로도 충분히 감소시킬 수 있다. 또 화석연료의 연소에 의해 배출되는 영양분이 높은 화합물은 새로운 기술개발로 회수하거나 제거할 수 있으며 연료의 소비량도 상당부분 감소시킬 수 있다. 이들 기술과 방법에는 많은 가격차이도 있을 수 있고, 아직 시도하지 못한 기술도 있으나 노력에 의해 충분히 해결 가능한 문제라 할 수 있다.

53 주방의 음식 찌거기, 분뇨 등을 원료로한 유기비료나 퇴비

그러나 유독 화학물질에 대한 문제는 매우 어렵다. 유독 금속물질류는 땅 속에서 천연물을 채취하여 정제하는 과정에서 발생하여 생물에 고농도로 축적되었을 때 문제가 발생한다. 다양한 부주위로 인하여 해양환경에 유입된 유류도 유독물질과 같은 어려운 문제를 발생시키다. 유기합성화합물질은 사정이 더욱 어렵다. 오염을 발생시키는 유기합성물질은 매우 다양하기에 감시가 쉽지 않을 뿐만 아니라 아주 작은 양으로도 생물에 심각한 영향을 미칠 수 있다. 대부분 독성물질은 긴 시간 동안 환경에 잔류하면서 생태계의 먹이사슬을 통하여 생물농축과 확산을 반복하게 된다.

해양 환경오염은 바다 생물다양성 보전에 크나큰 위협으로 작용하고 있기 때문에 오염대책은 생물 다양성 보전에 결정적 역할을 하게 된다. 오염에 관한 정책은 주로 다음의 3가지 단계로 발전하였다. 우선 바다를 폐기물 투기장으로 사용하는 것을 멈추기 시작하였다. 이전에는 파이프라인이나 투기선박에 의해 의도적으로 해양투기가 실시되었으나, 지금은 선진국을 시작으로 해양투기가 급격하게 감소하거나 금지되어 있다. 아직도 신흥국은 바다를 쓰레기처리와 분뇨처리장으로 사용하고 있지만, 점차 많은 나라의 행정부는 환경에 큰 피해를 주지 않도록 "적절한" 수질 기준을 유지하기 위한 배출규제가 실시되고 있다. 그러나 실제 투기규제에 많은 문제가 있어, 현재는 오염방지가 국제적 목표로 인지되고 있다. 다만 아직도 효력을 가질 수 있는 운영까지는 풀어야 할 문제가 다양하게 산재하고 있다(Curtis, 1990).

유독 화학물질이 허용 가능한 배출기준 또는 수준설정에는 항시 많은 문제를 동반한다. 건전한 해양생태계가 어느 수준의 오염물질 농도까지 견딜 수 있을 것인가? 라고 하는 것은 임계를 과학적으로 결정하려는 시도에 불과한 것이라 할 수 있다. 임계는 "누적허용량"으로 모든 오염물질은 낮은 농도에서 무해하지만 피해를 발생시키려면 한 발 앞서 무엇인가 농도의 역치(閾値)[54]가 있다는 생각을 기본으로 한다. 이러한 역치의 결정은 바이오에세이(bioassay, 생물검정 또는 생물학적 반응검정)로 알려지는 생물실험에 기반을 둔다. 즉 실험생물을 이용하여 어떤 화학물질 또는 복수 화학물질 혼합물이 다양한 농도에서 사망률(전체에서 몇 마리가 죽었는지)을 측정하는 것이다. 그러나 이와 같은 방법으로는 다양한 발생원에서 만들어진 오염물질의 복합적 상승효과를 명확히 파악할 수는 없다(Thorne-Miller, 1992).

오염된 환경에서 생물은 낮은 농도의 화학물질과 오염물질의 복합작용에 만성적으로 노출되어 있기 때문에 사망까지 가지 않더라도 활력을 상실하게 되어 생태계는 황폐하게 된다. 아직도 우리는 매우 낮은 농도의 유기합성화합물이 환경에 어떠한 영향을 미치고 있는지에 대해 자세하게 알지 못하고 있다. 일례로 내분비교란물질은 매우 낮은 농도로도 불임을 포함한 다양한 생식장애를 발생시켜 면역부전과 신경장애를 발생시키고 있는 것이 알려지고 있다. 이러한 연구결과는 만성적 작용과 유기화학오염물질에 대한 해양환경 수질기준이 매우 불충분하다는 것과 적용에 대한 강도도 매우 약하다는 것을 시사하는 것이라 할 수 있다.

해수에 포함된 유독물질을 규제하기 위하여 많은 해역에서 해수농도에 기반을 둔 환경기준이 설정되어 있다. 이런 설정은 오염원에 대한 규제가 아니기에 효과가 매우 낮다. 해양환경에 유입된 오염물질

54 생물에서 어떤 자극에 대해 반응을 보이는 데 필요한 최소의 자극강도를 나타내는 값

은 해수와 혼합되면서 해수유동에 의해 확산되기에 해역기준에 부합한 규제가 유효하게 작용하는 시점은 영향을 받고 있는 전체수역(하구역과 생태계 전체)의 농도가 기준값에 도달할 때까지 오염이 진행된 다음의 일이 된다. 이렇게 배출농도에 따른 기준은 총량규제가 없이는 무의미한 것이 되어버린다. 많은 수질기준들은 해역에서 유독금속물질과 유기합성화합물 농도가 가장 높은 해수표면과 해저표층퇴적물에는 적용되지 않는다. 국가에서 해저퇴적물의 오염기준을 설정한 해역도 있지만, 이는 저서생물군집을 보호를 위해 수질기준보다는 다소 도움이 되고 있다는 수준에 지나지 않는다.

그러나 이러한 기준을 어떻게 결정할 것인가? 또 생화학적으로 퇴적물의 오염물질이 어느 정도 축적되어야 생물군집에 위협을 주게 될 것인가? 등에 대해서는 과학자 사이에서도 쉽게 의견이 일치되지 않는다. 이는 해저퇴적물은 바로 위를 덮는 해수와의 접촉이 유일한 폭로/노출 경로라는 가정으로 계산하여도 그다지 도움이 되지 않는다. 보다 현실적인 기준 설정을 위해서는 퇴적물에서 섭식활동을 하는 동물에 의한 소화 및 퇴적물과 직접적인 접촉에 의한 체표면에서의 흡수 또는 먹이망을 통한 생물농축과 확산을 포함한 지식이 종합적으로 고려되어야 한다.

해역수질에 대한 환경기준에 추가하거나 또는 이를 대신하여 공장굴뚝과 파이프, 오수처리플랜트, 소각장 등 분명한 발생원에 대하여 직접적으로 오염물질 배출을 제한하는 방법도 있다. 규제를 얼마나 엄격하게 집행하느냐 하는 것에도 달려있지만 규제는 아직 오염되지 않은 해역을 보호하고 보다 깨끗한 산업 실현과 기술개발을 지원할 때 유효하게 된다. 실제 생산기술과 방법 등 생산 자체를 규제할 수도 있다. 그리하여 발생원과 가까운 주변에 규제를 적용하면 할수록 오염을 최소로 억제하는 효과가 있게 된다. 물론 이는 얼마나 엄격하게 규제를 집행할 수 있느냐에 결과가 달려있게 된다(U.S. Congress, Office of Technology Assessment, 1986).

유독물질 확산이 특정 발생원에서 유출되는 것이 아니라면 직접적인 배출규제는 어렵게 된다. 이들 유독물질은 농업과 임업(삼림관리)에서 사용하는 살충제 및 골프장과 같은 잔디밭에서 사용되는 제초제 침출 또는 무수한 도시하수에서 미량의 유독물질이 유출되는 것이 원인이 된다. 그러나 이것은 오염발생원을 만드는 사람들에게 계몽과 오염을 감소시키기 위한 특별한 계획으로서 바람직한 방향으로 추진할 수가 있다. 일례로 정말로 살충제가 언제 필요한지를 결정하는 프로그램을 사용한다면 약품 사용량을 많이 줄이 수 있다. 또한 현실적으로는 농약의 필요 여부를 생각하지 않고 정기적, 그리고 습관적으로 사용하는 경우가 많기 때문이다.

하천유역의 점오염원 및 비점오염원 모두를 확정하는 환경감사도 오염방지에는 유효하다. 환경감사가 실시된 예로 라인강을 들 수 있다. 라인강은 장기간에 거쳐 각국에서 배출된 막대한 오염물질을 북해로 유출시켰다. 감사는 노틀담항에서 시작되었다. 노틀담항은 하천을 통해 운반되어온 오염물질 농도가 너무 높기 때문에 네델란드 환경규제와 법률에 위반되지 않은 상태로 항만작업을 진행할 수가 없었다. 환경감사 결과로 유역의 관계하는 각국의 오염원을 확정시키고 오염을 감소시키기 위한 "라인계획"에 동의를 요구하게 되었다. 이러한 환경감사가 더욱 많은 해역에서 실시되기까지는 아직도 기나긴 기간의 과정을 필요로 할 것이다.

독일도 라인강이 흐르는 하나의 국가이다. 독일의 산업에는 화학 및 약품회사가 많기에 오랜 기간의 산업활동은 라인강 환경에 큰 영향을 주었다. 그러나 환경문제가 발생한 이후 지금의 독일은 상품제조법과 제품을 대폭 개량하여 라인강의 오염원을 대폭 감축하는 크린생산기술 개발로 이 분야에서는 국제적 선도자로서 역할을 수행하고 있다.

바. 크린생산기술

정부규제와 같이 민간기업을 둘러싼 환경보호 정책의 하나로 크린생산기술(clean production technology)의 개발을 장려하고 실행하는 것이다. "크린(clean)"이라는 용어는 오염물질을 제거하는 것을 의미하지만 이 개념 또한 자원소비량을 줄여 쓰레기를 줄이자고 하는 의미도 포함하고 있다. 이 정책의 배경은 "산업목표를 원활한 물질순환과 비오염으로 생물다양성 보전을 실시하여 미래 세대가 필요로 하는 생물자원을 충분하게 채워 놓을 수 있는 산업이 되어야 한다"라는 것이다.

크린생산(clean production)이라는 용어는 "보다 깨끗한 생산"이며 책임 있는 자원이용과 재활용, 환경오염방지를 위해 중대하게 한 발 더 내딛고자 하는 산업시스템에 사용된다. 이를 목표로 하는 산업은 독성이 강한 원재료 사용을 줄이거나, 제거하여 유독물질과 폐기물의 발생을 최소한으로 줄이고 있다. 크린생산에는 다음과 같은 기술들이 포함된다.

① 인체와 환경에 피해를 주는 물질과 에너지를 환경에 방출하지 않는다. ② 고효율 에너지를 낭비하지 않고 사용한다. ③ 재생 가능한

원료 사용 즉 생태계 기능을 훼손하지 않은 범위에서 원료를 채취하고 채취된 자원은 순환할 수 있도록 사용한다. ④ 상품을 생산에서 수명이 끝날 때까지 크린생산 기준을 적용한다. "유리상자에서 묘지까지"는 원료선택, 채취, 가공에서부터 제품이 제대로 기능하지 못하면 재활용, 재이용 및 폐기의 과정으로 끝이 난다. 그 과정은 크린생산으로 설계, 제조, 사용하기 때문에 가능하다.

크린생산 기술이 해양환경에 미치는 효과는 확실하다. 제조공정에서 유독물 배출을 줄이고 쓰레기 처리장에서 오염물질의 누수를 없게 하며 에너지 효율의 좋은 가공방법이 설계된다면 최종적으로 바다로 유출되는 독성물질은 감소하게 된다. 또 원료 재활용과 재이용을 고려한다면 원료를 생산에서 환경을 보호하는 것으로 연결된다. 정부는 이와 같은 크린생산을 목표로 하는 기업에 대해 세제와 융자를 적극 지원하여 시민에게도 "좋은 기업"의 정보를 제공하여 다른 업자들도 따라 할 수 있게 되었으면 하는 희망이다.

사. 리스크 영향평가와 예방원칙

오염이나 어업과 같이 환경에 영향을 미치는 활동에 대한 규제는 일반적으로 활동결과를 예상하여 실시하는 리스크영향평가(위기평가)를 기본으로 실시된다. 영향평가는 대부분 생물군집에서 일부 생물종을 대표로 선정하여 실시된 결과로서 군집 전체에 대한 영향을 평가하지만, 자료가 많지 않은 때에는 여러 가지 예측식으로 불확실성 계수를 이용하여 평가하게 된다. 가장 바람직한 영향평가는 평가에 동반하는 "불확실성"를 명기하는 것이지만 이러한 내용은 종종 무시된다. 화학물질의 환경영향을 논의할 때 무엇을 유해로 할 것인가라고 하는 본질적인 문제가 발생한다. 더 말할 필요도 없이 평가의 기준값을 어디에 둘 것인가에 따라 리스크견적이 결정된다. 사망과 같은 확실한 기준값으로 평가하면, 생식에 미치는 영향과 같은 보다 미묘한 기준값은 숨어 나타나지 않게 된다. 더욱 미묘한 기준값의 예로는 행동변화나 이상발생 등은 거의 리스크영향평가에 사용되지 않은 기준값이 실제로는 보다 정확한 평가로 연결되는 인자가 되기도 한다. 그렇지만 이와 같이 매우 세부적인 기준값을 설정하면 "불확실성"은 더욱 증가한다(Wilson and Crouch, 1987).

실험동물을 이용하여 오염물질과 문제가 되는 스트레스를 추가한 바이오에세이(생물검정) 결과로만 복잡한 생물군집으로 형성된 자연계 전체의 영향을 판단하는 것은 어렵다. 또, 치사한계라고 하는 기준을 사용한다고 하여도 사육하기 쉽고 스트레스에 강한 종과 성체를 대상으로 한다면 편향적인 결과가 발생할 가능성도 크다. 이러한 결과로 인하여 평가가 잘못되어 생태계가 되돌릴 수 없이 잘못된 방향으로 발전한 예를 우리들은 지금까지 많이 경험하고 있다.

과학자는 종종 환경보호와 자원의 지속적인 이용에 대한 정책결정에 기술적인 조언을 한다. 야외조사와 실험 어떤 생태적인 귀결을 예측하기 위한 모니터링 등에 기초한 연구결과는 과학적 근거로 정책결정에 이용된다. 그렇지만 생태적 예측과 가설은 가장 가능성 있는 결론을 설정하는 것이지만 기초가 되는 지식의 불확실성을 종종 무시하게 된다. 가설은 시간이 경과하여 새로운 지식이 더욱 쌓이면 쉽게 변한다. 또 가설은 실증되어야만 되나 지구온난화와 같이 자연계에서 입증될 때면 이미 때가 늦게 되는 내용이 많다. 지금 우리는 과학의 존재이유에 대하여 생각을 바꿀 필요가 있다. 또 정책입안자는 리스크영향평가에서 이와 같은 문제를 충분히 고려하여 결정하여야 하지만 현실에서 이러한 과정을 거치는 일을 경험하지는 못하였다. 생태계 보호와 생물다양성 보전에 관한 정책입안은 정치적 또는 경제적인 사정을 넘어 과학적이면서 윤리적 판단으로 완전히 독립될 수 있기를 기대하여 본다(Cairns, 1986; Cairns and Pratt, 1989; Hilborn and Ludwig, 1993).

예방적 접근(예방원칙)은 이러한 생각을 바탕으로 1972년 런던 폐기물조약(LC72)과 1992년 리우선언과 같은 해양환경보호에 관한 국제적인 합의에서 원칙적으로 인정되어 왔다. FAO는 1995년 총회에서 "책임 있는 어업을 위한 행동규범"을 승인하였고, 규범의 제7항(para 7.5.1)에는 다음과 같이 표현되어 있다. "수산생물자원을 보호하고 수생환경을 보전하기 위하여 예방적 접근(precautionary approach)을 넓혀, 수생생물자원의 보호, 관리 및 개발에 적용하여야 한다. 충분한 과학적 정보가 구비되지 않은 것이 보존 및 관리조치의 연기 또는 조치를 하지 않은 이유가 되어서는 안 된다". 이 취지는 생물다양성 조약과 지리적 환경관련 선언에도 반영되었다. 한편 예방원칙(precautionary principle)이 정책입안자, 경제계 및 환경보호 활동가 사이에서도 심도 있게 토의되었던 것은 1998년 미국 NGO의 "과학과 건전한 환경 네트워크"가 위스콘신주의 윙스프레드(wingspread)에서 주최한 집회에서 예방원칙의 적용을 다음과 같이 정의한 다음부터이다.

"어떤 개발사업이 사람의 건강과 환경에 피해를 미칠 가능성이 있을 때는 원인과 결과가 과학적으로 충분하게 증명되지 않더라도 예방조치를 하여야 한다. 그리고 입증의 책무는 일반인보다도 사업자가 가져야만 한다. 예방원칙을 적용하는 순서는 영향을 받을 것으로 보이는 모든 사람의 정보를 공유하고 정책결정과 사업의 속행 및 변경 여부에 대한 판단 등 모든 과정에 참가하여 민주적으로 진행하여야만 한다. 또 사업정지를 포함한 모든 대체수단에 대해서도 충분히 토의되어야만 한다(Raffensperger and Tickner, 1999; O`Brien, 2000)".

예방적 접근이 행동에 있어서 구속력 없는 지침과 같은 것이라면, 예방원칙은 법적 구속력을 가진다는 것이 국제법학의 해석이다. 이 책에서는 이들 두 가지 모두를 예방원칙이라는 용어로 통일하여 설명한다. 예방원칙이 강조하는 것은 어떠한 인간의 행위로 인하여 피해가 발생하는 것을 방지하고자 하는 것이다. 피해방지를 위해서는 전통적, 경험적 지식을 포함한 모든 정보를 기반으로 사업이 발생시킬지도 모르는 모든 영향을 조사하고, 피해가 예측될 때에는 확실한 과학적 증거가 도출되기 이전이라도 행위의 제한 또는 금지하고 때로는 수정조치를 내릴 수 있다는 것이다. 즉 과학적 증거가 완전하게 갖추어지지 않더라도 나쁜 영향이 발생할 수 도 있다고 예측되면 즉시 방지책을 마련하여야 한다는 것이다. 표면적으로 이런 것은 허용 가능한 리스크라는 개념을 부정하는 것처럼 보일 수도 있다. 그렇지만 실제로는 바람직한 결론에 도달하기 위해 결정을 한다는 리스크영향평가 본래의 목적에 알맞은 바람직한 판단기준이 된다. 어떠한 행위가 있을 때에 예방원칙을 따르면 예측되지 않은 범위에서 가능한 나쁜 영향을 받지 않도록 판정기준을 리스크영향평가에 적용하여 생태계를 보호할 수 있게 된다.

이후 미국은 일부 환경 NPO 활동에 예방원칙을 적용하여 국제적인 관심과 함께 정책담당자들의 주목을 받게 되었다. 미국 상무성 관계자는 이러한 움직임이 유전자변형 농산물이나 성장호르몬을 첨가한 농작물 수출에 방해가 되기 때문에 예방원칙은 반과학적인 개념으로 기술개발에 장애가 된다고 비하하여, 국제무역법칙은 현행의 리스크영향평가에 준해야 한다고 주장하고 있다. 또 어업의 입장에서 예방원칙을 해양환경에 적용하는 것에 대해 의문을 나타내는 전문가도 있다. 예방원칙이 일부 연안국의 자원독점에 이용되거나 감정론에 지배되어 다른 나라의 어업기회가 감소될 수 있다는 것이다. 확실히 자원을 둘러싼 각국의 이해득실을 법리해석과 정책면에서만 본다면 이와 같은 염려를 하게 될 것이다. 그렇지만 실제 인간활동 결과가 생태계와 생물다양성에 매우 유해한 영향을 주고 있고 대부분 어업조약과 규제가 수산자원 감소양상을 바꿀 정도로 효과를 보지 못하는 현실을 알게 된다면, 예방원칙의 도입을 부정적으로 생각할 수만은 없을 것이다.

아. 모니터링

환경모니터링은 환경에 관한 다양한 요인을 정기적으로 일정기간 조사하는 것이다. 즉 비생물적 환경과 생물군집의 변화를 평가하여, 일반적인 생태계의 변동과 이상변화를 구분하여 변화원인과 영향을 분석할 수가 있게 하는 것이다. 모니터링은 보전정책의 진행과정과 효과를 감시하기 위해서 없어서는 안 되는 내용이지만, 보다 중요한 모니터링은 해양시스템을 장기간에 거쳐 측정하는 것이다. 장기 모니터링 결과는 자연과 인간활동에 따른 환경변화에 대응한 생물군집의 응답을 기대할 수 있게 하기 때문이다.

이와 같은 바다의 생물다양성 평가와 보호를 위해서는 장기간에 걸친 포괄적인 관측이 매우 중요하지만 이러한 모니터링 계획은 매우 제한적이다. 얼마 안 되는 예로서 켈리포니아주 공동어업조사계획(CalCOFI)을 들 수 있다. CalCOFL은 캘리포니아 해류역의 물리, 화학 및 생물 항목을 1949년부터 지속적인 관측 및 연구를 통해 지구규모의 기후변동과 식물플랑크톤, 동물플랑크톤, 어류 및 플랑크톤성 유생의 자연 및 비자연적인 변동, 생물다양성, 기타의 중요한 인자에 대하여 풍부한 정보를 지속적으로 제공하고 있다. 통상 실시하는 일년 또는 수년 단위의 단기조사가 아니라 장기간의 조사연구는 환경변화 원인과 결과에 대한 평가를 가능하게 한다.

귀중한 장기모니터링의 다른 예로는 미국 로드아일란드(Rhode Island)주에 위치한 나라간세만(Narragansett Bay)의 식물플랑크톤 기록과 베링해 및 북해, 일본의 동북태평양 연안해역의 동물플랑크톤 기록이 있다. 모두 플랑크톤 생물량과 다양성 변동에 대하여 다른 자료에서는 볼 수 없는 좋은 정보와 예측을 제공하고 있다.

그러나 이와 같은 모니터링 중요성은 이해하지만 연구비 수주와 승진을 위해 항시 논문작성에 바쁜 젊은 연구자에게 모니터링은 환영받지 못하는 매우 단순한 사업이다. 장기간모니터링 사업은 국가와 책임성 있는 공공기관이 확고한 계획을 기초로 충분한 자금을 제공하여 실시하여야 한다. 하지만 많은 사업에서 장기간모니터링을 지속적으로 가능하게 하는 충분한 자금이 확보되어 있지 않다. 세계적으로 높은 평가를 받는 CalCOFI도 얼마 전 사업지속을 둘러싼 주정부와 과학자들 사이에 뜨거운 논쟁이 있었다. 유럽도 "장기모니터링 관측계획을 중지하는 것은 해양생태계 변화를 파악하고자 하는 노력을 폐기하는 것이다"라고 강조하고 있음에도 불구하고 각지에서 모니터링

사업은 자주 중지되거나 지속을 위협하는 일이 반복된다(CalCOFI Committee, 1990; Curtis, 1990; Duarte et al., 1992).

또 생물군집과 서식지의 관계에 대하여 단기간의 연구와 야외실험은 바다의 생물다양성 동태를 이해하는데 필수적이다. 단기변동조사는 장기모니터링에서 얻을 수 없는 귀중한 정보를 제공한다. 그러나 연구와 모니터링은 보전대책의 대용품이 아니기에 결과를 기다린다는 변명으로 서식지와 생물다양성 보호를 늦추는 것은 용납될 수 없는 일이다.

자. 경제적 대책과 제도

향상 경제적 판단은 정책결정에 매우 중요한 항목이 된다. 환경관련 법률과 국제합의에서 경제적 고려가 포함되지 않을 수도 있지만 이들도 실시과정에 경제적인 결정이 향상 따라다닌다. "리스크 대 효과"분석은 자주 "비용 대 효과"분석이 되어 비용에 대비되는 것이 일반적이다.

① 비용 대 효과분석과 생물의 가치

환경보호 활동이 개발사업 계획과 대립하게 되면 보호를 주장하는 쪽은 종종 비용 대 효과분석이라는 결과를 이길 수 없는 경우가 많다. 그 이유는 다음과 같다. 우선 생물과 생태계를 화폐가치로 표현하는 것이 불가능한 경우가 많다. 또 경제적으로 사업에 의해 피해를 입은 생태계의 회복에 소요되는 비용이 고려되지 않으며, 정상적인 생태계가 인류에게 제공하는 가치도 평가되지 않는다. 법률은 환경보호를 위한 비용과 손실을 사업자인 산업계와 개인에게 요구하고 있기에 이와 같은 경제적 평가를 강행할 수 있게 된다. 예로서 벌금제도가 환경을 지키기 위한 것이라 하더라도 환경은 본질적으로 가치를 부여할 수 없기 때문에, 벌금을 내는 것이 환경보호에 필요한 경비보다 저렴한 것으로 생각할 수도 있을 것이다. 결국 경제적으로는 사업으로 환경이 파괴되어 사라진다 하더라도 없어진 특정 생물자원의 화폐가치를 평가하는 정도가 전부인 것이 된다.

경제가치 평가시스템은 위기상태에 있는 종을 제대로 평가할 수 없게 한다. 이유는 일반적으로 종은 희소가치가 있을수록 시장가치가 높지만 생태계에서 존재가치는 이미 중요한 역할을 하지 못한다는 이유로 낮게 평가되기 때문이다. 경제는 멸종위기에 있는 종을 멸종으로 몰고 가는 역할을 하는 것이 된다. 그러나 때에 따라서는 종의 멸종위기에 노출되었을 때에 비로서 인류의 관심이 높아져 존재가치가 높을 때도 있다.

생물자원가치는 멸종할 종이 세상에 알려졌을 때 가장 높게 되는 것은 1973년 포경에 관한 고전적 경제학 연구에서 분명하게 명시되어 있다. 연구는 포경에서 가장 이익을 남길 수 있는 전략으로 가능한 모든 고래를 빠르게 포획하여 고래의 값을 상승시키고 그 이익금을 은행에 맡긴다는 것이었다. 이러한 내용은 투기에 의해서 얻어진 이익이 지속가능한 자원을 유지하면서 지속적인 포획으로 얻어질 수 있는 금액보다 훨씬 크다고 예측되었기 때문에 가능하게 된다. 다행히 다른 경제적 이유와 국제적 압력이 있었기에 이와 같은 포획방법은 실시되지 못하였다. 현재 많은 나라에서 고래 고기 및 가공식품 시장이 축소되어 있다. 때문에 얼마 남지 않은 고래를 포획하기 위해서는 고가의 어획노력과 기술을 필요로하게 되었고, 최근 고래관광(whale watching)이라는 새로운 산업이 발생하여 상업포경은 전환점을 맞이하고 있다고 할 수 있다(Pimm, 1997).

생물자원을 시장가치에 의해서 평가하는 지금의 세계적 환경에서 환경보호의 논리가 개발논리를 이길 수 있는지에 대한 여부는 파괴적 이용방법보다 더 이익이 예상되는 비파괴적인 이용방법이 시장에 존재 할 것인가에 대한 여부로 결정되게 된다. 이와 같은 내용을 고려하여 환경경제학자인 R. Costanza 등은 지구생태계가 제공하는 "자연서비스"의 평가를 실시하였다. 자연서비스와 비용을 측정하는 방법에는 관광지로 여행을 가는 소비자의 비용에 기초하여 추정하는 여행비용(travel cost)법, 환경서비스가 시장에 존재하지 않기 때문에 택지와 노동과 같은 대체시장을 사용하여 간접적 가치를 측정하는 헤도닉(hedonic)법[55], 환경재화를 사적재화로 구입할 때 드는 비용, 예로서 산호초의 가치를 같은 방재기능을 가지는 방파제의 건설비용을 토대로 평가하는 대체법(代替法) 등이 있다.

평가 이전까지 자연서비스는 무료로 가치를 부여할 수 없는 것으로 인식 되었지만 이러한 새로운 산정방법으로 자연서비스를 얻기 위해서는 대체가 가능하며, 그러기 위해서는 매년 많은 경비가 필요한 것을 분명하게 하게 되었다.

지구생태계 모든 가치를 산출한 자연서비스의 가치는 연간 적어도 US $33조에 달하는 것으로 평가하고 있다. 이 금액은 전세계의 GNP와 같거나 다소 웃도는 금액이다. 여기서 해양생태계의 가치는 US $22.5조로서 대양(외양)은 US $8.5조, 연안생태계는 US $12.5조 그리고 연안습지대는 US $1.5조의 가치로 육상생태계의 가치를 훨씬

55 해도닉 가격모형(hedonic price model)이라고도 한다.

초과하고 있다. 이와 같은 금액은 이전까지의 많은 내용을 변화시키기에 충분할 뿐만 아니라 환경보호활동과 정책을 연대하는 사람들을 자각시켜 그들의 활동에 중요한 가이드라인을 제공하고 있다(Costanza et al., 1997; Holmes, 1997; Pimm, 1997).

그러나 이러한 자연서비스에 대한 경제분석에 혼란을 발생시킬 수 있는 면이 존재한다는 것도 부정할 수 없다. 지금 살아있는 시스템에 화폐가치를 붙인다는 도덕적 딜레마와는 별도로 이 계산에는 분명하게 부족한 곳과 의심스러운 가치판단을 하는 부분이 있다. 앞으로 분석결과의 변경 여지가 있다 하더라도 기후조절에 큰 역할을 하고 있는 대양(大洋, ocean)을 충분하게 평가하지 못하고 있다. 지구의 모든 생명을 유지시키는 기후에 바다가 크게 공헌한다는 것은 일반인들도 알고 있는 사항이기에 이 결과는 놀라운 실수라 할 수 있다. 바다가 공급하는 담수의 가치에 대해서도 분명히 간과되고 있다. 비는 대양 해수의 증발에 의존하는 것임에도 불구하고 평가가 충분하게 되어 있지 않다. 이러한 바다의 기능을 서비스에 포함한다면 대양의 가치가 어떻게 될까? 하는 생각을 다시 해본다.

한편 습지와 갯벌은 부하된 폐기물의 분해와 동화기능에 매우 높은 가치가 부여되고 있지만 이것은 자연서비스가 아니다. 이러한 분해와 동화에 의해 회수되는 독성물질의 대부분은 공업기술의 산물이기 때문이다. 습지가 유기물을 퇴적시켜 영양염류를 흡수하는 자연의 작용을 가지는 것은 사실이지만 인간활동에 의한 폐기물, 특히 유독물질은 습지활성을 손상시키지는 않지만 습지생태계가 가지는 다른 가치를 저하시킨다. 따라서 이와 같은 기능에 대한 가치 부여 여부는 다소 의심스럽지만, 이러한 내용이 습지에 투기하는 행위를 정당화시키는데 사용될 위험 가능성이 존재하게 된다.

비용 대비 효과분석을 특정 사업과 행위에 대하여 실시할 때에 이와 같은 경제적 접근은 주의가 필요하다. 시장조건과 환경조건의 달라지면 (비극적인 일로서 정치가 변화한다면) 가치는 전혀 다른 쪽으로 움직이기 때문이다. 현실적인 예로서 뉴욕시에 양질의 물은 캣스킬산(Catskill Mountains)의 하천유역에서 공급된다. 이 유역이 개발계획에 위협을 받게 되었을 때 뉴욕시는 비용 대 효과분석을 실시하여 하천유역을 보호하기 위한 토지를 매입하는 비용과 개발로 환경이 나빠진 유역 수질의 물을 마실 수 있는 물로 처리하기 위한 플랜트건설 및 운영비용을 비교하였다. 결과 유역을 보호하는 쪽이 훨씬 경제적이라는 결론이었지만, 물 처리기술이 발전되고 저렴해진다면 이 결론은 쉽게 달라질 수도 있게 된다.

일본은 여전히 비용 대 효과분석 이전에 다른 문제가 존재한다. 만일 몇 년 또는 몇 십 년 전에 계획되었던 하천공사와 해안공사가 사회정세와 시민의 환경의식이 변화된 오늘까지도 지역의 요청이 있었기 때문이라는 이유로 여전히 진행되고 있다. 비용 대 효과분석을 지금 시점으로 실시하면 필요 없는 것으로 결과가 나올 수도 있는 사방댐 건설과 간척을 행정측면에서 예산을 확보하여 위신을 걸고 무리하게 실시하려고 하고 있다. 정치가와 토목업자와 자치단체 행정가가 일체가 되어 공공사업으로 환경파괴를 진행시키고 있는데도 사업계획 심사를 위해 초청된 세상살이 방법이 훌륭한 전문가들은 다양한 이유로 눈을 감아 버린다. 주민은 사업진행에 의견을 더할 시간적 여유를 받지 못하고, 사법심사와 언론기관은 역량부족으로 문제의 본질을 파헤치지 못한다. 윤리관과 사회에 대한 사명감이 없는 사업관계자들은 눈앞의 이익만을 추구하여 자신들의 자손을 위해 풍요로운 자연을 남길 필요성 조차도 생각하지 않게 된다. 미국의 "국가환경정책법"에 비해 30년 정도 늦은 1996년 일본은 "환경영향평가법" 이른바 환경에세스멘트법이 실시되었다. 이 법에 의하여 환경오염과 파괴의 근본이 되는 대규모 공공사업과 계발계획이 중지 또는 변경된 사례는 거의 찾아볼 수 없다. 이 제도의 운용과 방법에 구조적 개혁이 필요함을 시사하는 내용이다.

국토와 그곳에 사는 생명을 파괴하는 사방댐의 실태와 무책임한 행정자세는 稗田一俊의 저서인 "연어는 댐에 죽음을 당했다"에 분명하게 설명되고 있다. 댐의 영향은 하천의 짜임새와 자연생태계를 뿌리부터 변화시킬 정도로 심각하다. 댐이 만들어지면 하천 하류의 바닥이 낮아져 강기슭의 붕괴가 반복되면서 토사와 유목이 하류에 흐름의 완만한 곳에 퇴적되어 수위를 상승시키는 역할을 하기 때문에 수해로 연결된다. 이와 같은 토사퇴적을 방지하기 위해 새로운 댐은 재해대책으로 더욱 하류에 건설되면 결국 강기슭은 콘크리트 호안으로 변화되어 하천이 사방댐의 연속으로 변화된다. 하천바닥은 댐에서 흘러나온 펄에 채여 모래나 자갈로 된 하천바닥이 사라지면 연어와 은어의 산란장소는 없어지게 된다.

본래 산에서 바다로 흐르는 물은 하나의 시스템으로 많은 생물을 성육시켜 왔다. 산림의 미네랄을 포함하는 영양분이 하천을 타고 내려오면 바다를 풍요롭게 하고, 바다로부터 바다의 영양분은 연어와 은어의 모습으로 상류로 운반된다. 즉 곰은 상류에 올라온 연어를 포획하여 강변의 삼림으로 운반하여 먹는다. 그러나 연어가 많이 포획되면 곰은 맛있는 부분만 먹고 나머지는 버리게 되면, 먹다 남은 연어

조각은 새들이 먹이가 된다. 그리하여 곰과 그들 동물의 배설물은 나무를 키우는 영양분이 된다. 번식을 끝내고 죽은 연어를 이용하는 동물에게도 바다에서 운반되어온 영양분은 매우 중요하다. 연어가 소상하는 강에는 강 밑바닥 자갈에 규조가 대량으로 부착하게 되어, 날아다니는 수생곤충이 증가를 유도하게 되며, 증가한 곤충은 어류와 새들의 중요한 먹이가 된다. 이와 같이 바다와 강을 이동하는 연어과 어류는 바다와 산림이라는 두 가지 서로 다른 생태계를 연결하는 기능을 하고 있다.

그러나 일본은 댐과 인공부화를 위한 체포시설이 있기 때문에 상류까지 거슬러 올라가는 어류는 거의 존재하지 않는다. 최초 댐을 만들었을 때, 전체 하천과 전체 유역의 비용 대 효과분석이 신중하게 하였다면 공공사업은 어떻게 되어 있을까? 행정은 종종 "자연의 중요한 것인가? 인명재산의 중요한 것인가?"라고 하는 문구를 내걸고 100년에 한번 발생할까 말까한 재해에 대한 재해방지사업을 강행하지만, 문제가 많은 사방댐과 하구둑에 의한 100년간의 환경파괴로 우리가 잃어버리는 것이 얼마나 큰 것인가를 생각하는 행정과 시민은 많지 않다(Hildebrand et al., 1999; Helfield and Naiman, 2001; 村上正志, 2004; 稗田一俊, 2005)

최근 A. Balmford 등은 일부 지역의 특징적 생태계를 사례로 자연서비스의 가치에 대한 비용 대 효과분석을 실시하여 주목할 만한 내용을 보고하고 있다. 그들은 태국의 홍수림(맹그로브)의 자연서비스는 연간 $64,000/ha로서, 새우 양식장으로 바꾸었을 때 수익인 연간 $16,000/ha 보다 훨씬 큰 것을 보고하였다. 그리고 캐나다의 염생습지에 대해서도 습지를 간척하는 것보다 그대로 두는 것이 60% 이상

가치가 높고, 필리핀의 산호초의 자연서비스는 파괴적 어업에 의한 수익보다 3.8배 높은 것(연간 $3,300/ha 대 $870/ha)을 보고하였다. 열대우림의 보존과 벌채를 위한 비용분석을 추가하여, 지구 전체에 남겨진 자연환경의 보존을 위한 비용과 효과의 비율은 1:100 이상으로 결론을 내려, 경제면에서도 자연환경의 파괴가 얼마나 유해무익한 것인가를 나타내주고 있다(Balmford et al., 2002).

자연서비스에 가치를 부여하는 것은 도덕적 딜레마가 있다는 것은 이미 설명하였다. 이와 같은 시도에 대한 비판도 적지 않다. 자연이 공급하는 모든 것에 시장가치를 부여할 수는 없기에 가치부여는 자연을 과소평가 하게 된다. 그러나 일부 연구자는 이와 같은 경제학적 접근은 정량적이기에 일반인의 이해와 동의를 얻기에 편리한 것으로 생각하기도 한다. 한편으로 자연의 모든 것을 돈으로 살수 있다는 생각을 가속화 시키는 계기를 제공하는 것은 아닌지에 대해서 걱정하는 연구자도 있다. 과학과 경제를 연결하는 새로운 시도는 본래 인간과 자연관계에서 출발하여야만 하는 도덕적, 윤리적 결정을 게으르게 하는 것은 아닐지? 도덕적 가치를 고려하면서 자연에 대해 화폐가치를 부여하여야 한다고 생각하는 연구자가 많다.

② 포상과 징벌

환경보호에서 경제적 접근방법으로 포상과 징벌이 있다. 이 접근방법에는 환경보호 이념과 지침이 확립되어 있는 것을 전제로 한다. 지침에는 어떤 종류의 행위를 규제 또는 금지하는 법률과 같은 형식도 있고, 행위를 위한 방법개량이라는 조언의 형태도 있게 된다. 일단 지침이 설정되어 지침에 협력을 촉진시키기 위한 경제적인 포상과 징벌을 시행하면 된다.

광범위하게 권장되면서 자주 적용하는 징벌로는 "오염유발자 지불원칙"이 있다. 가장 단순한 예는 허용배출기준을 넘는 오염원을 발생시킨 기업에 대하여 벌금을 적용하는 것이다. 오염유발자는 과거에 발생시킨 오염이 지금까지 남아 있는 때, 사고에 의해 누출될 때를 막론하고 정화에 대한 책임이 있는 것으로 되어 있다. 이 개념은 상황에 따라서는 매매 가능한 오염의 권리라는 시스템에 편입될 수도 있다. 일례로 하구역이라면 오염물질이 연간 허용투기량을 구하여 관련되는 각 기업에 전체량에서 연간허용배출 제한의 지분을 할당하는 것이다. 할당량 보다 적게 배출하거나 생산기술 개선이 기대되는 기업은 "오염시킬 권리"의 여분만큼을 보다 오염부하가 큰 기업에 팔수 있게 된다. 이와 같은 시스템은 오염방지 기술도입을 자극하고 기술력을 높이려는 방법이다. 사람에 따라서는 허용된 오염량을 감소시킬 수는 없기에 원칙적인 모순을 반영하고 있을지 모르지만 보다 현실적인 방법이 될 수는 있다. 왜냐하면 이것은 오염유발자가 따르기 쉬운 규칙에 대한 시스템이기 때문이다. 이와 같은 경제적인 징벌이 환경보호에 연결되는 예로는 오염문제만이 아니다. 어업과 같이 자원이용에서도 규칙을 위반하면 벌금이 부과되는 것과 같은 형태로 자원보호를 시도할 수 있다.

경제적인 포상은 환경보호 지침을 잘 준수하는 사람에게 지불하는 보조금이다. 이러한 예로서 자원보호를 위해 현재 실시되는 하이테크 어구 구입이 아닌 로테크 어구(고전적인 어구) 구입에 보조금을 지급하는 것을 생각할 수 있다. 농업도 살충제를 사용하지 않고 비료사용을 억제하거나 유기재배를 하는 농업종사자에 보조금을 지급하는 정책도 생각할 수 있다. 또 동물배설물을 비료로 가공하기 위해 처리조를 설치하거나, 농지와 하천 사이에 폐기물 유출을 막을 수 있는 이행대를 설치하는 축산업자에게 보조금이 지불되는 곳도 있다.

차. 환경복원

연안생태계는 자연상태로 보호하는 것이 가장 바람직하지만 이미 많은 곳에서 원래의 상태를 잃었으며, 보호하기 이전에 없어질 것으로 판단되는 곳도 적지 않다. 이와 같이 생태계복원은 이미 옵션이 되어버렸다. 생물을 부활시키는 것은 희망하는 생물군집이 살 수 있는 상태로 비생물학적 환경을 회복시켜야만 된다. 이것은 해수를 정화하고 댐과 방조제와 같이 생물서식에 방해가 되는 인공구조물을 제거하거나 개량하는 것은 물론, 오염된 퇴적물을 준설하고 어초를 조성하며, 귀중한 물새가 둥지를 틀 수 있는 장소를 만드는 것까지 매우 광범위한 일이 된다.

복원을 위한 노력은 한 종에 초점을 맞추는 것부터 생태계 전체를 복원의 목표로 하는 것까지 매우 다양하다. 후자는 생태계 먹이사슬에 기초가 되는 종과 생물군집을 인위적으로 도입시키거나 서식지를 만드는 것이 일반적인 방법이다. 즉 염생식물, 잘피, 산호를 각각의 장소에서 육성시켜 남은 생물군집이 그곳으로 들어오기를 기다리는 것이다. 그러나 이러한 노력에 대해서 현재까지는 매우 제한된 성공밖에 얻지 못하고 있다. 회복은 가능한 물리·화학적 환경인자를 원래의 상태로 회복시키는 것을 배려하지 않고는 성공할 수 없기 때문이다.

지금까지 연안의 염생습지를 재생하기 위하여 매우 많은 연구가 실시되었다. 그러나 습지재생은 부분적으로 효과가 입증되었지만, 생물다양성과 기능을 완전히 복원하는 것까지는 성공하지 못하였다. 산호초와 잘피복원에 대한 연구진전은 늦어져 아직 습지재생기술 이전의 단계에 머물러 있지만, 설령 기술이 진보하여 염생습지와 산호초를 새롭게 인위적으로 창출할 수 있다고 하여도 같은 면적을 개발목적으로 파괴하여도 된다는 정책은 바른 것이라 할 수 없다.

지금 우리가 시각적으로 확인되는 일반 생태계는 이미 교란된 생태계이다. 때문에 인간은 교란된 지금의 생태계가 일반적인 모습이라고 생각할 수 있는 심각한 수준으로 생태계는 교란되어 있다. 이런 교란생태계는 스트레스가 제거되거나 현저하게 감소되더라도 이미 원래의 상태로 돌아갈 수는 없을 것 있다. 그렇지만 지금 사람들의 노력으로 복원을 희망하게 하는 연안생태계는 매우 많다.

전세계의 대부분 하구역은 생물 서식지의 일부 또는 전체가 심하게 악화되어 있다. 열대홍수림(맹그로브)과 산호초도 사정은 마찬가지이다. 홍수림 면적은 과거 40년 사에 절반으로 감소하였다. 미국은 체사피크만, 샌프란시스코만, 푸젯사운드(Puget Sound) 등에서 갯벌보전 프로그램을 실시하여 연안습지보호와 복원을 시도하고 있다. 일본은 2003년 잃어버린 생태계와 자연환경을 회복시킬 목적으로 자연재생추진법이 제정되어, 도쿄만의 산반세(三番瀨)갯벌과 오키나와 세키세이초호(石西礁湖)의 산호초 등에서 보전과 재생이 시도되었다. 종적 관계에 의존하는 행정 폐해로 인해 계획이 도중에 없는 것과 마찬가지 형태로 축소되거나, 변경되어 목적달성은 거의 이루지 못하였다. 이러한 복원사업에서 사업담당 주무관청이 강력한 지도력을 발휘하여 체제적이고 효율적 추진이 될 수 있기를 기대하여 본다.

잃어버린 생태계는 도움을 필요로 하고 있지만, 인간이 자연생태계를 복원시키는 능력에는 한계가 있다. 자연상태에서 복원의 귀결을 정확히 예측하는 것은 쉽지 않고, 복원하고자 하는 주체가 복원코스에 있어야할 자연 상태에 대해 정확하게 인식하고 있다고도 할 수도 없다. 정상적인 전체 생태계의 모습을 알지 못한 상태에서 부분적인 복원에 아무리 노력을 한다하여도 목표로 하는 희망적인 회복은 되지 않는다. 함부로 손을 쓰지 않은 것이 더욱 회복에 효과가 있을 수도 있다. 복원보다 손상을 방지하는 편이 훨씬 안전한 방법이다. 저명한 미국 환경생물학자인 J. Cairns, Jr가 1989년 설명한 것처럼 “만일 우리들이 종 멸종 속도를 늦추고 잔존하는 종 회복을 기대한다면 사회는 지구규모에서 남아있는 생태계의 상황을 양호하게 보전하여야만 한다(Cairns, 1989)”.

제 7 장

생물다양성과 생태계의 보전회복을 위한 국제적 대응

대모(Ryukyu, 1966)

대모(玳瑁/瑇瑁, hawksbill sea turtle): *Eretmochelys imbricata* Linnaeus 1766
바다거북과의 한 종으로 몸길이는 60cm 정도로 등딱지는 노란색에 구름 모양의 어두운 갈색 무늬가 있다. 네 개의 다리는 편평하고 물고기나 조개 등을 잡아먹는다. 열대와 아열대의 바다에 분포하며 등딱지는 고급 악세서리의 원료로 이용된다.

지구규모의 급속한 환경변화는 자연시스템과 인류의 건강 그리고 세계경제를 위협한다. 이러한 문제의 대책은 대부분의 경우 단일 국가에서 효율적인 방안을 수립하는 것은 어렵다. 때문에 해양환경과 생물다양성을 보전하기 위해서는 국제적인 협조가 필수적이다. 1960년대부터 국제사회는 야생종과 서식지를 보호하는 일에 공동의 관심을 보이기 시작하였다. 특정 국가의 육지와 바다에서 일어나는 인간활동에 의한 다양한 환경문제는 국경을 넘어 멀리 떨어진 나라의 바다와 육지에 종종 영향을 미치게 된다.

바다 환경보호 문제가 국제협상 테이블에 상정될 때까지는 오랜 시간이 필요하지만 협상 테이블 의제로 상정되기 위해서는 다음 3가지 중 하나로 형태로 협상하게 된다. 제1은 바다를 통한 대규모 물류수송이 필요한 해운, 즉 선박운항 관련규칙에 의한다. 국제적인 운항규칙은 선박을 통한 오랜 국제무역의 역사에서 각 나라의 상선은 통행세를 지불하지 않고 공해를 자유롭게 항해할 수 있는 권리보장을 필요로 하는 것이다. 제2는 세계 각국의 영해자원에 관한 권리와 공해자원, 즉 공동자산취급에 관한 내용이다. 공해에서 어업권 보증은 오랜 기간 많은 나라의 관심대상이었고 해저 석유와 천연가스 그리고 부존 광물자원은 기술적으로 채굴이 가능할 때 각국은 채굴권을 대양까지 넓히려 한다. 제3은 직접적으로 환경과 생물종 보호를 목표로 하는 내용이다. 이러한 이유로 최근 천연자원에 대한 권리를 균등하게 하고 지구규모에서 자연환경과 생물종을 보호할 수 있는 국제조약을 만들려는 기운이 높아지고 있다.

해운규칙을 만드는 과정은 1972년 런던폐기물 조약이라고 하는 "폐기물과 기타 물질투기에 의한 해양오염 방지에 관한 조약(LC72)"

과 1973년 "선박에 의한 오염 방지를 위한 국제조약(MARPOL73/78)"으로 연결되어 해양투기금지를 목표로 추진되었다. 한편 해양자원에 관한 과정은 해금류의 포획과 공해에서 어업, 남극대륙과 주변 얼음 울타리의 국제관리 및 해양법 등과 같은 다양한 조약과 협정을 탄생시켜 서서히 개발에서 환경보전으로 관심이 옮겨지고 있다. 1958년에는 제1차 유엔해양법 회의가 개최되어 몇 개의 법규가 새롭게 만들어 졌다. 이후 1970년대 초기에는 종합적인 제3차 유엔해양법 회의에서 법안 제정이 시작되어, 유엔해양법 조약(UNCLOS)이 1982년에 조인되었다. 그리고 68개국에서 조약이 비준되어 1994년 발효되기에 이르렀다. 생태계와 종 보호에 관한 과정은 워싱턴조약이라는 "멸종위험이 있는 야생동식물 종의 국제거래에 관한 조약(CITES)"과 생물다양성 조약 그리고 일부 지역적인 합의 사항을 도출시켰다.

UNCLOS 성과 중 하나는 세계를 몇 개 지역으로 구분하여 각 해역에서 국가가 행사할 수 있는 권한을 배분한 것이다. 조약은 자국해안에서 12마일[56] 사이의 모든 해역(표영환경)과 해저(저서환경)를 국가가 공적으로 관리하는 것이 선언되었다. 또 국가는 해안선에서 200마일까지 해역과 대륙붕 자원을 소유할 권리가 있는 것으로 정리하였다. 이외에도 조약은 국가의 영해 밖인 공해 범위를 설정하였고, 모든 연안해역은 공적으로 소유한다는 것을 명문화하였다. 그리고 조약에서 구체적으로 결정된 바다 관할권은 각국에서 해양환경과 인간활동에 의한 환경문제를 총괄하는 기타 국제적인 조약과 국내법의 기초가 되고 있다.

56 1마일은 지구 중심의 1′의 각이 자오선에서 만드는 거리를 나타내는 것으로 1,852m에 해당한다. 12마일은 22,224m이다.

연안해역을 영해로 하여 공적관리를 규정한 것은 환경보호에 대한 국내·외 사이의 상호협력에 활력을 불어넣게 되었다. 그러나 연안해역은 조약에 포함되지 않기에 해안의 취급과 보호에 모래사장, 사구, 암벽 및 염생습지 등 바다의 영향이 받는 모든 해안을 공적으로 관리하는 국가를 제외하고는 매우 복잡한 양상을 나타내었다. 일부 국가는 모든 해안을 국가가 관리하고 있으며, 일부 국가는 공원과 보호구를 설정하여 특정의 서식지를 보호하고도 있다(de Klemm and Shine, 1993).

현재 생물다양성 보전을 위해서는 종 보호와 특별한 지역과 생태계 보호 또는 생물다양성에 영향을 미칠 가능성이 있는 인간활동의 규제, 더욱이 특정 생물종의 수출입 규제와 생물다양성 관련 정책 만들기 등 다양한 노력이 이루어지고 있다. 일부 국제조약과 협정 그리고 계획과 제도에 이와 같은 내용들이 포함되고 있다. 해양보호구(MPA)의 설정도 생태계를 보호하여 생물다양성을 보전하기 위한 계획에 포함되었다. 특정 인간활동에서 해양환경을 보호하기 위한 일부 국제적 또는 국가 차원의 제도에는 대상지역이 충분하게 보호되고 있는가에 대한 판단기준으로 생물다양성을 사용하는 것이 명시되어 있다.

1. 대책으로의 길

유엔은 해양환경을 관할하는 다양한 계획과 기관 활동 그리고 총회를 통과한 결의와 특별위원회에 제출된 권고 등을 통해 환경과 생태계를 보호하고 있다. 한편 각국 정부는 유엔과 관계된 기관, 지역적 또는 국제적인 조약과 협정 그리고 세계은행과 같은 다수의 국제금융기관을 통하여 서로 협력하면서 환경문제를 대처하고 있다. 국제적인 조약은 일반적으로 체결까지 긴 시간을 필요로 한다. 그러나 환경문제는 관할권에 관한 것이거나 일부 해역의 환경에 관한 것일 때에는 소수 관계되는 국가 사이의 협상만으로 매듭 지울 수 있다. 또 법적구속이 없는 국가 사이의 합의사항에 관한 협상은 보다 신속하게 진행되기도 한다. 합의사항에 따를 것인가는 자발적인 것이지만, 그것은 특정문제에 대하여 대세의 의견을 명시하는 것으로 행정을 어떤 방향으로 인도할 것인가 하는 도의적인 가치를 가지게 된다. 이와 같은 이념과 결의 그리고 강령을 선언하는 것은 문제가 좁은 범위에 한정될 때 및 정부입장이 없을 때에 매우 효과적이다.

국제조약 협상은 중요한 국제적인 문제가 상정되어 어느 정도의 동의를 바탕으로 정책방향이 만들어진다. 때문에 문제협의에 가장 관계가 많은 관청에서 파견된 관계국 대표자에 의해 회담은 이루어진다. 이러한 협의에서 때로 조약협상이 성공하기도 하지만 대부분은 관계되는 조약을 만들어 보자는 약속으로 끝을 맺는다.

조약협상은 회의에 참가하여 조약성립의 한 부분을 담당하는 각국 관료사이에 여러 수준의 회의가 개최되는 것과 함께 조약과 관계되는 기술적 조언과 권고를 얻기 위한 전문가 회의가 개최된다. 전문가 회의는 각 관계국에서 파견된 전문가로 구성된다. 회의를 통하여 모든 참가국의 관심과 요구를 포함하는 조약 초안이 만들어 지면 수정이 반복된다. 회의준비와 문서작성은 주로 유엔환경계획(UNEP)과 국제해사기구(IMO)와 같은 유엔관련 기관의 사무국에서 담당한다. 생물다양성 조약은 UNEP를 사무국으로 1990년 조약 협상회의가 개최되어 1992년에 채택되었다. 또 같은 UNEP에 의해 1995년 워싱턴 D.C

에서 개최된 "육상 활동으로부터 해양오염을 방지하기 위한 국제회의"에서는 잔유성 유기오염물질에 의한 해양환경 오염에 관한 조약을 2000년에 체결하는 것으로 합의가 시도되었다.

일반적으로 조약에는 특정 조항에 대해 의견을 달리하는 참가국 사이의 합의 결과인 타협안이 포함된다. 때로는 타협이 되지 않아 안건이 폐지되기도 하고 의사 일정이 길게 연장되기도 한다. 그리하여 모든 참가국 동의 또는 다수결에 의해 최종 초안이 완성되면 조약취지에 찬성하는 참가국 모두가 조인을 한다. 조약 조인다음에 조약안은 비준을 위해 각국의 정부로 보내지나 각국의 이해관계에 의해 이후에도 많은 시간을 소비할 수 있다. 일례로 유엔해양법조약(UNCLOS)은 서명 협상의 단계에서 10년이 걸려 비준되었고 모든 비준국이 효력을 가지기까지는 비준에서 12년이 더 걸렸다. 특히 해저자원 탐사 분야에서 미국이 반대하였기 때문에 매우 많은 협상을 필요로 하게 되었다. 국제조약은 비준되어 실시된 이후에도 관심 있는 다른 국가가 이후에 서명을 하여 비준하기도 한다. 조약과 협정은 통상 시간이 경과에 따라 내용이 변하기도 한다. 조약에 서명한 각국은 전문가 회의와 많은 경우 매년 개최되는 정기회의에서 가이드라인의 진전과 문제에 대하여 토론하기도 하고 조약 각 항목의 실시상황을 조사하기도 한다. 참가국은 합의와 다수결에 의한 결의를 통해 조약을 변경할 수 있다.

최근에는 조약 협상 중이거나 협상 후의 정기회의에 국제적인 비정부조직(NGOs)이 옵서버로 참가하기도 한다. 조약 협상에 참가하기 위해서 NGO는 우선 참가국에 옵서버로서의 지위를 인정받아야 하지만 조약 내용에 따라서 옵서버의 인정 여부와 허용되는 활동범위는 크게 다르다. 옵서버는 투표 권리는 없으나 통상 회의 중에 간략한 의견을 발표하기도 하고 공식 또는 비공식 문서를 각국 대표에게 배포하여 의제에 대해 의견을 제시할 수 있다. NGO 옵서버는 또 회의장 이외에서 비공식적인 문제에 대해서도 의견을 제시한다.

일반적인 조약 비준에는 국회승인이 필요하고 법안을 통과시키는 것도 국회의 역할이다. 조약이 비준되면 해당 부처는 그 법률을 효과적으로 운용할 수 있는 국내법을 정비하게 된다. 국내법이 반드시 조약보다 하위 법령이 되지는 않는다. 국내법과 지역적인 조약이 국제조약으로 발전하는 경우도 종종 있다. 미국은 1970년대와 1980년대에 환경에 관한 조약과 협정제정을 주도하였고 일부 국제조약은 미국의 국내법의 기초가 되었다. 그러나 지금 미국의 자세는 그때와는 전혀 다르다. 미국은 현재 너무 큰 권력을 가지고 있기 때문인지? 와는 별도로 미국정부는 자국의 법률과 관습보다 위에 있는 국제조약에 동의하는 것은 무척 싫어한다. 그렇지만 다른 여러 나라가 힘을 합쳐 미국에 압력을 가하고 미국 국민이 지지를 얻는다면 정부방침이 변경되는 것도 불가능한 것만은 아니다.

일부 지역의 환경보호 예를 들면 북해에서 지역협정 등을 국제적인 협정 수준으로 승격시킬 때는 EU가 새로운 리더로 활약하였다. EU와 일본 등 일부 국가의 산업계는 오염방지기술 개발과 친환경적인 상품 판매 및 마케팅기술의 향상으로 환경보호에 도움을 주고 있다. 그러나 미국 산업계는 이와 같은 노력이 부족하여 엄격한 규제를 반대하면서 지구온난화 문제와는 아무런 관계가 없는 것처럼 물자 낭비와 오염행위를 계속하고 있다. 이전 실시되었던 미국 대통령 선거에서도 환경문제가 표로 연결되는 부분이 크지 않을 것으로 판단하여 공약내용에 환경문제는 포함되지도 않았고 후보자 토론에서도 토론의 대상조차 되지 못하였다.

정부가 비준한 환경관련 국제조약에 대해 최종적인 추진 목표를 국민에게 홍보하는 것은 매우 중요하다. 또한 정부가 비준을 거부한 조약에 대해서도 거부한 이유와 함께 내용을 국민에게 알려주어야 한다. 미국은 강력한 환경관련 NGO가 국제조약과 합의사항 내용들을 국민에게 홍보하는 역할을 담당하고 있다. 의회도 물론 이러한 부분에 큰 역할을 담당한다. 물론 일반적으로 각 의원이 가지는 배경지식과 관련하여 홍보에는 많은 차이가 있을 수도 있다. 일반적으로 미국은 포함하여 대부분 국가에서 환경에 위기감을 가지는 산업계와 많은 기금확보를 기대하는 환경보호단체가 대중매체를 통한 과도한 캠페인조차 없다면 국제조약에 관심을 가지는 국민은 그리 많지 않을 것이다. 이러한 홍보에 공적 정보원인 대중매체가 가장 중요하다. 그렇지만 한편으로 메스컴의 관심 여부가 직접적으로 민의를 반영하는 것처럼 보일 위험성도 존재한다. 조약과 협의내용에 관심을 높이기 위해서 대중매체는 보다 정확하고 깊이 있는 과학적 지식을 가지는 한편으로 무엇보다 보도에 대한 확고한 사명감이 필요하다. 이와 함께 NGO와 국민은 무역협정과 국제금융기관이 환경에 영향을 미치는 정책을 주도하는 정부역할에 대해서 엄격하게 감시할 책무가 있다.

바다의 생물다양성 보전에 관계하는 국제적 기관이 다수 있다. 가장 직접적인 관련을 가지는 기관은 유엔환경계획(UNEP)이지만 세계의 어업활동을 감시하는 유엔식량농업기구(FAO)와 유엔개발계획(UNDP) 등도 중요한 역할을 담당한다. 이 외에 국제포경위원회(IWC)와 해양환경보호의 과학적 측면에 관한 합동전문가그룹(GESAMP) 등이 있다. 국제적인 선박의 운항과 관리를 총괄하는 국제해사기구(IMO)는 해양환경 보호에 탁월하게 기여한 다양한 실적을 가지고 있다.

신흥국은 개발계획 수립과 실시에 필요한 자금 확보가 중요하기에 많은 국제금융기관은 선진국의 잉여자금을 신흥국의 생활수준 향상과 경제활성화에 기여할 수 있도록 유상의 대부업무를 실시한다. 이들 금융기관은 당초 사업실시에 환경문제에는 크게 관심이 없었다. 그러나 융자 받은 신흥국에서 사업수행으로 환경이 심하게 파괴되는 것이 종종 지적되어 문제가 발생하면서 출자자의 부끄러운 한 단면을 보이게 되는 꼴이 되었다. 이러한 문제를 계기로 지금은 이들 기관이 자금지원에 따른 환경문제에 관심을 보이기 시작하였다. 일례로 현재 세계은행의 환경문제 접근은 겉으로 보면 각국 정부이상으로 고도한 환경보호를 할 수 있는 환경부서를 조직하여 운영하고 있다. 또 지금은 각 정부의 환경보호정책을 촉진하기 위한 독립된 많은 기관들이 존재한다. 이러한 기관으로는 일부 국가와 NGO가 가입하는 국제자연보호연합(IUCN)이 대표적이고 세계의 환경보호에 매우 중요한 기능을 담당하고 있다.

바다의 생물다양성 보전에 중요한 역할을 하는 조약, 법률, 계획의 일부에 대하여는 개략적인 내용을 뒤에서 설명하지만 많은 경우 아직 충분한 기능을 갖추지 못하고 있어 세계 바다는 물론 바다에 서식하는 생물에 대해서도 충분하게 보호를 하지 못하고 있다. 그러나 현재 법률과 계획으로도 국가와 국민이 바다를 유용하게 운영하려는 의지가 있다면 어렵지 않게 많은 발전을 기대할 수 있다. 인터넷은 중요한 법률, 조약, 계획, 그리고 기관에 대한 정보원으로 도움이 되며 IUCN, IWC 등은 다양한 회의에 대한 개요와 비평을 공개하고 있다.

2. 해양환경

바다는 하나로 연결되어 모두가 연속되어 있다. 때문에 바다 생물다양성을 보전하기 위한 가장 유효한 방법은 보호대상해역에 주변환경을 포함하여 광범위한 범위를 대상으로 하는 것이다. 바다 시스템 전체를 인간활동에서 보호될 구역을 설정하여 구역마다 특정사업과 자원채취를 인정하는 한편으로 전체 해양생태계에 오염부하를 가장 작게 하여 영향을 최소화하는 행동을 의무화하는 것이 가장 효율적인 방법일 것이다. 이론적으로는 인간은 바다에 살수 없기에 폭발적인 인구증가에 대응하는 바다 공간은 필요하지 않다. 때문에 자원을 할당하고 인간활동을 규제한다면 수역보호가 시작되는 것이라 할 수 있다. 그러나 이와 같은 방법은 자본주의 경제에서 관례적인 상업활동과 다르기에 실현되기 어렵다. 이것을 대신하는 방법으로 해양환경을 배려하면서 특정 종과 해역을 보호하고 특정 활동을 금지하는 등 규제에 필요한 협정과 법규를 제정하는 것이다. 이와 같은 방법에는 생태계를 기본으로 접근을 제안하는 방법과 해양환경 보전을 주체로 하는 방법이 있다.

가. 유엔해양법조약

148개국 (2005년 8월 시점)이 가맹한 유엔해양법조약(UNCLOS)[57]은 해양자원의 분배와 채굴을 규제하고 해양환경 이용과 보호를 골격

57 1982년 4월 30일 유엔에서 채택되어 1994년 11월 16일 발효된 해양법에 관한 국제조약으로 2012년 12월 현재 유럽연합을 포함하여 162개국을 당사국으로 하고 있으나, 미국을 포함하는 미당사국도 일반적으로 본 규정이 현행 국제법을 반영하는 것으로 해석하여 실제 적용되고 있다.

으로 모든 인류가 해양환경을 평등하게 이용하면서 바다가 인류에게 제공하는 혜택을 평등하게 분배하는 것을 목표로 하였다.

현재 UNCLOS는 가장 광범위한 국제해양관련 조약으로 해양환경 보호가 가장 중요한 골격으로 되어 있다. 그러나 조약의 효과적인 운용은 당사국과 국민이 조약의 기본정신을 이해하고 얼마나 성실하게 행동하는 가에 달려있다.

UNCLOS의 많은 성과 중 하나는 관할권 범위를 정량적으로 정의한 것이다. 해안과 "기선"보다 육지 쪽의 모든 수역을 "내수"라고 정의한다. 여기서 기선은 국가에 따라 다소 차이가 있지만, 대체로 고조선(高潮線)이나 바다의 직접적 영향이 미치는 하구까지를 말한다. 기선에서 바다로 12마일(22,224m) 떨어진 선까지가 영해이다. 내수면도 영해도 자국 관할 수역이지만 영해에서 다른 나라 선박의 자유통행권은 보장된다. 12마일을 넘어 기선에서 200마일까지 연장한 수역을 배타적 경제수역(EEZ, Exclusive Economic Zone)으로 존재하는 모든 자원에 대해 독점적 권리를 행사할 수 있으나 다른 나라 선박의 운항을 제한하지는 못한다. 또 EEZ보다 밖에 존재하는 해역을 공해(公海)로 하여 어떠한 국가도 관할권을 갖지 못하게 하고 있다. 공해의 자원은 "인류 공용의 재산"으로 국제협정의 대상으로 한다고 규정하고 있다.

UNCLOS의 규정은 대부분 해양과 해양자원 개발 및 이용에 관한 내용이나 해양환경 보호에 관한 사항도 포함되어 있다(제12장 192-237조). 조약에는 "모든 국가는 해양환경을 보호, 보전할 의무가 있고(192조), 오염을 방지하고 경감 및 규제하기 위해 필요한 정책을 실시하여야만 한다"라고 명문화되어 있다. 또한 보호와 보전에 관계하는 것으로 "오염 또는 유해한 것과 함께 유해로 예측되는 것도 포함 한다"라고 표현되고 있어 예방조치의 중요성을 기술하고 있다. 오염물질에는 해양환경에 해가 될 가능성이 있는 모든 기술 산물과 부산물 그리고 외래 동·식물도 포함된다. 때문에 해양뿐만 아니라 육상과 대기기원의 오염물질에 대한 보호는 각국의 의무로 정하여 "희소 또는 쇠약한 생태계 및 감소하거나 위협에 노출되거나 멸종 위기에 있는 종 기타 해양생물의 서식지를 보호하거나 보전하기 위해 필요한 조치를 포함 한다"(195조 5항)로 정해져 있다. 또 어업관리에 생물종 사이의 상호관계와 생태계에 대한 고려가 중요하다는 표현도 포함되어 있다.

UNCLOS는 공해에서 모든 국가의 정통적 어업권을 인정하지만 이 권리를 유지하기 위해 ① EEZ를 넘어 이동 및 회유하는 생물자원(stranding stocks)을 보존 및 관리하는 의무와 ② 가장 신뢰할 수 있는 과학적 자료를 이용하여 공해의 생물자원을 보존 및 관리하는 의무를 조건으로 한다. EEZ에서 연안국은 남획에 의한 자원고갈이 되지 않도록 생물자원 보존과 관리에 책임을 가져야 한다. 그러나 EEZ해역에서 각국이 자원관리 및 보전을 위해 적용하는 것이 고전적인 수산자원 학자가 제창한 최대지속 생산량(MSY)이론 이다. MSY와 같이 어류의 서식지인 해양환경과 생태계를 생각하지 않은 이론으로는 수산자원 보존과 보호에 전혀 도움이 될 수가 없다.

수년의 논쟁 이후 UNCLOS는 최후까지 남아있는 허들을 넘을 수가 있었다. 그것은 심해저 광물자원의 채굴에 관한 항목을 변경하는 것이었다. 그때까지 UNCLOS 비준을 거부한 국가들의 국내법과 정책을 바꾸었다. 심해저 광물채굴권 재협의 때는 해저자원과 환경은 유해한 채굴활동에서 보호되어야 한다는 관점에서 대륙붕과 EEZ를 넘는 공해채굴과 개발을 규제하기 위한 국제해저기구(ISA)가 설립되었다. ISA는 당사국에 대해 "바다의 환경을 보존하고, 보전하기 위한 규칙과 수속을 적용하여 사업이 끝날 때까지 조사와 모니터링 실시의 책무를 주어 국제법보다 약하지 않는 효력을 가지는 국내규칙을 적용해야만 한다"로 되어 있다.

UNCLOS는 특히 얼음으로 덮여있는 해역의 문제를 고려하여 관계국가에 심해저 채굴과 선박항해에 의해 발생하는 심각한 환경피해를 방지하기 위한 특별수역 설정을 인정하고 있다. 그 같은 수역에서 선박 등 항해는 IMO의 허가를 받아야 한다.

나. 국제적인 협의사항

유엔에서 환경과 개발에 대한 논의가 처음 시작한 것은 1972년 스톡홀름에서 개최된 "인간환경에 관한 유엔회의"이다. 이 결과 "사람은 존엄과 복지를 유지하기에 부족함이 없는 환경에서 자유, 평등 및 충분한 생활수준을 향유하는 기본적인 권리를 가짐과 동시에 현재와 미래 세대를 위해 환경을 보호하고 개선하는 엄숙한 책임을 부여 한다"라고 하는 스톡홀름 선언이 채택되었다. 이 도덕상 가이드라인은 그 이후 환경에 관한 국제적인 협상에서 기본이념으로 받아드려 책임을 진다는 생각이 미래세대에 계승되는 것은 당연한 것으로 되어 있다. 이 같은 이념은 1992년 "리우 지구서미트"라고 하는 리우데자네이루(Rio de Janeiro)에서 개최된 유엔환경개발회의(UNCED)에 상정되었다. 그러나 이념을 실행으로 옮기는 것은 이야기나 서명처럼 간단한 것이 아니기에 실행을 위하여 필요한 것이 무엇인가? 어떠한 방법으로 실행하면 좋을 것인지? 에 대해서 아직도 각국에서 논의가 계속되고 있다.

스톡홀름 회의는 "환경과 개발에 관한 세계위원회"를 발족하는 기회가 되었다. 그리하여 동 위원회는 1987년에 "우리들 공통의 미래"라는 제목으로 보고서를 출판하였다. 이 보고서는 지속적인 세계유지를 위하여 해양환경이 얼마나 중요한가를 다음과 같이 기술하고 있다. "다음 세기를 확인하였을 때 환경과 개발에 관한 세계위원회는 인류가 지속적인 발전을 지속할 수 있는지의 여부는 해양관리가 어느 정도 크게 진보하는가에 걸려있다는 것은 확신한다. 우리 기구나 정치는 큰 변혁이 요구되지만 앞으로 자원은 바다에 크게 의존하게 될 것이다(Word Commission on Environment and Development, 1987)"

한편 UNDP는 육상의 인간활동에 의한 나쁜 영향을 받는 바다 환경에 초점을 맞추어 각국 정부에 대한 지침을 만들었다. 그 결과 1985년 "육상기원 오염물질에서 해양을 보호하기 위한 몬토리올 지침"을 승인했다.

리우 지구서미트 결과 리우선언과 UNCED에 토의된 모든 문제에 대하여 행동계획 "아젠다 21"이 채택되었다. 앞서 설명한 예방원칙도 그 속에 포함되어 있다. 이후 국제적인 환경에 관한 협정에서 예방원칙이 협상에 당연한 것으로 취급되어, 수정에도 관계하고 있다. 아젠다 21에는 생물다양성 보전에 상정되었던 부분과 육상의 인간활동에 의한 해양오염을 문제로 한 부분을 채우고 있다.

UNCED에 참가한 각국 정부는 해양환경 보호수단을 생각하여 해양환경을 악화시킬 가능성이 있는 일에 대해서는 그 영향력을 평가하여 보호활동을 실시하고 해양환경 보호를 완벽하게 할 수 있는 방향

제시가 필요하다. 동시에 녹색생산기술(green production technology) 개발을 위한 경제적 인센티브 활성화로 환경을 보호하고 연안에 사는 사람들의 생활수준을 향상시키기 위하여 노력하는 것을 약속하고 있다. 아젠다 21의 책무를 다하기 위해 UNEP는 1995년 워싱턴 D.C.에서 개최된 국제회의에서 "육상활동으로부터 해양환경을 보호하기 위한 전세계 행동계획"이 채택될 때에 주역을 담당하였다. 이 행동계획은 해양환경을 위협하는 모든 육상활동에 대하여 국가적, 지역적, 국제적 수준에서 목적에 따라 행동할 것을 결정하였다. 이 중 중요한 하나의 조항은 광범위한 국가행동 계획 책정이다. 이와 같은 국가행동 계획은 무엇인가 구체적인 문제가 발생하였을 때 해결에 필요불가결한 것이 된다. 모든 국가의 국민과 NGO는 진척상황을 지켜보면서 강력하면서 효과적인 계획으로 되기 위한 협력을 하여야 한다(UNEP, 1995).

다. UNCED에 관련된 일본과 미국의 법률과 행정기관

유엔해양법조약 발효이후 발전된 국제 해양질서에 대하여 많은 국가가 해양정책을 계획하여 실행하고 있음에도 불구하고 일본의 해양정책은 법제 정비를 포함하여 매우 뒤처져있다. 최근 십 수 년 사이에 매우 큰 자연과 사회변화에도 불구하고 해양정책은 전체적인 되새김이나 평가도 없이 현실적 문제만을 대책으로 하고 있을 뿐이다. 대부분 국가에서 해양정책의 전체적인 감독조정을 하는 중앙정부 조직이 없을 뿐만 아니라 복수 기관이 공동으로 정책을 결정하는 작업을 하는 곳도 그다지 없다. 더욱이 관계되는 중앙행정기관과 지방정부 사이에서 의견을 달리하기 때문에 자원, 관광개발 및 환경과 생태계 보호와 같이 걸핏하면 대립하는 문제에 대한 조정은 자연스럽게 다음으로 밀리게 된다. 일본은 어업자원 관리는 수산청, 지방정부 및 어업협동조합이 복수로 관계한다. 해운과 오염은 해상보안청과 환경부 등이 관계하지만 해양생태계와 생물다양성 보전은 행정범위가 다르기 때문에 유효한 대책 마련은 힘들다. 종합적인 해양정책 수립과 행정기구 정비 필요성은 해양정책 연구재단의 "21세기 해양정책에의 제언"에 자세하게 설명되고 있다(海洋定策研究財團, 2005).

미국은 위원장 이름을 기념하기 위하여 스트라톤(Stratton)위원회로 알려진 "해양과학, 공학 및 자원에 관한 위원회"가 1966년 설립되었다. 위원회는 1969년에 향후 30년간 해양자원 개발에 초점을 둔 미국의 해양정책을 매듭지어 "국가와 바다: 국가행동계획"이라는 보고서를 만들었다. 2000년에는 해양법(Ocean Act)로 알려진 새로운 법령에 의해 해양정책심의회가 만들어져 연구조사 및 개발과 함께 환경보호와 자원관리가 조화된 새로운 바다와 연안정책을 진행하기 위한 문제점 재검토와 조언을 실시하여 2004년 9월에 "21세기 해양의 청사진"이란 최종보고서를 부시대통령과 의회에 제출하였다. 이에 따라 대통령은 동년 12월에 "미국의 해양행동계획"을 발표하였다. 여기에는 바다 및 연안자원은 생태계를 이해한 다음에 관리할 필요가 있다는 기본원칙이 표현되고 있다.

미국도 바다 행정을 담당하는 기관이 몇 개로 나누어져 있다[58]. 연

---

58 우리나라는 1948년 정부조직법 제정 공포 당시 교통부 해운국, 상공부 수산국으로 시작된 해양수산업무가 크게는 수산청과 해운항만청으로 이원화 되었었다. 그러나 해양환경 및 산업분야의 변화와 발전으로 1996년 8월에는 해양관련 업무가 농림수산부, 통상상업부, 건설교통부 등 13개의 부처청에서 분산되어 수행되는 비효율성을 타개하고, 해양 선진화를 도모하기 위해 새로운 중앙행정부인 해양수산부를 탄생시켰다. 이후 약 12년 통합부서에서 수행하던 업무는 정치논리에 의해 2008년 2월 재차 해양수산업무를 국토해양부와 농림수산식품

안 3마일까지의 어업자원의 관리는 주정부, 3~200 마일의 EEZ해역은 연방정부의 해양어업국(NMFS)이 담당하고, 해저유전 굴삭관계는 내무부, 잠수함 활동수역은 해군, 오염은 환경보호청(EPA)과 연안경비대(USCG)가 담당한다. 해양환경을 담당하는 주요한 기관은 상무성 해양대기청(NOAA)이다. 이 중 NMFS는 해산어개류 자원과 해양포유류 보존을 담당하는 기관이다. NOAA는 또 해양보호구와 습지보호 시스템 설정 및 씨그랜트 계획(바다의 이용과 보전에 관한 시민에 열린 대학의 교육과 연구 프로그램)을 담당하여 많은 해양연구조사를 실시하여 환경을 감시하고 생태계 상태를 평가하는 업무를 처리하고 있다. 같은 NOAA의 환경, 위성 자료 정보국에서는 해양자료 센터가 있어 생물자료를 포함한 해양자료를 수집・관리하고 있다. EPA는 주로 해수를 포함한 수질관리에 책임을 가진다. 재무부는 해양환경 보전에 영향을 미칠 가능성이 있는 프로젝트에 자금을 대부하는 허가권을 가지나 생물다양성 보전에 미치는 영향에 주의를 하면서 실시되고 있는지에 대한 평가 내용은 없다.

3. 생물다양성

바다의 생물다양성 보전은 지구 생물다양성 전체에 해당하는 법규와 조직에서 정책 수립 및 수행되고 있어 바다 생물에만 적용되는 국제조약 등은 아직 찾아볼 수 없다.

부로 분산 수행하였지만, 2013년 3월 해양수산부는 부활하여 독립된 단일 부처로 해양업무를 담당하고 있다.

가. 생물다양성 조약

생물다양성 조약은 해양생태계와 육상생태계가 매질과 공간에서 크게 차이를 보이고 있음에도 불구하고 지구 전체를 하나로 정리하여 포괄하는 조약이다. 때문에 이 조약에서 바다의 유전적 다양성과 종 다양성 그리고 군집 다양성 보호에 관계하는 일부 골격이 구성되어 있다. 1992년 리우데자네이로에서 작성되어 다음 해에 발효된 이 조약의 주된 목적은 "생물다양성 보전, 그 구성요소의 지속적인 이용 및 유전자원을 이용하면서 발생하는 이익을 공정하면서 균등한 배분"이라는 점에 있다.

조약 대부분은 유전자 은행(gene bank)과 같은 유전자원 보전기술과 유전자 공학기술을 신흥국으로 이전하는 것에 대한 것이다. 이에 따라 신흥국은 국가가 가지고 있는 고유한 유전자원 보호와 유지가 가능하게 되고 유전자원에 대한 지식은 특허와 같은 지적소유권으로 보장받게 된다. 이들이 해양환경 보호와 보전에 직접적인 관계를 가지지는 않지만 조약은 각국의 정책 입안자들에게 생물다양성 보전과 지속적 이용을 위한 정책을 더욱 발전시켜 다른 정책에도 이들 사상이 도입되는 것을 기대하고 있다. 자연환경에서 어떤 종의 개체군을 건전하게 유지하고 보호 관리되어야 할 필요성이 강조되어 조약 당사국은 외래종 침입을 방지하는 의무와 동시에 이미 도입된 외래종에 대해서도 퇴치하거나 번식을 억제시키는 것을 요구하고 있다. 그러나 이미 새로운 환경에 적응하여 서식하는 외래종을 제거하는 것은 간단한 문제가 아니다. 제거방법에 따라서는 같은 장소에 서식하는 다른 종까지 위협받게 될 가능성도 있고 이미 성립되어 있는 종간관계의 영향을 충분하게 평가하지 않고 제거하면 전혀 예상하지 못한 반대상황이 발생할 수도 있게 된다. 또한 조약은 유전자 조작생물 이용과 시설에서 이들 생물이 도망쳐서 발생할 수 있는 위험에 대한 규제와 관리 방지를 정하고 있다. 예방원칙 입장에서 보면 이와 같은 모험을 하는 자체가 문제라고 할 수도 있다.

조약은 멸종 위기에 있는 일부 종과 개체군을 보호하기 위한 규제를 제외하며 종 자체보다는 생태계 보전의 필요성을 강조하고 있다. 당초 국제적으로 귀중한 보호대상 종과 서식지를 지정할 예정이었지만 개발에 대한 욕구가 강한 신흥국 반대로 관련 조문은 삭제되었다. 그러나 조약 당사국은 인간에게 경제적 또는 그 외의 가치를 포함하는 종과 생물다양성을 높이는데 기여한다고 생각되는 종(멸종 위기종도 포함되어 있을 것임)을 선정하고 그 동태를 조사하는 것으로 되어 있다. 또 생물자원을 이용하면서 발생되는 생물다양성에 부정적 영향을 최소화하기 위하여 어획규제와 폭발물과 독물을 이용한 불법적인 어업(무신고, 무허가 어업을 포함) 금지에 대한 항목도 채택하고 있다.

생물다양성 조약은 모든 체결 당사국에 대해서 생물다양성에 중대한 영향을 미칠 수 있는 사업계획에 대해서는 충분한 환경영향평가를 의무화 하고 있다. 그렇지만 이러한 환경영향평가 의무사항에 대해 당사국 정부가 중대한 영향을 미치지 않는다는 수준의 완화된 기준을 설정한다면 의무적인 영향평가는 쓸모없게 되어 버릴 수도 있다. 또한 당사국은 생물다양성과 자연환경의 중요함을 사업계획과 정책에 반영할 것을 요구하고 있다. 그렇지만 이러한 책무에 대해 선진국과 신흥국처럼 국제적으로 재정사항 및 기술수준이 다른 국가 사이에 "절적한" 또는 "가능하다면" 등과 같은 애매한 표현을 사용하고 있어 정책실현 효과에 대해서는 장담할 수 없고 크게 기대할 수 없게 된다.

또 조약 머리말에 예방원칙에 관련된 표현으로 "생물다양성에 위협되거나 그럴 가능성이 있을 때에는 과학적 정보가 부족하다는 이유로 보호 관리를 늦추면 안 된다" 라는 선언적 문구가 있다. 그러나 이러한 선언적 문구 이외에 어떤 방법으로 위협을 미리 예방하고 위협을 대처할 수 있는지? 등에 대한 구체적인 내용은 전혀 기술되어 있지 않다.

결국 조약의 유효성은 어느 정도 당사국이 환경문제에 힘을 쓰고 있는가에 달려있다고 할 수 있다. 그것은 어느 정도 감시가 가능한 것인지? 신흥국은 어느 정도 재정지원이 가능할 것인지? 등에 의해 결정될 것이다. 지금까지 일본을 포함한 187개국과 지역이 생물다양성 조약을 체결하였다. 미국은 대표단을 조약회의에 보내어 정치적 토의에 적극적으로 참여하면서 제기된 문제해결에 영향을 주고 있는지는 모르지만 아직 가입되지 않은 상태이다.

나. 멸종 위기종의 보호를 위하여

생물다양성 보존에 직접적 효과라고 할 수는 없지만 국가의 종합적 정책이 없을 때에 간과할 수 없는 것은 특정 생물종을 보호하고자 하는 다양한 조약과 법률 및 정책이 존재이다. 어떤 종을 보호하고자 하는 것은 종이 지탱하는 생태계를 보호하는 것에 관련되고 있기에 생물다양성 보전이 주된 목적은 아니더라도 결과론적으로는 도움이 된다. 그렇지만 멸종 위기종 및 그에 준하는 종을 보호하려 할 때 대부분 그들 종이 생태계에서 수행할 수 있는 역할은 이미 종료된 상태이다. 이러한 종들도 살아있는 많은 종 다양성을 높이는 것에 공헌하고 있지만, 개체수가 개체군 밀도까지 수준을 회복시키지 못하면 기능적 다양성 유지는 불가능하게 된다.

워싱턴 조약으로 알려지는 CITES는 많은 국가가 조약내용을 준수하고 있어 세계적으로 상당히 성공한 국제조약 중 하나라고 할 수 이다. 조약에서 대상 생물종은 아래와 같이 구분한다. ① 멸종 위기종 - 국제적인 거래를 전면 금지한다. ② 생존의 위협되는 종 - 거래가 제한되어, 허가를 필요로 한다. ③ 당사국 중에 한 나라가 보호생물로 지정된 종 - 보호지정 국가에서 허가 없이는 다른 나라로 수출하는 것을 금지한다. 이와 같이 조약에서 멸종 가능성이 있는 종에 대해 무역을 금지 또는 제한하고 있지만 특별한 허가가 있으면 거래가 인정되는 일부 예외가 있다.

조약에 의해 확실히 육상생물의 상업적 거래는 감소하였지만 해양생물에 대해서는 거의 도움을 주지 못하고 있다. 이유로는 대부분 해양생물은 멸종위험이 있는지 없는지를 판단하기가 어렵기 때문이다. 현재 몇 종이 살아 있는 산호와 산호초, 어류, 바다새류, 바다거북 그리고 해산포유류에 대해 상업적 거래 금지 또는 허가가 필요한 생물종 목록에 추가되어 있지만 우리가 알고 있는 지식이 충분하지 않기에 해산 멸종 위기종 모두가 목록에 등록되어 있다고 할 수는 없다. 또 어업 대상종은 현재 더 이상 어획압을 주면 멸종 위험이 있는 것으로 알려지나 조약의 대상생물로 지정되어 있지는 않다(Well and Barzdo, 1991).

1979년에 합의된 "이동성 야생 동물 종 보전에 관한 조약"은 멸종위기종과 생존이 위협받는 종에서 복수 국가 사이를 왕래하는 종들을 보호하기 위해서는 각국의 협력이 절대적으로 필요하다는 이유에서 만들어 졌다. 조약에는 복수 국가의 영해와 EEZ를 넘어 회유하는 많은 해산종을 대상으로 하고 있지만 공해는 포함되어 있지 않다. 또 여기에서도 CITES와 유사한 방법으로 멸종 위기종 목록을 발표하고 있어 보호를 위한 국제협력이 필요하다는 해산포유류와 바다거북, 바닷새와 해산어류 등 다수 종이 포함되어 있다. 서명한 국가는 멸종 위기종을 포획해서는 안 되고 이들 종이 서식지를 보호하여 회복시키는 일을 해야만 한다. 또 각 나리는 외래종 유입 등 이들 종 서식에 나쁜 영향을 줄 수 있는 요인을 예방, 방지 및 억제하는 조치를 취해야 한다. 국제협력이 필요한 종으로 기재된 종은 개체군을 나눠가진 국가 사이의 협정에 의해 보호되고 적합한 해양환경을 제공해 주는 것으로 되어 있다. 예로서 일본 정부는 협정내용을 일부 관계 국가 사이의 개별적 협의에 의해 이미 조약목적을 달성한 것으로 하여 추진하고 있지 않다.

일본과 미국도 멸종 위기종 및 생존을 위협받는 종 보호를 위한 법률은 개발업자 뿐만 아니라 교통과 건설에 관여하는 정책 입안자들은 환영하지 않는다. 당연한 일이지만 개발계획과 생물과 환경보호를 위한 법률은 종종 대립하기 때문이다. 대부분 문제 원인이 되는 것은 서식처 보호에 관한 내용이 된다.

다. 외래종 유입을 막기 위하여

선박평형수(ballast water)는 해산의 외래종 유입에 가장 큰 원인으로 작요하기에 1991년 IMO의 해양환경보호위원회가 선박평형수와 오염된 펄의 반입에 의한 유해물질과 병원체 침입을 방지하는 국제적인 지침을 작성하였고, 2004년에는 "선박평형수 및 침전물 규제와 관리를 위한 국제조약"이 성립하였다. 국제해양탐사위원회(ICES)와 FAO에서도 외래종 유입에 관한 규제를 하고 있다. ICES에서는 양식 품종까지 포함하여 어떠한 외래종 유입도 위험한 것으로 취급하고 있지만 FAO에서는 어류에 대한 규제만 포함하고 있다.

라. 해양포유류의 보호를 위하여

1946년에 서명된 "국제포경규제협약"에 의해 국제포경위원회(IWC)가 설립되었다. IWC는 고래류 생태와 생활사에 관한 연구 성과와 포경에 직·간접적으로 관여하는 국제적인 활동에 대해 정보를 제공하며 포획수와 크기를 제한하는 등 몇 개의 금지사항을 설정하고 포획도구를 제한시켜 왔다. 원래 위원회의 목적은 질서 있는 포경산업 발전을 위해 고래류 포획을 제한하는 것이었다. 그렇지만 참가국에 자격제한을 두고 있지 않기에 많은 비포경국가가 IWC에 가입하게 되었고 얼마 되지 않아 비포경국가가 포경국가 회원 수보다 많게 되었다.

초기 IWC 노력은 극단적인 실패로 끝났기에 포획제한에도 불구하고 다양한 대형 고래류 개체가 급락을 계속하였다. 이러한 실패이유로 포획 제한수가 매우 높게 설정되어 있었고 소련을 시작으로 많은 국가가 규정을 준수하지 않았다. 결국은 비포경국가 회원국이 포경국가 회원수보다 많게 되어 기간을 정하지 않은 일시적 포경금지 결의가 통과되었지만 일부 국가는 이의를 제기하여, 일본과 노르웨이는 과학적 조사를 위한 포경을 합법화하여 고래를 계속하여 포획하고 있다. 노르웨이는 밍크고래만을 대상으로 하는 상업적 포경을 재개하였다. 밍크고래는 체장이 7~8m인 소형 수염고래로서, 대형 수염고래 암놈이 2~3년에 한번 임신하는 것에 비해 매년 출산한다. 남극해에서 밍크고래 추정 자원량은 약 76만 마리이고 흰긴수염고래[59] 등 대형종이 감소함에 따라 먹이를 풍요롭게 이용할 수 있는 밍크고래가 짧은 임신기간 덕택으로 최근 비약적으로 증가하였다는 설도 제기되었다. 때문에 밍크고래는 멸종하지 않을 것이라는 생각에서 상업적 포경이 이루어지게 되었다. 이와는 달리 북극지방과 미국연안 일부에서는 전통문화와 생활을 위하여 포경을 필요로 하는 원주민에게 한하여 포경이 허락되고 있다,

현재 IWC는 고래 서식수가 많고 적음에 관계없이 포경 일시정지를 주장하는 비포경국가 주도의 여론과 정치는 과학적인 자원평가 결과를 무시하는 형태라 할 수 있다. IWC는 약 40개 당사국으로 구성되어 있고 포경규제를 결정하기 위해서는 3/4 이상 당사국 찬성이 필요하다. 그러나 일본과 노르웨이와 같은 조건부 포경재개를 희망하는 나라와 비포경국가 수는 약 절반에 가깝기에 지금 논쟁을 계속한다면 국제합의에 의한 고래류 자원관리에 희망을 가질 수 없게 된다. 아이슬란드는 필요할 때 포경을 실시한다고 천명한 이후 IWC를 탈퇴하였다. 한편 아이슬란드는 1997년에 새로운 제도에서 한정된 상업포경을 인정하고 있다. 이 제도는 고래류의 보호구를 설정하여 각국의 EEZ에서 충분한 조사를 실시한 다음에 연안포경을 인정하지만 고래의 국외거래는 금지한다. 그래서 과학적 조사포경은 중지한다는 것이다. 그러나 아직 각국의 합의에는 도달하지 못하고 있다.

돌고래와 같은 소형의 고래류 포경은 위원회 규제 밖이 일이지만 일본 등에서 상당수 소형 고래가 포획되고 있어 미국과 기타 일부 국가에서 규제하려는 압력을 행사하고 있다.

---

59 대왕고래(blue whale)로 불리기도 하는 수염고래로 최대 체장은 33m, 체중은 179톤을 나타내며, *Balaenoptera musculus*라는 학명을 가진다.

마. 국제적인 어업의 규제와 관리

공해 어업자원에 대하여 "경계 왕래 어족(straddling fish stocks) 및 고도 회유성 어족보존과 관리에 관한 유엔회의"는 아젠다 21의 산물로서 1993년부터 약 100개 국가가 참가하여 협상을 시작하여 1995년 "유엔공해어업협정"이 채택되었다[60]. 이는 공해에서 자행되는 남획을 방지하고 지속적으로 감소하는 자원을 대상으로 하는 국제적인 어업분쟁과 경쟁을 완화시키고자 하는 협정이다. 협정은 각국 공해에서 어획대상 어종 보존을 배려하고 지속적인 이용을 목표로 하는 것과 자원분쟁을 평화적으로 해결하고자 하는 것이다. 여기에는 특히 세계 어업자원의 보존과 관리의 필요성을 강조하고 있다. 때문에 이를 위해 지역 어업조합[61] 설립을 호소하고 있다. 보존과 관리에 관한 공통이 기준은 아직 설정되어 있지 않기에 지속적 이용 가능 여부는 각 국가의 이해관계가 걸려있어 협약 해석에 많은 차이를 보일 수도 있다. 이러한 이유로 어종과 해양환경 특성을 충분하게 파악하고 고려할 수 있는 지역적 어업조직에서 자발적으로 어획을 제한하여 지속적인 어업을 준수할 책임을 맡기려고 하는 것이다. 그래서 모든 어선에 대하여 승인된 보존 및 관리제도를 지키는 권한을 부여한다. 협정에서 과학적 자료 부족과 불확실성 이유에는 예방원칙 필요성을 명시하여 "자원평가에 있어 불확실성이 보존조치를 하지 않은 구실이 되어서는 안된다"로 하고 있지만 특별한 제한활동이나 기준을 정하지는 않았다. 가맹국 어업자원보존과 관리조치는 지역 어업조직에 맡겨져 있기에 이 법률이 실행될 때 유효성은 지역에 따라 다르게 될 것이

60 국제적인 발효 일자는 2001년 12월 11일이다.

61 국가 사이의 지역적인 조합 결성을 의미한다.

다. 일본 정부는 본 협정의 비준을 2006년에 비로서 국회 승인을 얻었다[62].

이외의 해양환경과 생물다양성 보전에 초점을 둔 유엔관련 협정은 구속력은 없지만 1989년 유엔총회결의 44/225가 있다. 이는 유자망 어업이 원인이 되어 발생한 환경파괴 상황을 일반인에게 알리려는 세계적 운동의 결과이다. 결의는 1991년 7월 이후 공해에서 대형 유지망(연장 수 km 이상) 사용을 일시 정지하는 것을 권고하였다. 구속력은 없었지만, 유엔총회에서 많은 관심을 받게 되어 그 동안 유자망을 사용하였던 거의 모든 국가에서 사용을 금지하게 되었다. 이러한 결의 목적은 일반적으로 협상과 비준에서 수년 이상 걸리는 절차를 뛰어 넘어 단기간에 달성된다. 남태평양 각국 영해는 별도 조약에 의해 길이 2.5km 이상 모든 유자망 사용이 금지되고 있다. 북태평양에서도 미국, 캐나다, 일본, 한국, 대만이 관계하는 3개 협정에서 유자망 어업은 전면 금지되었다.

FAO는 세계 어개류 자원량과 어획량 동향을 감시하고 있다. 이를 위하여 FAO는 어업관리를 위해 이용되는 어획통계자료를 각국으로부터 수집한다. 그러나 이러한 자료가 반듯시 정확하고 완전한 것은 아니다. 나라에 따라 자료의 신뢰성에는 큰 차이가 있다. 그렇더라도 이러한 자료를 기초로 하여 FAO는 세계어업 실태를 평가하여, 세계 70% 이상의 어장에서 자원이 격감하고 있다. 또한 대부분 어장은 아직도 남획에서 회복되지 못한 채 회복 중에 있다! 라는 등의 발표를 하고 있다.

---

62 우리나라는 동 협정의 68번째 당사국으로 가입, 2008년 3월 2일 발효되었다.

4. 해역의 보호

생물다양성을 보호하는 또 하나의 방법은 특별지역을 지정하여 그곳과 주변의 생태계 및 환경을 보호하는 것이다.

가. 극역의 바다

지금 남극대륙에 대해 청구권을 주장하는 나라도 있으나 남극대륙과 주변 해역은 어느 나라의 영토에도 속하지 않기에 남극에서 생물자원과 비생물자원을 개발과 이용하는 것은 공동권리로 인정되고 있다. 그렇지만 현재 남극해는 지구 공동의 재산이라는 방향으로 보호되고 있다. 1959년에 채택된 "남극조약"은 남극대륙과 60°S 이남의 얼음덩어리로 덮혀 있는 광활한 해역에 적용되어 대륙과 주변 해역에서 군사연습과 무기시험을 금지하는 대신 과학조사를 장려하였다. 원래 남극조약에는 방사성 폐기물 처분금지 항목을 제외면 환경에 대한 규정은 없었다. 그러나 관계국가 중에 환경규정이 필요성이 제안되어 결렬한 논쟁과 협상과정을 통해 1991년 마드리드 의정서가 서명되었다. 마드리드 의정서에 남극대륙은 자연보호구로서 평화와 과학조사를 위해 공동으로 관리되며 조사연구를 진행하고 폐기물 관리를 철저하게 하여 생물상 보호와 함께 선박운항을 제한하는 특별보호구와 관리구를 설정하는 내용이 규정되어 있다. 의정서는 해역을 포함한 남극보호구 시스템에 포함된 내용이행에 필요한 권고를 할 수 있는 환경보호위원회를 설치하였다. 남극대륙에 서식하는 대부분의 육상과 해양동물은 일시적으로 바다에서 생활하기에 의정서는 바다의 생물다양성 보존에 크게 도움이 된다고 할 수 있다.

그러나 남극해 대부분은 남극조약 대상에서 제외된다. 또 다른 남극관련 조약으로는 1980년 22개국이 가입으로 체결되어 1982년 발효된 "남극해양생물자원보존위원회(CCAMLR)"가 있다. CCAMLR은 일반적인 어업조약과는 달리 남극조약의 동식물상 보호의 정신을 계승하였다. 대상도 해양자원을 모든 생물체를 포함하는 것으로 하였으며 대상수역도 생태계 특성을 기초로 하여 판단하는 것으로 되어 있다. 때문에 대상해역은 남극해의 차가운 물이 북쪽의 따뜻한 물과 만나는 남극수렴선 남쪽의 모든 해역으로 정의하고 있기에 생태적 조약으로서 기능도 충분하게 갖추고 있다. CCAMLR은 생태계 보존을 기초로 하지만 자원이용을 방해하는 것은 아니다. 최근 남극해역의 유용 어류자원인 메로(*Dissostichus eleginoides*)[63] 자원량이 급격한 감소를 발생시키는 불법 어업을 규제하지 못하는 것도 조약이 자원이용에 대한 구속력을 가지고 있지 못하기 때문이라 할 수 있다.

고래와 바다표범은 별도 국제포경조약과 남극바다표범조약으로 보호된다. CCAMLR은 남빙양에서 어업과 관계있는 활동에까지 적용되어 여러 생물을 보호하는 규정을 구비한다. 그 중에는 자원의 지속적 유지와 어획 대상종과 관련된 다른 종이 보호될 수 있는 어획방법을 사용하는 것을 의무화 하고 있다.

또 다른 극지인 북극해역은 인접하는 여러 나라로 분할되어 사람

63 남극과 주변해역의 심해에 서식하는 어류로 미국은 '칠레농어', 일본과 한국은 '메로' 또는 '비막치어'로 불린다. 최대 2m까지 성장하며, 수명은 50년이다. 수온이 낮은 해역에 서식하기에 피부조직과 피에 부동성 단백질을 가진다. 맛과 향이 좋고 영양도 풍부하여, 한국, 일본, 미국 등에서 횟감으로 인기가 증가하고 있다. 하지만 대표적 멸종 위기종으로 국제조약에 의해 어획량이 엄격히 규제되지만, $2,000/ton 이상의 가격으로 세계 소비량의 약 80%는 불법 어획된 것으로 추정하고 있다. 파타고니아 이빨고기(Patagonian toothfish)로 불리기도 한다.

이 살고 있다. 때문에 남극해역과 동일한 방법으로 자연환경을 보호할 수는 없다. 북극을 대상으로 하는 포괄적인 국제환경조약은 없으나 최근에 원주민 그룹과 영토를 가지는 8개국이 참여하여 조직화된 북극협의회에서 환경보전과 지역연구 진흥을 위한 협력을 추진하고 있다. 이를 북극환경보호전략(AEPS)이라고 하여 환경모니터링, 영향평가, 환경긴급대책, 동·식물의 보전 및 해양환경 보전 등에 대한 국제계획이 1991년에 채택되었다. 이 전략에 따라 여러 위원회가 설치되었고 그 중에는 북극역 감시조사계획(AMAP)과 북극 해양환경보호를 위한 워킹그룹이 있다.

나. 국가 단위의 지역해역에 관한 계획

UNEP는 환경특성에 따라 지구를 몇 개 해역으로 구분하고 각 해역에서 해양오염의 제어, 자원관리, 생물과 서식환경 보호에 대한 기본 틀을 작성하고 행동계획을 수립하여 해역단위별 환경보호활동을 통해 지구규모의 바다 환경보호 및 보전에 연결되는 "지역해역계획"을 제창하고 있다. 계획내용은 해역마다 관계국가 합의에 의해 결정하고 수행하기 위한 의정서를 만드는 것으로 되어 있다.

현재 이와 같은 해역은 UNEP의 구분 이외의 것까지 포함하여 유럽지중해, 흑해, 페르시아만, 서 및 중앙아프리카, 동아프리카, 동남아시아, 동아시아 등의 연해, 남동태평양, 홍해와 아덴만, 남태평양, 남서태평양, 카리브해, 발트해, 북대서양 등 17개 지역해역이 있으며 140이 넘는 국가가 지역해역 실행계획 수립의 종료 또는 수립 중에 있다.

우선 높은 목표를 설정하고 몇 개 해역에 초점을 맞추어 환경문제,

특히 오염저감과 자연환경 및 해양생물 보호의 필요성을 부각시킴과 동시에 포괄적인 대책으로 인접하는 관련국 상호협정을 통해 보전에 대한 책임을 명확하게 한다. 결국은 지역해역이 확대를 통해 지구의 모든 연안환경을 보호하겠다는 생각이다. 그렇지만 아쉽게도 대부분 각 지역해역은 UNEP로부터 직접적인 재정지원이 적고 당사국 원조에 의존하기 때문에 활동을 위한 자금이 매우 부족하다. 지금까지 4개 지역해역에서 해역과 해양생물 보호을 위한 의정서가 채택되었고 3개 지역해역은 육상에서 유입되는 물질에 의한 해양오염 방지에 관한 의정서가 채택되어 있다.

다. 해양보호구

생물다양성 조약의 당사국 회의에서 해양보호구(MPA) 설립이 의제로 상정되었다. 현재 보호를 필요로 하는 수역과 서식지는 보통 한 국가가 관할 가능한 크기이며 보호 여부 및 방법에 대해서도 해당 국가가 결정하게 되어 있다. 지금까지 가장 광활하고 잘 알려진 MPA는 호주의 그레이트베리어리프(Great Barrier Reef) 해양공원을 들 수 있다. 산호초가 있는 각 나라에서 산호초를 보호해야 한다는 국제적 법적 책무는 없으나 UNEP, IUCN, 국제수산자원관리센터(ICLARM) 그리고 유네스코의 정부간해양학위원회(IOC) 등 많은 국제기관은 산호초 보호의 중요성을 호소하고 있을 뿐만 아니라 산호초 문제에 대한 계몽과 보호 사업을 추진하고 있다.

1994년 개최된 제1회 생물다양성 조약 당사국 회의에서 산호초와 관련된 생태계 (홍수림과 해초/조장)의 국제적 감소 추세를 멈추게 하고 건전한 상태로 회복시키기 위한 목적으로 국제산호초기구(ICRI)

설립이 발표되었다. 현재 ICRI에는 미국, 호주, 일본 등의 국가와 국제개발은행, 환경관계의 NGO, 기타 민간기구가 참가하고 있다. ICRI 조직의 하나로 지구규모 산호초모니터링 네트워크(GCRMN)라는 것이 있다. 네트워크는 17개 지역과 수역으로 구분되어 각 해역에서 관계하는 조직과 정부 또는 과학자 상호협력에 의해 산호초 상황에 대한 자료를 수집하고 산호초 생태계를 보전하는 방법을 검토하는 등 산호초와 관련된 다양한 일들을 수행하고 있다. 활동내용에는 지역 국민에 대한 계몽활동도 포함된다.

유네스코는 세계 각지의 대표적인 생태계 보호활동을 연결하는 네트워크인 "인간과 생물권계획(MAB)"을 추진하고 있다. 보호구 설정에서 인간의 경제활동과 타협이 필요하기에 무한정으로 보호구를 확대할 수만은 없다. 지속가능한 이용과 생물다양성 보전이 양립되기 위하여 MAB는 이상적인 모델로서 중심구역에 사람 출입을 최소화하여 연구를 포함한 어떤 이용도 허락되지 않은 엄밀한 자연보호구 설정을 제안하였다. 또 그 주위에 연구, 교육, 에코관광 등 보호와 함께 자연과 접촉하여 즐기는 국립공원 같은 완충대를 설정하여 보호구 목적에 합치하는 사용방법을 제안하고 있으나 실제로 그 어떤 보호구역에서도 모델에서 제안된 방법과 같이 실시되고 있지는 않다(Hulshoff and Gregg, 1985).

1972년 총회에서 유네스코는 세계유산조직을 채택하였다. 조약은 세계의 보편적 가치를 가지는 우수한 문화와 자연유산을 인정하고 국제협력을 기준으로 보호할 것을 요구하고 있다. 2005년 현재 180개 국가와 지역이 당사국이 되어 약 160건의 자연유산이 등록되어 있다. 이 중에는 호주의 그레이트베리어리프(Great Barrier Reef)와 샤크만

(Shark Bay)[64], 필리핀의 투바타하리프(Tubbataha Reefs)[65]와 같은 해양공원도 포함되어 있다. 2005년에 캘리포니아만 및 코이바(Coiba)[66] 해양공원과 함께 등록된 일본의 시레토코(知床)[67]도 연안에서 3km 이내의 해역을 보호하는 것으로 되어있다[68]. 그러나 자연유산으로 지정된 곳에서 해역보호와 활발한 어업활동 사이에는 아직도 상호이해관계에 때문에 조정되지 못한 부분이 존재한다. 세계유산위원회의 공식자문기관인 IUCN 등에서도 육상과 바다를 포함한 종합적인 관리계획이 부족함이 지적되고 있다. 앞으로도 100개 이상 치수댐 및 사방(砂防)댐 등 연어가 산란을 위해 강을 올라갈 수 없게 만들어진 하천 시설물 철거 등을 둘러싼 문제가 엄격한 국제 감시망에 노출되어 논쟁과 문제가 되고 있지만, 철거 등에 의해 복원되어야만 원래의 진짜 세계유산모습을 보여줄 것이다. 인간과 공생이라 아름다운 언어로 포장되어 지역의 예산획득과 관광객 증가를 기대하는 부류의 사람들

64 호주 대륙의 서쪽 끝에 여러 개의 섬으로 둘러싸여 있는 해역으로 3가지 생태학적 특성을 지닌다. 면적 4,800km^{3}로 세계 최대의 해조 숲과 듀공(dugong, 바다소)이 서식한다. 그리고 살아있는 화석인 남조류 군체인 스트로마톨라이트(stromatolite)가 있고, 멸종 위기의 5종의 포유동물 서식한다.

65 북쪽과 남쪽 산호초를 포함하여 면적이 약 130,028ha의 매우 독특한 환초의 예로서 해양생물종의 밀도가 매우 높다. 특히 북섬(North Islet)은 조류와 바다거북의 번식지 역할을 한다. 100m 깊이의 웅장한 수직벽, 광대한 석호, 2개의 산호섬을 포함한 오염되지 않은 훌륭한 산호초이다

66 파나마의 남서해안에 떨어져 있는 코이바 섬(Coiba Island), 치리키 만(Gulf of Chiriquí)의 38개 작은 섬과 주변 해양을 포함한다. 차가운 바람과 엘니뇨(El Niño)로부터 보호받는 코이바의 태평양 열대 습윤림(Pacific tropical rain forest)은 새로운 종이 지속적인 진화와 함께, 포유동물, 조류와 식물에서 매우 높은 고유성을 유지하며, 관수리(crested eagle, *Morphnus guianensis*)와 같은 멸종 위기종의 마지막 피난처이다.

67 일본 홋카이도의 북동쪽에 있는 시레토코 반도를 중심으로 한 지역으로, 자연과 생태계가 잘 보존되어 있고 곳이다. 시레토코는 아이누어(語)로 '땅이 끝나는 곳'이라는 뜻이다.

68 우리나라는 2007년 제주 화산섬과 용암동굴이란 이름으로 세계자연문화유산에 등록되어 있다.

에 의해 세계유산 관리가 주도된다면 그것이야 말로 자연파괴를 위한 세계유산등록이라 할 수 있을 것이다.

마지막으로 습지보전을 목적으로 체결된 람사조약(Ramsar convention)에 대해 살펴본다. 이 조약은 환경보전 관점에서 체결된 다국간 환경조약의 선구적 존재로서 국제적으로 물새(철새 포함)의 서식지로서 중요한 습지 및 그 곳에 서식하는 동·식물 보전과 습지의 현명한 이용을 추진할 목적으로 1971년 이란의 람사에서 개최되었던 "습지 및 물새 보전을 위한 국제회의"에서 성립되었다. 이와 관련하여 협약 조문 내용인 "현명한 이용(wise use)"이란 개념은 현재 널리 사용되고 있는 "지속가능한 이용(sustainable use)"의 근본이 되었다. 람사조약은 습지를 엄격하게 보호지역으로 지정하였지만, 인간의 출입을 규제하는 것은 아니다. 조약의 기본원칙은 "현명한 이용"이다. 조약에 가입한 146 당사국(2005년 현재)은 자국 영토에 존재하면서 국제적으로 물새 서식에 중요한 습지를 한개 이상 지정한다. 조약의 보호대상 습지목록에 등록되면 해당 국가는 습지보전과 적정한 이용·관리를 추진함과 동시에 그에 대한 내용을 3년에 한 번 열리는 당사국 회의에 보고할 의무를 가진다. 1999년 제7회 당사국 회의에서 람사조약은 그때까지 물새와 희소 동·식물 종류와 수를 중요시하는 관점에서 등록기준을 크게 전환하였다. 즉 생물과 지리적 구분에서 지역을 대표하는 습지와 생물의 피난지가 되는 습지를 포함하는 것과 같이 매우 넓으면서 생물다양성을 중요시 하는 내용으로 전환되었다. 그렇게 하여 세계 등록습지를 2,000개소 이상으로 증가시키는 것이 결정되었다. 이 조약은 연안을 따라 해역생태계 기능과 작용을 보호하기 위해서도 유효하다.

현재 일본의 등록습지(갯벌 포함)는 앗케시호·베칸베우시(厚岸

湖·別寒邊牛) 습지(홋카이도), 야쭈(谷津) 갯벌(치바), 후지마에(藤前) 갯벌(아이지), 쿠시모토(串本)연안해역(와카야마), 나카우미(中海)(돗토리, 시마네), 신지(宍道)호(시마네), 만호(漫湖), 케레마열도(慶良間列島)해역, 나구라(名藏)안푸루(이상 오키나와) 등[69] 9개소이다[70].

다. 일본과 미국의 수역보호와 관리

일본의 "해중공원"은 국립공원 또는 국정공원의 구역으로 해중경관이 우수한 해역이 선정기준이 된다. 현재 64지구 142개소로 전체 2,754ha가 지정되어 있으나 각각의 지정 면적은 매우 작다. 제일 큰 고가사하라 해중공원(7개소 자정)도 총면적은 463ha이다. 이 외의 대부분이 20ha 이하이다. 켈리포니아주 몬토레이만(Monterey Bay) 국립해양 안전지역(sanctuary)의 면적이 1,372,700ha인 것에 비하면 얼마나 작은 면적인지 알 수 있다. 따라서 한정된 경관은 보호되어도 아쉽게도 생태계의 보호와 생물다양성 보전을 시도하기는 어렵다. 지정구역 중에서도 어업활동이 인정되고 있어 공원지정은 단지 관광 진흥을 위한 것일 뿐이라고 보는 시각도 있다. 공원관리 주관부처인 일본의 환경부는 서양의 국립공원 제도와는 달리 지정구역 이외는 "제약할 수 없음"으로까지 표현되는 일본 국립공원의 존재가치를 유네스코 자연유산등록과 자연재생추진법 제정으로 재검토하고 있지만 국가는

69 2012년 현재는 약 46개소가 등록되거나 등록 검토 중인 것으로 보여 진다.

70 우리나라는 2008년 11월 제10회 람사총회가 경남 창원에서 개최되었고, 현재 강원도 [대암산 용늪], 경남 [우포 늪], 전남 [장도 습지], 전남 [순천만 보성·벌교 갯벌], 제주도 [물영아리오름 습지], 충남 [두웅 습지], 울산 [무체치 늪], 전남 [무안 갯벌], 강원도 [오대산 국립공원 습지], 인천 [강화 매화마름 군락지], 제주 [물장오리 오름], 제주 [제주 1100고지 습지], 충남 [서천 갯벌], 전북 [고창·부안 갯벌] 등 14개소에 143.212 km^2가 람사 습지로 등록되어 있다.

토지 소유권 및 관리권이 없고, 육상은 토지 소유자, 바다는 어업협동조합의 협력이 반듯시 필요하기에 넘어야 할 허들(hurdle)은 높기만 하다.

2003년 일본정부는 과거 손실된 생태계 및 기타 자연환경을 회복시키기 위한 "자연재생추진법"을 발효시켰다. 이 법률은 행정기관, 지역주민, NGO, 전문가 등 지역의 다양한 주체가 참가하여 자연재생사업을 실시하고, 하천, 습지, 갯벌, 해조장, 마을 산, 마을 토지, 삼림, 산호초 등 자연환경을 보전, 재생, 창출 또는 유지·관리 하기 위한 것이다. 기본이념은 자연재생사업을 실시한 지역의 자연환경 특성을 조사하고 자연회복력에 기대한 정비를 실시하여 해양생태계의 질을 높여 최종적으로 생물다양성 회복을 추구하고자 하는 것이다. 인위적 구조물 등에 의한 회복보다 회복조건을 만들어 준다는 것이 사업을 추진하는 방향이다. 그러나 얼마마한 시간이 소요되더라도 만성 스트레스의 원인이 되는 다양한 인간활동의 영향을 어떻게 감소시킬 것인가? 라고 하는 것이 이 법률의 최종목표가 된다. 때문에 사업의 실시보다도 결과로서 평가를 받게 될 것이다.

미국은 1972년 "해양보호·조사 및 안전지역법(sanctuary)"이 제정되었다. 1992년 개정할 때에 "해양 안전지역법"으로 개명된 법률이다. 법률의 목적은 자원과 기타 보존과 이용가치가 있는 중요한 해역을 지정하여 관리와 규제를 하는 것과 함께 과학적 조사와 감시를 실시하여 인류의 계몽장소로 복합적인 이용을 추구하고 있다. NOAA는 이 사업계획에 따라 국립해양안전지역 지정과 규제 그리고 관리활동을 총괄하고 있다. 국립해양 안전지역에는 미국 해안에서 생물다양성이 가장 풍부한 장소라는 몬토레이만(Monterey bay) 국립해양 안전지역을 시작으로 현재 13개소가 지정되어 있으며 몇 개의 장소는 후보로 올라있다. 대부분은 생물적 중요성 때문에 지정되었고 지정 이후에도 필요하면 언제라도 보다 넓은 해역을 추가 지정할 수 있다는 특색이 있다.

어디에서도 MPA는 연안해역통합관리와 효율적 이용을 시도하는 장소이다. 미국의 국립해양 안전지역은 소재하는 주의 협력 없이는 관리될 수 없다. 때문에 지정구역에서 인간활동을 규제하는 것을 반대하는 주가 많은 것이 가장 큰 위협으로 부각 되어 있다. 일예로 플로리다 키즈국립해양안전지역은 택지개발과 스포츠 낚시가 위험 요인으로 되어 있다. 이러한 문제들에 대하여 2005년 미국해양보호구자문의원회는 상무부와 내무부에 해양안전지역의 전국시스템 확립과 관리에 관한 권고를 실시하였다.

또 다른 미국 연안해역관리법규는 1972년 규정된 연안관리법(CZMA)이다. 이는 연안 각 주의 연안이용에 일정한 조정 규칙을 설정하는 것을 권고하는 것이다. 즉 가치 있는 자연환경과 귀중한 생물서식지를 포함하는 보호지역과 홍수 때 물이 고이는 범람원 등의 방재를 위하여 필요한 장소와 지하수면의 저류시설 등을 등록하여 국가법률에 합당한 주의 토지이용 규제로서 보호하여야 하는 것으로 되어 있다. 결과 많은 주가 연안해역관리계획을 만들었고 연방정부는 이들 계획을 인가하였다. 또 연방정부는 남겨진 천연 갯벌을 보존하기 위하여 필요한 토지를 구입하는 자금을 제공하고 있다[71].

---

71 우리나라도 해양보호지역 제도를 실시하여 2001년에서 2008년까지 18개소, 2013년에 3개소를 합해 21개소 432.06 km^2를 해양보호구역으로 지정하고 있다. 또한 2013년에는 처음으로 자연재해로부터 연안의 생태, 문화의 경제적 가치 보전을 필요한 바닷가를 연안완충구역으로 지정하여 보전 및 관리하는 것을 영일만 1개소를 시작으로 실시하고 있다.

5. 해양오염

해양오염 제어와 배제는 바다 생물다양성에 있어 필요불가결의 요소이고 이미 설명한 것처럼 보호수역 관리 및 지역바다계획 그리고 연안해역통합관리의 중요한 요소가 된다. 이들 해양오염은 당연히 일부 국제조약과 국내법에서 규제의 대상이 되고 있다.

가. 해상으로부터의 오염

런던폐기물 조약(LC72)[72]은 육상에서 배출된 폐기물을 바다에서 처리하는 문제를 다르고 있다. 1972년 채택되어 1975년 발효된 조약에는 블랙리스트(부속서 Ⅰ)에 올라있는 오염물질을 다량으로 포함한 폐기물의 해양투기를 금지하고 있다. 그레이리스트(부속서 Ⅱ)에 올라있는 물질을 포함한 폐기물은 각 국가의 감독관청이 해양환경에 위협이 되지 않는다고 판단하여 특별히 허가 되었을 때만 해양투기가 허가된다.

투기에 포함하는 물질이 리스트에 올라있지 않더라도 투기에는 일반적으로 허가가 필요하다. 공장폐기물과 하수오니와 선박의 선상에서 소각되는 폐기물 그리고 투기 목적으로 바다로 운반된 물질 이외의 폐기물과 물질 투기는 처음 일정한 규제 하에서 허가된다. 당사국은 바다에 투기가 금지되는 폐기물 항목을 수 년 동안 증가시켜 왔다. 예를 들면 저준위 방사성 폐기물(고준위 방사성 폐기물은 처음부터 블랙리스트에 올라 있다)과 해상에서 소각된 폐기물 및 공장폐기물

72 일명 런던협약으로 현재 78개의 당사국을 가지며 우리나라는 1992년 12월에 가입하여 1994년 1월부터 효력이 발효되었다.

등이 새롭게 추가된 투기금지물이다.

조약에는 아직 투기가 허용된 잠재적 오염폐기물인 준설물질과 하수오니[73]가 포함되어 있다. 조약체결 당사국을 가리켜 "투기자 클럽"이라고 하는 것에 대한 신경질적 반응 때문에 조약이 매우 엄격해진 시점에 투기(dumping)라는 용어가 사용되지 않게 되었다. 런던협약의 효과 등으로 현재 해상에서 발생하는 오염물질은 전체 20% 이하로 감소하였다. 런던협약이 성공한 이면에는 국제적으로 큰 권한을 가지는 국제해사기구(IMO)가 협약 성립에 깊게 관여하였기 때문이다. 조약협정은 독립적이나 IMO 사무국이 도움을 주고 있다. 일부 환경 NGO 특히 국제그린피스가 런던협약의 보급에 도움을 주고 있다(IMO, 1980).

선박에 의한 오염을 방지하는 조약에는 런던협약 이외에 MARPOL73/78이 존재한다. 이 조약은 유류 유출과 화물 및 폐기물을 바다에 의도적으로 투기하는 것을 규제한다. 조약에는 위원회가 구분되어 5개 유형의 오염물질을 규정하고 있다. 즉 ① 유류 오염물질, ② 액체상태 유해물질의 적하(積荷), ③ 포장된 위험물, ④ 하수오염, ⑤ 비분해성 플라스틱과 쓰레기 등이다. 유류성분의 폐기물과 하수오염 그리고 쓰레기 바다투기는 제한되고 유해한 화물에는 분실에 대비한 특별한 예방조치를 하지 않으면 안된다. 또 플라스틱류 투기는 금지되었다. IMO의 해양환경보호위원회는 MARPOL73/78에 대해 조언을 하고 있을 뿐만 아니라 모든 항만에 폐기물 수집설비를 설치하게 하였다.

---

73 2006년 3월24일 '폐기물 배출에 의한 해양오염 방지에 관한 국제협약'이 발효됨에 따라 국내에서도 2012년 1월1일부터 가축분뇨와 하수오니의 해양투기가 전면 금지되었다.

해양환경보호의 과학적 측면에 관한 합동전문가 그룹(GESAMP)은 일부 유엔기관이 공동으로 설립한 것으로 유엔 모든 기관의 당사국에 대하여 해양오염에 관한 법률의 취급과 의문 사항에 대해 조언을 하는 전문가(주로 과학자) 집합체이다. 이 전문가 모임에는 워킹그룹을 만들고 토론 결과에 대하여는 보고서를 작성하고 있다(Windom, 1991).

미국 "석유오염법"은 알래스카의 프린스윌리엄 해협에서 발생한 국제적으로도 악명 높은 엑손발데스호라는 유조선에서 최악의 유류유출 사고[74]를 계기로 1990년 제정되었다. 이 법은 석유유출에 대해 매우 엄한 책임을 규정하고 있고 유류유출 이후에는 신속한 해역 정화 대책 및 피해보상을 규정하고 있다. 석유오염법의 궁극적인 목적은 석유회사에 막대한 책임 및 금전적 보상을 요구하여 앞으로의 석유유출사고 발생을 최소화하려는 것이다. 또 2005년 EU는 선박에서 발생하는 해양오염에 대해서는 연안 및 공해에 관계없이 엄격한 벌칙규정을 포함하는 규정으로 통일된 대책을 결정하였다.

나. 육상으로부터의 오염

해양오염의 약 80%는 육상의 인간활동이 원인이 된다. 육상기원의 해양오염에 대해서는 지역적인 해양협정은 있으나, 지구규모의 포괄적 협정은 아직 없다. 그러나 2절 나 항에서 설명한 것처럼 "육상활

74 1989년 3월 24일 자정 경, 알래스카의 아름다운 바다 프린스윌리엄 사운드에서 유조선 엑손 밸디즈 호가 암초와 충돌하면서 약 3,000만 갤런의 기름이 유출된 사건이다. 수천 마리의 해양 포유류, 약 30만~67만 마리의 해양 조류, 수백만 마리의 어류가 피해를 입었다. 또한 "이미 벌어진 일을 처리하기 위해, 청어 어장을 보호하고 연어가 돌아오기 전에 기름을 치우기 위해 참여하였던 어민과 청소 작업자들의 건강은 되돌리기 어려운 지경이 되었다

동에서 해양환경을 보호하기 위한 국제적인 행동계획"은 육상오염을 감소시키기 위한 국가적, 지역적, 국제적 수준에서 많은 행동을 요구하고 있다. 그 중에서 중요한 국제적 수준의 움직임은 1998년 시작된 "잔류성유기오염물질(POPs)의 생산과 사용에 관한 조약회의"이다. 이 회의에서 일반적으로 생산되어 사용하는 12종의 POPs의 생산과 사용이 금지를 권고하였다.

현재 POPs의 국가 간 이동문제에 대해서는 두 개의 조약이 있다. 하나는 1989년 의 "바젤조약"에서 유독 폐기물의 국경을 넘는 이동과 경제협력개발기구(OECD) 가맹국에서 비가맹국(선진국에서 신흥국)으로 유독 폐기물의 처리와 순환을 목적으로 이송하는 것을 금지하는 것이다. 또 다른 하나는 1979년 북반구의 선진국에서 채택된 "장거리대기오염협정(LRTAP)"이다. 이는 대기 중의 유독물질의 배출량을 감소시키기 위한 것으로 황산의 배출과 휘발성의 높은 유기화합물과 질소화합물 그리고 POPs에 대해 각각의 의정서가 성립되었다.

6. 개발 지원사업과 무역

환경보전에 관한 재정제도에 대한 구체적인 내용은 이 책의 목표로 하는 내용은 아니지만, 최소한 이러한 정책이 지구환경과 바다 생물다양성에 매우 큰 영향을 미치고 있다는 것을 지적하여 둔다. 세계은행과 미주개발은행 그리고 아시아개발은행과 같은 국제적 개발은행은 선진국 자금을 신흥국의 특별한 사업계획을 위해 융자한다. 이들 기관에 관여하는 모든 국가는 각 은행의 회원이고 자금을 출자하는 선진국 정부는 융자를 결정하는 회의에 대표를 보낸다. 자금융자를 받으려면 논리적으로 융자를 희망하는 국가에서 사업계획을 제출하여야 하지만 실제로는 자금을 제공하는 기관에서 융자유형을 결정하여 발표한다.

때문에 지금까지 이와 같은 개발은행과 일본국제협력기구(JICA) 그리고 미국국제개발청(AID)과 같은 선진국의 개발지원기관이 신흥국의 개발계획에 무상 또는 유상으로 자금을 공급하는 사업에서 종종 심각한 환경파괴와 생태계 악화를 동반하기도 한다. 이런 사업을 규탄하는 일부 환경 NGO활동과 격렬한 시민항의에 의해 결국 지원기관은 환경문제해결을 위한 환경분야 조직을 설치하여 사업계획에 환경기준을 설정하는 등 환경보전을 최우선하는 결과를 낳게 하였다. 그렇지만 실제로는 우리가 희망하는 방향으로 완전히 변하였다고 할 수는 없다. 관련 국가는 환경을 위협할 가능성이 있는 사업계획을 감시하여 이들 사업에 이의를 제기할 수 있는 시스템을 만드는 것에 더욱 큰 관심을 가져야 할 것이다.

이와 같은 개발지원 계획에서 자주 문제가 되는 것은 일반적으로 사업지원 규모가 큰 재정 부담을 필요로 하는 댐 건설, 하수처리건설과 같은 대규모이면서 고도 기술을 필요로 하는 사업이 우선되기 때문이다. 규모가 작은 여러 사업보다 큰 사업을 지원하는 것이 사업을 지원하는 쪽이나 수혜 받는 쪽 모두에게 큰 이익을 주기 때문이다. 하지만 일예로 분뇨처리는 처리플랜트를 건설하는 것보다 갯벌을 정비하거나 퇴비형 화장실을 공급하는 것이 물 사용량을 억제하여 오수를 효율적으로 처리할 수 있게 되기도 한다. 또한 폐기물은 각 발생원에서 처리하는 것이 효율적이기에 발생원별로 대형 소각로를 완성하면 무엇이라도 투입하여 활용하기 쉽게 되고 하수처리시설을 건설한다면 산업오수까지 하수도에 유입시키는 것을 장려하기도 한다.

환경악화를 발생시키는 또 하나는 지원사업이 신흥국 국민의 생활수준을 향상시키는 것 보다는 경제발전과 국제무역을 증가시키려는 부분이 크다는 것이다. 기아에 허덕이는 나라에 식량공급을 위한 기반사업보다 새우나 고급어류를 양식하여 국제시장에 거래를 하기 위한 양식 사업을 지원하는 것이 좋은 예이다. 연안해역의 해수면 양식은 환경오염 등 많은 문제를 발생시켜 해양 생물다양성을 크게 위협하고 있다.

이런 사업과는 별도로 신흥국의 환경에 보탬이 되는 사업계획에 초점을 둔 국제자금공급기관도 있다. 즉 UNDP, UNEP 및 세계은행이 제휴하여 1991년에 발족된 지구환경금융(GEF)이다. 이곳은 자금을 빌린다는 것보다 교부하는 형태로 중요한 지구환경의 4개영역 즉 생물다양성, 기후변동, 오존층 감소 및 공해(公海)관리에 도움이 되는 사업에 이용된다. GEF는 생물다양성조약 회의의 중요한 자금 공급조직이다. 어떤 국가라도 회원으로 정책 만들기와 관리에 참가할 수 있기에 재정적 여유가 있는 국가에 자금제공을 희망하고 있다. 최고 우선순위 과제로는 육상활동에 원인을 둔 해양오염의 제어, 해양오염으로 연계되는 육상개발의 제어, 해역환경의 악화방지, 수산생물의 난획과 과잉이용 제어, 선박기원의 화학오염과 외래종 침입 억제 등이다. 주저자는 현재 GEF/세계은행 프로젝트인 산호초 복원 워킹그룹에 참가하여 국제공동연구와 신흥국 인력양성에 활동하고 있다.

국제적인 무역협정은 상업활동이 생물종과 생태계에 미치는 나쁜 영향을 배제하게 한 미국의 국내법과 자주 충돌하여 왔다. 세관과 무역의 일반협정(GATT)과 북아메리카자유무역협정(NAFTA)을 예로 들면 미국의 국내법과 모순이 발생한다. 미국은 돌고래를 위험에 빠뜨리는 방법으로 어획한 참치를 수입금지 하고 있으나 GATT는 이것을 불공정한 무역업무로 보고 있다. 앞의 3절 마 항에서 설명한 지역 어업조직에서 다양하게 결정한 내용들도 세계무역기구(WTO)에 상정되면 정합성(整合性)의 문제가 발생할 가능성이 높다. 때문에 미국은 국제적인 무역협정에 가맹국의 환경보호에 관한 국내법을 준수할 수 있는 조항이 있어야 한다고 주장한다(Downes and Van Dyke, 1998).

7. NGO의 역할

지속발전과 생물다양성 보전에 바람직한 계획과 법률 및 정책에 기여하고자 많은 환경 NGO가 풀뿌리 또는 국가 또는 국제 수준에서 길고 긴 투쟁을 하여 왔다. 지금 이러한 활동이 국내뿐만 아니라 국제적으로도 정책을 변경할 수 있게 되었다. 미국 국무성 지구문제 담당 차관 T. Wirth(1995)는 "인간욕구와 모든 생명체의 생명을 유지시킬 수 있는 지구의 허용 용량 사이에 공정하고 지속적 균형"을 유지시키고자 활동하는 NGO의 역할에 대해 다음과 같이 기술하고 있다. "UNCED 영웅은 각국 정부가 아니라 회의 의제를 결정하고 아젠다 21 문서를 만든 세계의 NGO들이다. UNCED는 NGO의 도움 없이는 만들 수 없었을 것이다". NGO의 주요한 활동은 ① 시민과 관료의 교육과 계몽, ② 정책분석, ③효율적인 보호정책, 법률, 국제적인 합의 도출을 위한 시민활동, ④ 환경보호에 관한 법률과 합의사항 이행 등에 대해 시민을 대신하여 감시하는 일이다. 지금 바다의 생물다양성에서 NGO에 의한 교육과 계몽활동은 법률 이행과 관련 조약의 협상을 원활하게 추진하기 위해서는 없어서는 안 될 필수적 내용이 되어 있다.

일부 환경 NGO는 생물다양성, 어업, 양식사업, 해양오염 그리고 연안개발에 관한 중요한 조사결과를 정책담당자에게 제공하고 있다. 일부 국가에서는 NGO의 보고를 가장 책임있는 보고로 인정하여 정책입안에 참고하고 있다. 그리고 일부 국가의 정부에 대하여 환경 전반, 특히 바다 생물다양성에 대한 정책과 법률 변경을 적극적으로 요구하는 등, 여러 과정을 통해 환경정책의 보전과 지속적인 발전으로 전개될 수 있도록 노력하고 있다.

그러나 NGO의 목표가 달성되는 일은 그리 많지 않다. 좋은 정책과 법률이 만들어지더라도 실시를 감시하는 NGO 업무는 끝나지 않는다. 왜냐하면 향시 산업계의 저항이 있게 되고 주무부서와 관료들은 종종 새로운 법률을 적극적으로 운용하지 않거나 실시가 늦어지는 일이 종종 있기 때문이다. 심각한 생태계 악화가 발생하는 바다를 생활기반으로 하는 어업인과 연안에 사는 시민의 풀뿌리 그룹은 숫자만으로 사물을 판단하는 연구자와 정책담당자보다 현장상황을 눈으로 확인하고 있다. 때문에 환경보전 전략을 수립할 때에는 국가와 국제적 조직과 같은 수준 또는 그 이상으로 현지 풀뿌리 NGO의 역할이 중요하다.

현재 규모가 큰 국제 환경관련 NGO는 세계자연보호기금(WWF), 국제그린피스, 지구 친구 인터네셔날 등이 있으며 각각은 관계하는 국제조약회의와 국제기관 모임에 옵서버를 참가시키고 있다. 정부와 NGO 동료로서 양쪽 모두의 회원으로 활동하는 독립 조직으로 IUCN이 있다. IUCN은 유연한 사고로 많은 국제문제에 영향을 미치고 있다. IUCN은 조직 내에서 조합된 내용을 성명과 출판으로 홍보함은 물론 국제포럼에 적극적으로 참가하여 생물다양성 보전을 추진하고 있다.

성숙한 시민사회에서 건전한 NGO의 활동은 행정부와 국민을 연결하는 역할을 넘어 국민의 관심을 국제협상의 주제로 상정할 수준까지 성장하게 된다.

제 8 장

우리의 역할

— 생물다양성과 생태계를 보호할 수 있을까? —

향고래(*Physeter macrocephalus*)와 대왕오징어(*Architeuthis japonica*) (South Geogia, 1963)

향고래 또는 향유고래 또는 말향고래라고 하는 종으로 이빨고래류 중에 가장 큰 종이다. 이빨을 가진 동물로는 리오플레우로돈을 제외하면 지구 상에 존재했던 그 어떤 종보다도 크다. 소설 "백경"에 등장한하여 유명한 고래로 수심 2,200m의 해저까지 내려가기도 한다. 오징어나 커다란 대왕오징어를 주식으로 하며 물고기도 먹는다. 4년마다 한배에 1마리를 낳는데 임신기간은 15-16개월이다. 세계 각지의 바다에 분포하며 브리그모파이세터가 조상격이다. 울산 반구대 암각화에 두 마리가 새겨져 있으며 2004년 동해안에서 70년 만에 발견된 바 있다.

대왕오징어는 해양성 종으로 주로 200~400m 수심에 서식하는 거대 종으로 최대 20m까지 성장하지만 표층에서 종종 발견된다. 전 세계 바다에 분포하나, 북대서양(뉴펀들랜드, 노르웨이), 뉴질랜드, 북태평양 등에서 많이 발견된다. 육질에 암모니아이온을 함유하고 있어 식용으로는 이용되지 않는다. 촉수주먹의 중앙부에는 4열의 흡반이 있으며, 기저부분에는 수많은 작은 흡반들이 있고, 촉수의 근육을 따라 한 쌍의 돌기(혹)들이 나열되어 있다. 수컷의 경우 양쪽 4번째 팔이 모두 교접기로 되어 있다.

자연환경이 잘 보전되어 생물의 서식지가 다양하면 할수록 각 서식지에 적응한 생물종이 많게 된다. 생물군집의 구성은 자연적 남획이 발생하더라도 간단하게 붕괴되지 않는다. 어떤 종이 적어지면 그 종을 대신할 수 있는 종이 출현하여 먹이사슬을 통한 물질순환은 원활하게 유지되고 생태계의 안전성은 보호받게 된다. 그러나 인간활동으로 생물다양성이 낮아지면 생태계는 자가 회복능력을 상실하게 될 뿐만 아니라 물질순환을 방해하여 환경은 더욱 악화되고 회복은 어렵게 된다. 긴 지구역사에서 바다의 건전한 생태계는 다양한 생물종으로 구성되어 있는 복원력이 강한 세계이다. 때문에 생태계가 악화되었다는 것을 알았을 때에는 이미 손을 쓸 수 없게 되어버린다. 이런 상황으로 발전하면 거의 복원과정은 불가능에 가까울 정도로 어렵게 된다.

지금 지구에는 생물다양성에 위협을 주는 다양한 징조가 있지만 인간은 생명을 지탱하여주고 있는 육상과 바다 환경에 대한 이해를 게을리 하고 있다. 더욱이 마치 인간이 생태계 이외에 존재하는 생물체인 것처럼 자신들의 욕망을 채우기 위해 자연환경을 계획 없이 무차별적으로 이용하고 있다. 아직도 인류에게는 생태계와 공존하기 위한 생활방식과 습관의 변화를 시도하기 위한 약속과 같은 폭넓은 윤리관은 찾을 수 없다. 자연환경을 보호하고 생물다양성 감소를 멈추게 하려는 노력은 우리의 상처부위를 응급처치를 하는 것과 같지만 인간은 언제나 자연에 새로운 상처를 입히고 있을 뿐이다. "지구를 구하자" 또는 "친환경 상품이용" 등과 같은 행동과 상품이 인간에게 환경문제에 대한 의식을 높이는 것에 어떠한 의미부여가 될지는 모르지만 광고 홍보에 필요한 비용을 포함하여 생각하면 정말로 자연환경에

친환경적인 것인지에 대해서는 의문을 가지게 한다.

인간이 보다 쾌적한 생활을 위해 자원개발과 산업활동은 매우 중요하다. 그러나 한편으로 긴 시간적 흐름에서 보면 지구의 다양한 생물종 보호와 보전이 더욱 우리 인간생활을 풍요롭게 할 수 있다는 것에도 논쟁이 여지는 없다. 지구생명을 보호하고 자신을 보호할 수 있는 것은 인간의 마음가짐에 있다. 이러한 의미에서 인간활동은 다양한 생물상에 손상을 입힐 수 있는 사업으로 인한 이익은 그로 인해 발생하는 불이익을 보충하는 범위로 한정하여야만 할 것이다. 그 범위가 어디인지를 과학적으로 평가하고 예측하는 것은 현실적 문제로 매우 어렵다. 그렇지만 다양한 생물을 키우는 자연의 은혜에 감사하고 인간활동에 의한 국지적 변화영향이 다른 생태계와 지구 전체로 파급되지 않게 하는 것은 중요하다. 더욱이 윤택한 생활을 희망함에 따라 발생하는 각종 반대적 환경파괴의 결과를 후손에게 남기는 과오를 범하지 않는 배려는 지구환경에서 지금 우리에게 주어진 가장 중요한 책무이다.

실제 생태계시스템은 매우 복잡하지만 안정되고 멋진 균형을 유지한다. 이런 균형은 인간에 의해 만들어지거나 제어될 수 있는 것이 아니다. 우리는 더욱 자연을 중요시 하는 윤리관과 바다를 건강하게 보호해야 할 책임이 있다. 모든 것이 파괴되고 생명의 사라진 세계에서 고독을 느끼기 이전에 신속하게 원래 상태로 회복시켜 놓아야 할 것이다. 이를 위해서는 무엇보다 강한 리더십과 이념이 필요하다. 잘하면 시민 중에 진정한 리더가 나와 그들 방식으로 새로운 윤리관을 만들고 인터넷을 이용한 비정부기구(NGOs)와 비영리활동단체(NPOs)의 활동으로 보다 큰 조직으로 발전시켜 세계 모든 사람들이 이러한 활동에 참여할 수 있게 할 수도 있을 것이다. 지금 우주선 지구호를 붕괴시켜서는 안 된다는 공동의 생각을 공유하고 있기에 필요한 것은 미래를 향한 실천이다. 지금 인간생활이 변화되지 않으면 바다 생명은 보호될 수 없고 변화된 환경에서 반작용은 환경 및 경제적으로 지구와 인류에 돌이킬 수 없는 황무지를 가져다 줄 것이다. 이 책의 내용은 바다 생물다양성에 초점을 두고 있지만 지구의 모든 생명체에 적용될 수 있다.

1. 지금 상황으로는 위험

일부이지만 지구규모에서 생물다양성이 감소하는 중대함을 느끼는 과학자들이 있다. 그들은 "현재 지구규모의 환경변화는 종 구성과 그 다양성에 영향을 주어 생명권의 기능을 바꿀 정도로 심각하다"라고 모두에게 지속적으로 경고하고 있다. 이런 호소의 결과 "여러분이 지구보호를 위해 할 수 있는 10개 사항" 및 "4R, 즉 아껴 쓰기(Refuse), 배출축소(Reduce), 재활용(Reuse), 재순환(Recycle)을 실천하자"와 같은 계몽활동이 각처에서 발생하였다. 대부분 환경오염은 작지만 많은 행위가 모여서 발생한다. 따라서 이와 같은 계몽활동은 사람들 자신의 행동에 대해 책임을 가지는 것이 매우 중요하다는 것을 일깨워 준다. 확실하게 쓰레기 분리수거와 기름을 하천과 바다로 유출시키지 않는 일, 무인(無燐) 세재의 선택, 에너지 성력화의 생활 등 각 개인의 생활 속 배려가 바다 환경보전과 생물보전에 큰 힘이 된다. 그러나 지금은 그 이상의 것을 필요로 한다. 우리는 지구생태계와 생물다양성

보호를 위한 지금 상황이 매우 위험하다는 정확한 상황 인식이 필요하다. 지금까지 경제성장을 다른 어떠한 가치보다 우선하였던 가치체계 및 사회시스템의 변화를 가져올 수 있는 새로운 생활방식을 만들어가야만 한다는 것이다. 인류가 서양 자본주의 사회의 생산, 유통, 소비 시스템에 물들고 정치 포퓰리즘으로 달려온 경제가 시장원리주의에 방치되어 있는 지금 상황에서는 환경문제와 생물다양성은 인류가 벽에 부딪쳐 부서질 때까지 매듭 되지 않고 흐지부지하게 될 것이다. 이와 같은 상황을 우리는 두려워하고 있다(Chapin et al., 1997; Myers, 1993).

하나의 생태계 악화가 보다 큰 지구규모의 환경변화로 확대되어 결국 인간과 다른 생물의 삶이 지속될 수 있는 자연환경이 사라질 공포를 느끼는 사람들이 많다. 그러나 정치가와 기업가들은 생물다양성의 감소를 피할 수는 없지만 고칠 수 있는 공해문제, 핵 확산문제 및 경제문제와 같은 유형으로 간주하고 있다. 실제 지금까지 우리가 직면한 일부 환경문제는 2~3세대 사이의 시간과 필요성에 따라서는 보다 짧은 기간에 해결되었었기에 "미래를 사는 인류기술과 뛰어난 지식으로 문제해결을 기대한다" 라고 하는 무책임한 일들이 빈번하였다. 그러나 본질적으로 종의 멸종과 다양성 감소는 이러한 환경문제와는 다르다. 인간은 자연을 창조할 수 없다는 매우 단순한 사실 조차도 사람들은 아직 신중하게 생각하지 못하고 있다.

더욱이 정책을 담당하는 사람들은 생물다양성 감소가 정치에 많은 영향을 주는 부유층 건강과 경제에 문제를 발생시키지 않은 한 신중히 검토하지 않을 것이다. 이 책이 원고작성 동안 있었던 미국 대통령 선거에서도 당선된 부시나 케리 후보 진영에서 환경문제에 대한 언급은 거의 없었다. 텔레비전과 신문 등 대중매체도 환경문제는 무관심으로 일관하였다. 유권자 관심이 환경문제보다 도덕성이나 경제, 테러의 위협에 있기 때문이지만, 일반적인 미국사회가 지구규모의 환경문제에 관심을 가지고 있지 않다는 반증이기도 하다. 실제 선진국 국민은 기술력으로 자연의 위협에서 보호되고 있거나 최소한 자신들은 보호되고 있다고 생각하고 있다. 그러한 지구에는 자연에 의존하여 생활하는 많은 원주민들과 영세 어업인 같은 사람들이 많이 있음을 잊어서는 안 된다. 이들은 자연환경 악화에 따른 영향을 매우 빠르게 감지하고 그 결과의 무서움이 이미 돌이킬 수 없는 상황에 있다는 것을 느끼고 있다.

환경보호와 생물다양성 보전은 인류 가치관과 사회시스템 변경, 윤리관과 사명감 없이 실현은 불가능하다. 때문에 국제적, 지역적 합의형성과 법제정비가 과학과 기술의 역할보다 크다고 할 수 있다. 그렇지만 과학자는 이런 과정에 유익한 토론과 합의형성을 도출하기 위한 문제제시가 가능하며 어느 정도 보전과 회복을 위한 기술을 제공할 수 있다. 더욱이 보호와 보전에 이해를 넓히기 위한 위기실태를 사회에 알리는 역할도 과학자의 몫이라 할 것이다.

비약적인 과학기술 발전을 가져온 오늘 날 과학자들은 여러 가지 발견과 발명을 발표하여 성과를 자랑하고 있으나 아직 생태계와 생물다양성 분야에 해결되지 않은 문제가 많다. 과학자들은 알기 쉽게 이런 상황을 설명해야 하지만 정확한 실험방법으로 가설을 검증하고 검증된 현상을 설명하는 것에 훈련되어 있어 알지 못하는 사실이나 근거가 빈약한 내용에 대해서는 설명을 하지 않고 말문을 닫아 버린다.

그러나 검증되지 않은 가설이라도 경험적으로 파악되는 사례를 열거하고 다양한 증세로 추정할 수 있다면 많은 정보를 가지는 전문가인 과학자들이 입을 열어 발언 하여야만 한다. 생물다양성 감소가 진행된 다음에 무엇인가를 하더라도 이미 때는 늦게 된다. 지금은 자연환경과 생물다양성 문제를 이대로 방치하면 안 된다는 용기 있는 과학자들의 외침이 더욱 필요할 때이다. 그리하여 이들 외침이 다양한 정책 결정에 살아 있는 시스템으로 작용할 수 있었으면 하는 바람이다.

자연생태계에 대한 위험에 관심을 갖지 않는 정치가와 관료의 생각을 바꾸기 위하여 일부 과학자와 경제학자가 공동으로 “자연 서비스”를 경제적인 화폐가치로 계산하였다. 그들은 생태계를 보호하는 것과 종과 서식지를 보호하는 것이 얼마나 중요한가를 정책에 관여하는 사람들에게 일부 인식시킬 수 있었다. 오랜 기간 일반인과 정치가에게 관심을 환기시키지 못했던 사람들은 살아있는 자연 서비스를 화폐단위로 표현할 수 있어 매우 다행으로 생각한다. 하지만 한편으로는 윤리와 정신적 가치를 고려하지 않고 단순히 자연을 경제적, 과학적으로 수량화시켜 이를 근거로 여러 가지 중대 결정을 도출하는 것은 바람직하지 않다는 의견도 있다.

예로부터 동양인은 바다와 삼림과 샘 등에도 신이 있다고 믿어 선조로부터 물려받은 은혜에 감사하면서 생활하여 왔다. 이런 동양의 자연 숭배 종교관은 일본의 선승산에 있는 田無文(1900~1988)의 시가에 보이는 “크게 되는 것에 아픔이 있다는 것을 아침 부는 바람의 신선함으로 안다”에 상징되어 있다. 사람은 혼자가 아니다. 고독하지 않다. 크게 되는 자연이 잠시도 떨어지지 않고 자신을 지키면서 성장하고 있는 것이다. 이와 같은 사람들은 공기 흐름조차도 대자연의 은혜에서 오는 것이라 믿고 경배하면서 자연과 조화롭게 생활하고 있다. 동양적 사고에서 자연은 신이다. 이와 같은 정신문화는 서양과 이스라엘의 자연관과 전혀 다른 것으로 지금은 지구와 생명체를 지키는 키워드가 되고 있다.

Wilson(1984)은 환경보호에 접근하는 길을 다음과 같이 표현하고 있다. "인간은 중요한 것에 대해 잘 알지 못할 때, 사람들의 의문은 거의 변하지 않는 윤리관에서 온다. 점차 그 문제에 대해 알게 되면서 사람들의 의문은 정보와 지식으로 관심이 옮겨가게 되고, 최종적으로 만족할 만한 이해가 되었을 때 사람들의 의문은 재차 원래 윤리관에 돌아간다. 현재 환경 보호주의는 위의 제1단계에서 제2단계로 이동하는 과정이지만, 결국은 바람직한 제3단계로 이행될 것이다".

과학적 근거에 의해 지배되는 현재의 정책결정 단계에서 윤리관을 가진 제3단계, 즉 과학은 정보를 제공하지만 결정을 하지 않은 단계로 발전시키기 위해서 아직 무엇인가 조금 더 필요하다. 환경보호주의의 윤리적 단계로의 길은 아직 멀고 아마도 Wilson이 생각한 것보다도 시간이 더 걸릴지도 모른다. 그러나 그 단계로 발전되는 희망을 버려서는 안 된다.

2. 보호와 보전의 길

눈앞의 이익을 산출할 수 없는 환경문제와 생물다양성에 대한 국제회의는 산업계의 로비활동에 의해 효율적인 정책의 입안되지 않거나 정책은 있어도 실제로는 실시되지 않는 등의 보고가 종종 있다. 그러나 생물다양성을 포함한 지구 환경문제는 인류생존의 근본에 관계되는 문제이다, 오늘날처럼 크나큰 과학의 진보에도 생태계의 생물다양성에는 해결되지 않는 문제가 너무 많다. 지구 생명탄생에서 38억년이 지난 지금 지구에서 어떠한 일이 발생할지는 분명하지 않지만 우리 장래를 결정할 열쇠는 인류에게 주어져 있다. 오늘날과 같이 선진국이 풍요로운 생활과 장수가 보장된 것을 바꿔 말하면 자연 생산성을 무차별적으로 빼앗고 환경을 파괴하면서 자원을 풍족하게 소비할 수 있었기 때문이라 할 수 있다. 당장 눈앞에 보이는 직접적인 이익을 추구하는 것은 도리어 미래의 크나큰 손실로 연결되게 된다. 그렇게 되지 않기 위한 예방이 필요하다.

생물다양성 보전과 환경보호를 위한 최선의 기본은 예방원칙을 더욱 확실하게 정책에 도입하는 것이다. 예방원칙은 인간활동으로 생태계가 파괴될 가능성이 있을 때 인류는 오랜 역사에서 배운 전통적 경험적 지식을 포함한 다양한 정보를 가지고 판단하여 원인과 결과의 관계가 과학적으로 충분히 증명되지 않더라도 예방조치가 필요하다는 것이다.

이런 생각은 앞에서 설명한 아젠다 21, 생물다양성 조약, 런던 폐기물 조약, 유엔 공해어업협정 등에 포함되어 있다. 그렇지만 이들 조약은 현재 이와 같은 예방원칙을 기본이념으로 하여 충분하게 수행되고 있지 않다. 예방원칙을 구속력이 있는 제도나 법의 틀에서 실시한다면 자연환경 보호와 인류복지에 도움이 되는 국제조약과 국내법은 이외에도 많이 존재한다. 만일 개인 각자가 예방원칙을 일상생활에서 실천한다면 생태계에서 인간의 역할은 자연환경을 보호하기 위한 역량보다 더욱 좋은 감각으로 작용하게 될 것이다. 만일 모든 단계 — 국제협정에서 개인의 행동까지 — 에 예방원칙이 도입된다면 환경과 살아 있는 생물을 지키는 황금규범이 될 것이다(Freestone 1991; Jackson and Taylor, 1992).

지금까지 많은 나라에서 발생하는 환경파괴 문제에 사전 대책이 마련되지 못하는 것은 경제적인 이유에서 왔지만 사업자와 정책담당자는 과학적 근거가 부족하여 결과를 예측하지 못하였다는 변론으로 책임을 회피하여 왔다. 예방원칙에 근거한 판단이 되었다면 많은 부분의 문제를 회피할 수 있었을 것이다. 경제적으로 빈곤하여 보전을 위한 기초연구 추진에 여유가 없는 신흥국에 자금과 기술을 가진 나라와 사람들의 원조는 큰 힘이 된다. 이와 함께 자연환경을 지키기 위한 정책 없이 값싼 상품을 만들어 국제시장에서 경쟁하려는 국가들의 정책을 용인하면 안 된다. 또 인구증가를 억제하지 못하는 나라와 외래종을 양식하여 수출하는 나라 더욱이 물리적 경계가 없는 대기와 바다에 대규모 오염을 지속적으로 발생시키는 나라에 대해서도 국제적인 간섭이 필요하다. 이러한 나라의 상품은 사지도 사용하지도 말아야 할 것이며, 그런 나라의 기업에는 출자도 하지 않는 등 개혁이 필요하다. 지속되는 인구증가에 출구가 없는 "지구호"에서 서로가 공존하기 위한 많은 문제의식에 적극적으로 대처하는 것이 모든 사람을 구하는 길이 된다.

예방원칙을 기본으로 한 도의는 현재와 미래세대가 필요로 하는 권리를 보장하기 위한 책무이다. 자신이 살아가는 것에 책임을 지고 다음 세대에 문제를 남기거나 미루어서는 안 된다. "후손들은 우리가 많은 종을 멸종시킨 것에 결코 용서하지 않을 것이다"라는 Wilson (1984)과 Myers(1993)의 경고는 우리들에게 지금 당장 행동으로 실천하여야 한다는 긴박성을 호소하는 것이라 할 수 있다.

3. 희망을 향해

예방원칙에 따른 행동은 자연에서 배우고 생명의 풍요로운 세계와 공존하는 생활 방식을 따르는 시대로 변화하는 것을 말한다. 생산기술 혁신과 시장경제 방식에서 탈바꿈하여 자연이 인내할 수 있는 범위에서 자원을 얻고 환경변화를 발생시키기 이전에 지구생태계의 스트레스를 줄일 수 있는 실천을 하자는 것이다. 이를 위해서는 정확한 판단을 필요로 하는 정책입안자를 포함한 사회전체에 대한 교육과 계몽이 더욱 절실히 필요하게 된다. 영국의 생태학자인 Myers는 워싱턴 D.C.에서 한 강연에서 우리에게 "인간의 이익을 위해 이용하는 지구의 자원을 지구의 이익을 위한 것"으로 생각을 바꿔야 한다고 호소하고 있다(Myers, 1993).

지구에서 육지 총면적인 148.7억ha 중에 농경지와 방목지가 32%, 삼림이 27%, 그리고 나머지 40% 이상은 불모지이다. 7,000년 이상 거친 농경의 역사를 통하여 인류는 표토(表土)를 반복적으로 일구면서 농사를 지는 동안 토양의 생산성을 지속적으로 빼앗은 산물로서 생명과 문명을 키워왔다. 근대에는 비료와 농약이 개발되어 대형 농기계와 품종개량 기술 진보와 함께 개간면적이 증가하면서 식량생산은 비약적으로 증대하였다. 이런 결과 인류는 기아에서 해방된 것처럼 생각하게 되었다[75]. 또한 근대농업은 화학비료의 지속적인 사용없이 토양 생산성을 유지할 수 없게 되었고 사용되는 농약이 주변 환경에 미치는 부정적 영향에 대해서는 설명할 필요도 없을 정도가 되었다. 세계 각지에서 삼림 벌채와 가축 사육 두수가 정도를 넘게 되면

75 현재 지구에서는 11억 이상의 인구가 기아에 허덕이고 있다.

서 대량의 물이 사용되게 되었고 그로 인하여 일부에서는 염해(鹽害)와 사막화가 지속적으로 진행되고 있다. 중국대륙에서 한국과 일본으로 날아오는 황사의 양은 매년 지속적으로 증가하고 있다[76].

바다는 아직 일부 연안해역을 제외하고는 해양생태계 대부분이 파괴되지 않고 보존되고 있어 예방원칙을 바로 적용하는데 최적의 장소라 할 수 있다. 우리생활은 바다 생물다양성과 일부 관련되고 있지만 아직 해양생태계 기능이 얼만 큼 중요한지에 대해 인간은 잘 알지 못한다.

우리가 생물다양성에 관련하여 할 수 있는 일은 첫째 생물다양성과 인간의 관련성에 대해 깊게 이해하는 일이다. 이것이 이 책을 쓰게 된 이유이기도 하다. 둘째는 환경과학과 보전생태학의 진보 및 생물보호구 확대와 관리를 철저하게 하여, 자연환경 파괴와 생물다양성 감소를 발생시키지 않는 어업과 양식기술의 구축이다. 셋째는 생물분류학 회복을 둘 수 있다. 분류학은 생물학의 기초이다. 지구에 어느 정도 생물종이 서식하고 있을까? 각 생물 종들은 어떠한 생활을 하고 있을까? 멸종 위기에 있는 종은 어떤 종일까? 등등 생물학 미래를 담당하는 과학자 길은 생물식별과 관찰에 대한 기본적 기술 훈련을 받고 자연에서 배우려는 자세 이외에 길은 없다. 생물다양성에 관한 지식의 근본이 되는 종 분류와 동정은 숙련된 전문가의 지식과 방법을 필요로 하지만 1970년대 이후 분자생물학과 그 응용분야가 세계적인 붐을 타게 되면서 분류학은 급속하게 쇠퇴하였다. 세계적으로 전통적인 기초과학인 분류학 연구자의 육성을 소홀히 하였다. 때문에 각 생물에 대한 지식을 후학에게 전하려는 전문가는 매년 감소하였고 이에

76 최근에는 난방을 위해 연소시키는 석탄 등으로 겨울 스모그 현상도 빈번하게 발생하고 있다.

따라 새로운 연구자 수도 감소하고 있다. 우수한 분류 학자를 육성하는 데에는 긴 시간과 함께 주위의 이해와 재정적 지원이 필요하다. 넷째는 장기간에 걸친 환경과 생물다양성에 대한 충실한 현장조사이다. 모니터링은 지구 전체를 관할할 수 있는 관측점을 설정하여 100년 이상 지속적으로 실시되어야 한다. 또 이와 같은 바다의 정기적인 검진에서 얻어진 정보는 통일된 형태로 구축되어 누구나 문제를 충분히 이해할 수 있고 쉽게 정보를 이용할 수 있는 시스템 정비가 필요하다.

어업에 관해서는 어업활동이 미치는 전체 생물군집의 영향을 신중하게 고려하여 어획 대상종이 지속적인 자원량 유지가 될 수 있는 관리제도를 구축하는 것이 필요하다. 일부 동남아시아와 호주의 어촌에서는 어장 윤번제 또는 금어구 등 어획물의 균등 분배라는 공통 사회적 제도가 전통적인 지식과 금기를 기초로 만들어져 어장과 자원을 보호하고 있다. 서구형 자본주의 경제 도입으로 이러한 자연친화적 생활방식이 맥없이 사라졌지만 다시 이를 재점검하는 것에 의의가 있다. 30여 년 전에 수루가만(駿河灣)에는 벚꽃새우(*Sergia lucens*) 어업을 하는 사람들이 자원을 보호하기 위한 모임에서 이 책의 저자 중 한 사람의 의견을 청취하여 자원변동에 대한 과학적 근거가 완전할 때까지 기다리지 않고 예방원칙을 도입하였다. 결과 매년 어획량을 정하여 수입의 균등 분배를 시작하여 좁은 만내의 한정된 자원에 대해 무한적인 어획경쟁으로 자원고갈을 맞이할 수 있는 위기를 피할 수 있었다. 그 이후 오늘 날까지 벚꽃새우는 지속적인 자원을 유지하여 지금은 일본 전국에 알려진 인기 상품으로 발전하였다(Johannes, 1978; Omori, 2002).

해변 물가에서 노는 것을 정말 즐겁다. 바다 내음을 가슴 깊이 들어 마시는 달콤함이 가득하다. 십 수 년 전까지만 해도 우리는 어디에 가든지 친근함을 느낄 수 있는 해변이 많았다. 쉽게 바닷가에 내려가 허리까지 물에 담그고 게나 작은 고기를 쫓을 수 있는 바닷가였다. 그러나 지금은 도심에서 멀리 떨어진 해안에도 도로나 호안제가 건설되고 방파석이 쌓여져 있어 육지와 바다가 분리되어 있다. 바다가 있어도 시내에서는 보이지 않고 해안으로 내려갈 수 없는 곳이 많다. 게다가 인터넷 등의 기술혁명에 의한 비쥬얼로 재생 가능한 세계에서 사람들은 무의식 속에 자연에서 점차 격리되어 가고 있다. 이런 상황과 관계있는지 모르지만 바다를 연구하는 사람 중에도 현장과는 관계없이 책상 앞에서 숫자에 의한 결과로 바다를 이해하려는 사람도 증가하고 있다. 자연과학의 기본은 자연에 대한 존경과 사랑하는 마음이라 할 수 있다. 연구는 논문 수를 증가시키기 위한 것이 아니다. 현장인 바다와 생물을 알지 못한 채 연구실 분석기기로 측정하거나 복잡한 생태모델에서 계산된 것으로 자연을 이해할 수 있는 것인지? 또한 결과에 대해 문제는 없는 것인지? 문제가 있다면 어디에 있는 것인지? 이런 모든 내용 없이 자연현장을 보는 것은 무서운 일이다. 현대과학에서 많은 것이 머리에서 생각하여, 숫자로 변환시켜 결과를 판단한다고 하지만, 바다의 생명을 연구하는 사람은 자연과 생명체의 변화를 자신의 눈으로, 자신의 감각으로 확인하는 것의 중요함을 알았으면 한다.

세계를 움직이는 것은 정책입안자 및 정치가가 만든 메시지가 아니라 생물다양성 보전과 지속가능한 사회를 지향하는 많은 사람들이 하고 있는 풀뿌리 운동이다. 저자는 이 운동이 정치가와 관료에게 좋은 정책을 만들고 총명한 기업가를 육성하는 성숙한 사회라 생각한다. 스텐포드대학 생태학자 Ehrlich 부부(Ehrlich and Ehrlich, 1990)는 "인간이란 자기들이 대응할 수 없는 장기적인 "경향"에는 관심을 보이지 않게 진화되어 왔다"라는 비관적인 말이 환경문제를 논의할 때에 자주 인용되지만 희망을 버려서는 안 된다. 우리가 생태계와 생물다양성 문제를 절벽에 부딪쳐 되돌릴 수 없을 정도로 방치한다면 결국은 빈곤과 사회적 윤리의 위기를 불러와 지구에는 누가 살아남을 것인가 하는 심각한 사태를 만들게 될 것이다. 그렇게 되지 않기 위해 한 사람 한 사람 책임 있는 실천이 무엇보다 필요로 한다(Ehrlich and Ehrlich, 1990).

맺음말

대학을 그만 두기 전 강의와 발표하였던 소론 등을 편집하여 바다의 생물다양성과 환경문제에 대한 총설로서 도서발간을 준비하고 있었다. 당시까지 일본에는 바다에 한정된 생물다양성과 환경문제에 관한 도서는 없었고, 특히 과학과 정책의 양측면을 고려한 도서는 육상을 포함하더라도 거의 없었다. 그때쯤에 미국 아리조나의 학회 참석에서 존 밀러 씨의 "The Living Ocean" (Island 출판사, 제2판, 1999)이란 도서를 발견하였다. 그리고 도서 속의 내용의 풍부함에 감명을 받았고, 동시에 내가 준비하기 시작한 저서의 구성과 비슷한 것에 매우 기쁘게 생각하였다. 그 이후 스크립스해양연구소의 고(故) 뮤린 교수에게 내가 생각하던 책 내용을 다른 사람에게 선수가 빼앗겼다는 이야기를 하였더니, 존 밀러 씨는 폭넓은 생각을 가진 연구자로서 환경보호 운동가로서도 우수한 사람이라고 그녀를 소개해 주었다.

그래서 나는 존 밀러 씨의 저서를 번역 출판할 생각으로 워싱턴 D.C.의 환경 NGO인 "Sea Web"의 사무실에 과학자문을 하고 있는 그녀를 방문하였다. 2000년 7월의 일이다. 그곳을 방문하여 다양한 의견을 교환하였고, 다시 다음해 워싱턴주에서 개최된 "예방원칙에 관련한 국제워크샵"에 초청되어 재차 의견을 교환하였다. 그 때 존 밀러 씨는 환경문제에 열심인 일본 사람들을 위해 나를 주저자로 하여 자신과 공저의 도서를 만드는 것을 제안하였다.

이 책은 "The Living Ocean"을 기초로 하여 저자의 노트에서 과학과 정책의 새로운 전개를 추가하여 두 사람의 생각을 몇 번이고 확인하면서 만들어진 것이다. 연구자의 입장에서 오랫동안 "생명의 풍부한 바다"를 관찰하였고 국제기관에 근무하면서 해양과학 행정에도 관여한 적이 있는 내가 NGO의 입장에서 환경문제를 심도 있게 관여하였던 존 밀러 씨 두 사람의 바다 생물다양성에 대한 생각이 결실을 맺게 되었다.

우리들의 생각이 미치지 못하는 곳에서도 지구규모의 생물다양성 저하와 자연환경 악화의 영향은 이미 나타나고 있으며, 결국은 큰 일이 일어날 것 같은 두려움은 모두가 느끼고 있다. 그러나 그런 과정을 과학적이면서 포괄적으로 입증하는 것은 매우 어렵기 때문에 사람들은 아직 행동을 하지 못하고 망설이고 있는 것으로 보인다. 이 책이 시민과 정책에 관계하는 사람들을 의식을 환기시켜 지구규모에서 생물다양성과 자연환경의 보호보전에 신중한 몰입은 물론 일본뿐만 아니라 세계 각국에서 명확한 의사결정으로 연결되기를 희망한다.

이책을 집필하는 과정에서 1998~2000년은 일본재단의 지원을 받고 (財)日本科學協會가 실시한 "水惑星프로젝트연구회"에서 보조금을 받았다. 또 石丸隆(東京海洋大學), 加加美康彦(海洋政策研究財團), 高橋啓介(環境省), 福地光男(國立極地研究所), 服田昌之(御茶の水女子大學) 등 모든 분과 保坂美樹 씨에게는 초고의 일부 또는 전부를 교람받고 유익한 많은 의견을 받았다. 또 삽입된 몇 개의 훌륭한 사진은 高橋晃周 씨, (獨)海洋研究開發機構, 池田勉 씨, 河地正伸 씨, 田村實 씨, 林原毅 씨, 橋本和正 씨로부터 제공받았다. 여기서 진심으로 감사를 표한다.

Makoto Omori (大森 信)

역자 맺음말

번역 원서 겉표지에 책을 소개하는 2가지 문구가 인쇄되어 있다. 첫째는 표지 전면 상단에 "NHK(Nippon Hoso Kyokai; Japan Broadcasting Corporation) 스페셜 [바다—푸른 대자연]의 총감수자로서 생물해양학의 제1인자가 말하는 바다의 세계" 그리고 책 제목과 부제목 밑에 "아직까지도 미지의 세계인 바다의 생물다양성—산호초와 열수분출공의 생물군집에서부터 어업, 국내·외의 정책, 환경문제까지 총설한다". 저자의 맺음말에서도 설명하고 있듯이 이 책은 대학과 해양관련 국제조직에서 활동한 경험이 있는 주 저자가 오랜 기간 수집된 자료를 이용하여 작성된 해양환경과 해양생물을 총괄하는 도서이다. 도서 내용의 다양함과 깊이는 감탄할 정도이다.

출판되어 몇 년 지난 원서를 처음 보았을 때에는 너무 많은 내용을 다르고 있어, 일반인은 물론 학생이나 NGO 등 정책입안자에게 다소는 어려울 수도 있는 내용이라고 생각하기도 하였다. 그러나 실제 행정적 측면이나 환경보호 활동에서 관련되는 다양한 과정의 연관성을 연계하여 설명하고 있기에, 책을 통한 단순한 지식습득보다는 단편적인 지식들이 현장이나 정책수립에 어떻게 녹아들어야 하는지를 제시하는 지침서로서의 역할을 크게 기대할 수 있는 것으로도 판단되었다. 때문에 매우 단편적 지식을 파편처럼 습득은 하고 있지만 그를 응용하기에는 많이 부족한 학생들에게 지금까지 볼 수 없었던 다양한 지식을 전달해 줄 수 있는 도서로 판단되어 번역을 결정하게 되었다.

저자 맺음말에서 이 책과 유사한 구성을 하고 있는 "The Living Ocean"의 폭 넓은 내용을 보고 놀라움을 금치 못했다고 하고 있지만, 이 책은 거기에다 주저자가 국제기관에서 근무하면서 경험했던 정책 부분까지도 추가된 것으로 학습에서 전공분야의 응용에까지 폭 넓은 지식을 전달하기에 충분한 가치를 가진다고 할 수 있다. 또한 지구환경이란 또는 생태계란 부분을 단순하게 이해하는데 멈추지 않고 지구의 한 일원으로 살아가는 우리가 지구생태계에서 무엇을 해야 할 것인지에 대한 방향을 제시하고도 있다.

저자의 맺음말에서도 언급하고 있듯이 이 책이 장차 사회를 주도할 학생은 물론 일반시민과 환경 NGO, 그리고 정책에 관여하는 사람들에게 환경과 생태계, 그리고 생물자원에 대한 의식을 환기시켜 지역을 포함하는 지구규모에서 생물다양성과 자연환경의 보호 · 보전을 위한 명확한 의사결정에 조금이나마 도움으로 연결되기를 희망하여 본다.

끝으로 한국어 번역도서의 출판에는 전남대학교 수산해양대학 환경해양학전공 연안환경생태학연구실 구성원들과 전남대학교출판부 선생님들에게 다양한 도움을 받았다. 여기서 지면을 빌어 진심으로 감사를 표한다. 그리고 표지는 딸 경화의 도움으로 편집을 하였다.

2014년

마지막 달력 앞에서

윤양호

약어 일람(조약명칭과 기관명 등)

약 어	영 문	명 칭
AEPS	Arctic Environmental Protection Strategy	북극 환경보호전략
AID	United States Agency for International Development	미국 국제개발청
AMAP	Arctic Monitoring and Assesment Programme	북극역 감시조사계획
CalCOFI	California Cooperative Oceanic Fisheries Investigations	켈리포니아주 공동어업조사계획
CCAMLR	Commission for the Conservation of Antarctic Marine Living Resources	남극해 양생물자원보호위원회
CFCs	Chlorofluorocarbons	프레온가스
CITES	Convention on International Trade in Endangered Species of Wild Fauna and Flora	워싱턴조약 [*1]
CZMA	Coastal Zone Management Act	미국 연안역관리법
DMS	Dimethyl Sulfide	디메칠설파이드
EEZ	Exclusive Economic Zone	배타적 경제수역
EPA	Environmental Protection Agency	미국 환경보호청
FAO	Food and Agriculture Organization of the United Nations	유엔 식량농업기구
GATT	General Agreement on Tariffs and Trade	관세와 무역에 관한 일반협정
GCRMN	Grobal Coral Reef Mornitoring Network	지구규모 산호초모니터링네트워크
GEF	Grobal Environmental Facility	지구환경시설
GESAMP	Joint Group of Experts on the Scientific Aspects of Marine Environmental Protection	해양환경보호의 과학적측면에 관한 합동전문가 그룹
ICES	International Council for the Exploration of the Sea	국제해양탐사위원회
ICLARM	International Center for Living Aquatic Resources Management[*2]	국제수산자원관리센터
ICRI	International Coral Reef Initiative	국제산호초계획
IMO	International Maritime Organization	국제해사기구
IOC	Intergovernmental Oceanographic Commission	유네스코 정부간해양학위원회
ISA	International Seabed Authority	국제해저기구
ITQ	Individual Transferable Quotas	개별양도가능어획할당
IUCN	International Union for the Conservation of Nature and Natural Resources	국제자연보호연합
IWC	International Whaling Commission	국제포경위원회
JICA	Japan International Cooperation Agency	일본 국제협력기구
LC72	London Dumping Convention, 1972	런던폐기물조약[*3]
LMEs	Large Marine Ecosystems	광역해양생태계
LRTAP	Convention on Long Range Transboundary Air Pollution	장거리대기오염협정
MAB	Unesco's Man and the Biosphere Programme	유네스코 인간과 생물권계획

약 어	영 문	명 칭
MARPOL 73/78	International Convention for the Prevention of Pollution from Ships	선박에 의한 오염방지를 위한 국제조약
MPA	Marine Protected Area	해양보호구
MSY	Maximun Sustainable Yield	지속가능최대어획량
NAFTA	North American Free Trade Agreement	북미자유무역협정
NGOs	non-Governmental Organization	비정부기구
NMFS	National Marine Fisheries Service	미국 해양어업국
NOAA	National Oceanic and Atmosphere Administration	미국 해양대기청
NPOs	non-Profit Organization	비영리활동단체
OECD	Organization for Economic Cooperation and Development	경제협력개발기구
PAHs	Polyaromatic Hydrocarbons	방향족탄화수소
PCBs	Polychlorinated biphenyls	폴리염화페닐군
POPs	Persistent Organic Pollutants	잔류성유기오염물질
UNCED	United Nations Conference on Environment and Development	유엔환경개발회의
UNCLOS	United Nations Convention on the Law of the Sea	유엔해양법조약
UNDP	United Nations Development Programme	유엔개발계획
UNEP	United Nations Environment Programme	유엔환경계획
USCG	United States Coast Guard	미국 연안경비대
WTO	World Trade Organization	세계무역기구
WWF	World Wildlife Fund[*4]	세계자연보호기금

*1 멸종 위험이 있는 야생동식물 종의 국제거래에 관한 조약
*2 현재는 World Fish Center
*3 폐기물 및 기타 물질의 투기에 의한 해양오염 방지에 관한 조약
*4 현재는 World Wild Fund for Nature

Aarkrog, A., S. Boelskiftea, H. Dahlgaarda, S. Duniecb, L. Hallstadiusb, E. Holmc and J.N. Smith, 1987. Technetium-99 and cesium-134 as long distance tracers in Arctic waters. Estuarine, Coastal and Shelf Science, 24, 637-647.

Abele, L.G. and K. Walters, 1979. The stability-time hypothesis: Reevaluation of the data. American Naturalist, 114, 559-568.

Anderson, D., 1997. Turning back the harmful red tide. Nature, 388, 513-514.

Angel, M., 1993. Biodiversity of the pelagic ocean. Conservation Biology, 7, 760-772.

Angel, M., 1997. Pelagic biodiversity. in "Ormond, R., J. Gage and M. Angel (eds.), Marine Biodiversity: Patterns and Processes. Cambridge University Press, Cambridge, England", pp.35-68.

Angermeier, P.L. and J.R. Karrr, 1994. Biological integrity versus biological diversity as policy directives. BioScience, 44, 690-697.

Appenzeller, T., 1991. Fire and ice under the deep-sea floor. Science, 252, 1790-1792.

Balmford, A., A. Bruner, P. Cooper, R. Costanza, S. Farber, R.E. Green, M. Jenkins, P. Jefferiss, V. Jessamy, J. Madden1, K. Munro, N. Myers, S. Naeem, J. Paavola, M. Rayment, S. Rosendo, J. Roughgarden, K. Trumper and R.K. Turner, 2002. Economic reasons for conservating wild nature. Science, 297, 950-953.

Banse, K., 1990. Does iron really limit phytoplankton production in the offshore subarctic Pacific? Limnology and Oceanography, 35, 772-775.

Banse, K., 1994. Grazing and zooplankton production as key controls of phytoplankton production in the open ocean. Oceanography, 7, 13-20.

Barbault, R. and S. Sastrapradja, 1995. Generation maitenance and loss of biodiversity. in "Heywood, V. (ed.), UNEP: Global Biodiversity Assessment. Cambridge University Press, Cambridge, England", pp.193-274.

Beklemishev, C.W., N.B. Parin and G.N. Semina, 1977. Pelagial. in "Vinogradov, M. (ed.). Biogeographical Structure of the Ocean. (Ocean Biogeography I). Akademia Nauka, Moscow", pp.219-261. (in Russian)

Bellwood, D.R., T.P. Hughes, C. Folke and M. Nyström, 2004. Confronting the coral reef crisis. Nature, 429, 827-833.

Bennett, B.A., C.R. Smith, B. Glaser and H.L. Maybaum, 1994. Faunal community structure of a chemoautotrophic assemblage on whale bones in the deep northeast Pacific Ocean. Marine Ecology Progress Series, 3,

205-223.

Bigg, G., 1996. The Oceans and Climate. Cambridge University Press, Cambridge, England. 288p.

Birkeland, C., 1990. Geographic comparisons of coral-reef community processes. Proceedings of the Sixth International Coral Reef Symposium, Townsville, Australia 1988 1, 211-220.

Blaxter, J.H.S. and C.C.T. Hallers-Tjabbes, 1992. The effect of pollutants on sensory systems and behaviour of aquatic animals. Netherlands Joumalof Aquatic Ecology, 26, 43-58.

Boesch, D.F., 1974. Diversity, stability, and response to human disturbance in estuarine ecosystems. in "Structure, Functioning and Management of Ecosystems: proceedings of the First International Congress of Ecology, The Hague, The Netherlands, September 8-14, 1974. Pudoc, Wageningen, Netherlands", pp.109-114.

Bossi, R. and G. Cintron, 1990. Mangroves of the Wider Caribbean: Toward Sustainable Management. United Nations Environment programme, Nairobi, Kenya, 30p.

Botsford, L.W., J.C. Castilla and C.H. Peterson, 1997. The management of fisheries and marine ecosystems. Science, 277, 509-515.

Briggs, J.C., 1994. Species diversity: Land and sea compared. Systematic Biology, 43, 130-135.

Broecker, W.S., 1991.b The great ocean conveyor. Oceanography, 4, 79-90.

Broecker, W.S. and T.H. Peng, 1982. Tracers in the Sea. Lamont Doherty Geological Observatory's featured books, Columbia University, Palisades, New York.

Broecker, W.S., 1990. Comment on "Iron deficiency limits phytoplankton growth in Antarctic waters" by John H. Martin et al.. Global Biogeochemical Cycles, 4, 3-4.

Brown, L.R. and H. Kane, 1994. Full House. W.W. Norton & Co., New York,

Bryant, D., L. Burke, J. McManus and M. Spalding, 1998. Reefs at risk: a mep-based indicator of threats to the world's coral reefs. World Resources Institute, Washington, D.C. 56p.

Bucklin, A., B.W. Frost, J. Bradford-Grieve, L.D. Allen and N.J. Copley, 2003. Molecular systematic and phylogenetic assessment of 34 calanoid copepod species of the Calanidae and Clausocalanidae. Marine Biology, 142, 333-343.

Burkholder, J.M., E.J. Noga, C.H. Hobbs, H.B.Jr. Glasgow and S.A. Smith, 1992. New 'phantom' dinoflagellate is the causative agent of major estuarine fish kills. Nature, 358, 407-410.

Burton, R.S., 1983. Protein polymorphisms and genetic differentiation of marine invertebrate populations. Marine Biology Letters, 4, 193-206.

Caddy, J., 1997. Checks and balances in the management of marine jjsh stocks: Organizational requirements for a limited reference point approach. Fisheries Research, 30, 1-15.

Cairns, J.Jr., 1986. Emergence of integrative environmental management. in "Kou, C. and T. Younos (eds.), Effects of Upland and Shoreline Land Use on the Chesapeake Bay. Virginia Polytechnic Institute and State University, Blacksburg", pp.232-241.

Cairns, J.Jr., 1987. Can the global loss of species be stopped? Speculations in Science and Technology, 11, 189-196.

Cairns, J.Jr., 1989. Restoring damaged ecosystems: Is pre-disturbance condition a viable option? Environmental Professional, 11, 152-159.

Cairns, J.Jr. and J.R. Pratt. 1989. The scientific basis of bioassays. Hydrobiologia 188/189: 5-20.

Cairns, J.Jr., and J.R. Pratt. 1990. Biotic impoverishment: Effects of anthropogenic stress. in "Woodwell, G. (ed.), The Earth in Transition: Patterns and Processes of Biotic Impoverishment. Cambridge University Press, Cambridge, England", pp.495-505.

CalCOFI Committee(ed.), 1990. Ocean outlook: Global change and the marine environment. California Cooperative Oceanic Fisheries Investigations Reports, 31, 25-27.

Carlton, J. and J. Geller, 1993. Ecological roulette: The global transport of non-indigenous marine organisms. Science, 261, 78-80.

Carson, R. 1962. Silent Spring. Houghton Mifflin Co., New York, 378p.

Chapin, F.S. III, B.H. Walker, R.J. Hobbs, D.U. Hooper, J.H. Lawton, O.E. Sala and D. Tilman, 1997. Biotic control over the functioning of ecosystems. Science, 277, 500-504.

Charlson, R.J., J.E. Lovelock, M.O. Andreae and S.G. Warren, 1987. Oceanic phytoplankton, atmospheric sulfur, cloud albedo and climate. Nature, 326, 655-661.

Chisholm, S.W., 1992. What limits phytoplankton growth? Oceanus, 35, 36-46.

Chisholm, S.W., R.J. Olson, E.R. Zettler, R. Goericke, J.B. Waterbury and N.A. Welschmeyer, 1988. A novel free-living prochlorophyte abundant in the oceanic euphotic zone. Nature, 334, 340-343.

Clarke, A., 1992. Is there a latitudinal diversity cline in the sea? Trends Ecolology and Evolution, 7, 286-287.

Clarke, A. and J.A. Crame, 1997. Diversity, latitude and time: Patterns in the shallow sea. in "Ormond, R., J. Gage and M. Angel (eds.), Marine

Biodiversity: Patterns and Processes. Cambridge University Press, Cambridge, England", pp.122-147.

Colborn, T., D. Dumanoski and J.P. Myers, 1997. Our Stolen Future. Penguin Group Plume, New York, 185p.

Coleman, N., A. Gason and G. Poore, 1997. High species richness in the shallow marine waters of southeast Australia. Marine Ecology Progress Series, 154, 17-26.

Colwell, R.R., 1983. Biotechnology in the marine sciences. Science, 222, 19-24.

Connell, J.H., 1978. Diversity in tropical rain forests and coral reefs. Science, 199, 1302-1310.

Conversi, A. and J. McGowan, 1994. Natural versus human-caused variability of water clarity in the Southern California Bight. Limnology and Oceanography, 39, 632-648.

Costanza, R., R. d'Arge, R. de Groot, S. Farberk, M. Grasso, B. Hannon, K. Limburg, S. Naeem, R.V. O'Neill, J. Paruelo, R.G. Raskin, P. Suttonkk and M. van den Belt, 1997. The value of the world's ecosystem services and natural capital. Nature, 387, 253-260.

Culotta, E., 1992. Red menace in the world's oceans. Science, 257, 1476-1477.

Curtis, C.E., 1990. Protecting the oceans. Oceanus, 3, 19-22.

Davis, W.J., 1994. Contamination of coastal versus open ocean surface waters, a brief meta-analysis. Marine Pollution Bulletin, 26, 128-134.

Dayton, P.K., 1992. Community landscape: Scale and stability in hard bottom marine communities. in "Giller, P., A. Hildrew and D. Raffaelli (eds.), Aquatic Ecology: Scale, Pattern, and Process. Blackwell Scientific Publications, Oxford, England", pp.289-332.

Dayton, P.K., 1998. Reversal of the burden of proof fisheries management. Science, 279, 821-822.

Dayton, P.K. and R.R. Hessler. 1972. Role of biological disturbance in maintaining diversity in the deep sea. Deep-Sea Research, 19, 199-208.

Dayton, P.K., B.J. Mordida and F. Bacon, 1994. Po1ar marine communities. American Zoologist, 34, 90-99.

Dayton, P.K., M.T. Tegner, P.B. Edwards and K.L. Riser, 1998. Sliding baselines, ghosts, and reduced expectations in kelp forest communities. Ecological Applications, 8, 309-322.

Deegan, L., 1993. Nutrient and energy transport between estuaries and coastal marine ecosystems by fish migration. Canadian Journal of Fisheries and Aquatic Science, 50, 74-79.

de Klemm, C. and C. Shine. 1993. Biological Diversity Conservation and the Law: Legal Mechanisms for Conserving Species and Ecosystems.

Environmental Policy and Law Paper No. 29. IUCN-the World Conservation Union, Gland. Switzerland. 292p.

Downes, D.R. and B.V. Dyke, 1998. Fisheries Conservation and Trade Rules: Ensuring that Trade Law Promotes Sustainable Fisheries. Center for International Environmental Law and Greenpeace, Washington D.C., 76p.

Duarte, C.M., J. Cebrian and N. Marba, 1992. Uncertainty of detecting sea change. Nature, 356, p.190.

Earle, S.A., 1995. Sea Change: A Message of the Oceans. International and Pan-American, new York, 361p.

Ehrlich P.R. and A.H. Ehrlich, 1990. The Population Explosion. Simon & Schuster, New York, 330p.

Eichbaum, W.M., M.P. Crosby, M.T. Agardy and S.A. Laskin, 1996. The role of marine and coastal protected areas in the conservation and sustainable use of biological diversity. Oceanography, 9, 60-70.

EPA(Environmental Protection Agency), 1997. The Incidence and Severity of Sediment Contamination in Surface Waters of the United States. National Sediment Quality Survey: Second Edition. EPA-823-R-04 -007. EPA, Washington D.C., 277p.

Estes, J.A., D.O. Duggins and G.B. Rathbun, 1989. The ecology of extinctions in kelp forest communities. Conservation Biology, 3, 252-264.

Estes, J.A., M.T. Tinker, T.M. Williams and D.F. Doak, 1998. Killer whale predation on sea otters linking oceanic and nearshore ecosystems. Science, 282, 473-476.

FAO, 1999. The State of the World Fisheries and Aquaculture, 1998. Food and Agriculture Organization of the United Nations, Rome.

Farnsworth, E.J. and A.M. Ellison, 1997. The global conservation status of mangroves. Ambio, 26, 328-334.

Fenical, W., 1996. Marine biodiversity and the medicine cabinet: The status of new drugs from marine organisms. Oceanography, 9, 23-27.

Field, C.D., 1995. Journey amongst mangroves. International Society for Mangrove Ecosystems, Ryukyus, Okinawa, 140p.

Fluharty, D., 2000. Habitat protection ecological issues, and implementation of the Sustainable Fisheries Act. Ecological Applications, 10, 325-337.

Fortes, M.D., 1988. Mangrove and seagrass beds of East Asia: Habitats under stress. Ambio, 17, 207-213.

Fox, M.W., 1996, The Boundless Circle: Caring for Creatures and Creation. Quest Books, Wheaton, 300p.

Freestone, D., 1991. The precautionary principle. in "Churchill, R. and D.

Freestone (eds.), Intemational Law and Global Climate Change. Graham &Trotman London", pp.21-39.

Frost, B.W., 1996. Phytoplankton bloom on iron rations. Nature, 383: 475-476.

Fukami, H., A.F. Budd, G. Paulay, A. Solé-Cava, C.A. Chen, K. Iwao and N. Knowlton, 2004. Conventional taxonomy obscures deep divergence between Pacific and Atlantic corals. Nature, 427, 832-835.

Gage, J., 1997. High benthic species diversity in deep-sea sediments: The importance of hydrodynamics. in "Ormond, R., J. Gage and M. Angel (eds.), Marine Biodiversity: Patterns and Processes. Cambridge University Press, Cambridge", pp.148-177.

Gage, J.D. and P.A. Tyler, 1991. Deep-Sea Biology: A natural history of organisms at the deep-sea floor. Cambridge University Press, Cambridge, 504p.

Gaines, S.D. and J. Roughgarden. 1987. Fish in offshore kelp forests affect recruitment to intertidal barnacle populations. Science, 235, 479-481.

Gallagher, J.C., 1980. Population genetics of Skeletonema costatum (Bacillariophyceae) in Narragansett Bay. Journal of Phycology, 16, 464-474.

George, R.Y., 1984. Ontogenetic adaptations in growth and respiration of Euphausia superba in relation to temperature and pressure. Journal of Crustacean Biology, 4 (Spec. No.1), 252-262.

GESAMP (Joint Group of Experts on the Scientific Aspects of Marine Pollution), 1990. The State of the Marine Environment. UNEP Regional Seas Reports and Studies, No. 115. United Nations Environment Programme, 111p.

Giovannoni, S.J., T.B. Britschgi, C.L. Moyer and K.G. Field, 1990. Genetic diversity in Sargasso Sea bacterioplankton. Nature, 345, 60-63.

Gitay, H., J.B. Wilson and W.G. Lee. 1996. Species redundancy: A redundant concept. Journal of Ecology, 84, 121-124.

Glynn, P.W., 1988. EI Niño-Southem Oscilation 1982-1983: Nearshore population, community and ecosystem response. Annual Review of Ecology and Systematics, 19, 309-345.

Goetze, E., 2003. Cryptic speciation on the high seas: global phylogenetics of the copepod family Eucalanidae. Proceedings of Royal Society of London, B270, 2321-2331.

Gould, S.J., 1991. On the loss of a limpet. Natural History, 6, 22-27.

Grassle, J.F., 1989. Species diversity in deep-sea communities. Trends in Ecology and Evolution, 4, 12-15.

Grassle, J.F. and N.J. Maciolek, 1992. Deep-sea species richness. American Naturalist, 139, 313-341.

Grassle, J.P. and J.F. Grassle, 1976. Sibling species in the marine pollution indicator Capitella (polychaeta). Science, 192, 567-569.

Gray, J.S., 1997. Marine biodiversity: patterns threats and conservation needs. Biodiversity and Conservation, 6, 153-175.

Gribbin, J., 1988. The oceanic key to climate change. New Scientist, 19, 32-33.

Grice, G.D. and A.D. Hart, 1962. The abundance, seasonal occurrence, and distribution of the epizooplankton between New York and Bermuda. Ecological Monographs, 32, 287-309.

Gyllensten, U. and N. Ryman, 1985. Pollution biomonitoring programs and the genetic structure of indicator species. Ambio, 14, 29-31.

Haedrich, R.L., 1996. Deep-water fishes: Evolution and adaptation in the earth's largest living spaces. Journal of Fish Biology, 49, 40-53.

Haedrich, R.L. and N. Merrett. 1990. Little evidence for faunal zonation or communities in deep sea demersal fish faunas. Progress in Oceanography, 24, 239-250.

Hardy, J., 1991. Where the sea meets the sky. Natural History, 5, 59-65.

Hardy, J. and C.W. Apts, 1989. Photosynthetic carbon reduction: High rates in the sea-surface microlayer. Marine Biology, 101, 411-417.

Hatta, M., H. Fukami, W. Wang, M. Omori, K. Shimoike, T. Hayashibara, Y. Ina and T. Sugiyama, 1999. Reproductive and genetic evidence for a evolutionary history of mass-spawning corals. Molecular Biology and Evolution, 16, 1607-1613.

Hawksworth, D.L. and M.T. Kalin-Arroyo, 1995. Magnitude and distribution of biodiversity. in "Heywood, V. UNEP: Global Biodiversity Assessment. Cambridge University Press, Cambridge", pp.107-191.

Hay, M.E., and W. Fenical, 1996. Chemical ecology and marine biodiversity: Insights and products from the sea. Oceanography, 9, 10-20.

Hayward, T., 1993. The rise and fall of Rhizosolenia. Nature, 363, 675-676.

Hedgpeth, J., 1993. Foreign invaders. Science, 261, 34-35.

Helfield, J.M. and R.J. Naiman, 2001. Effects of salmon-derived nitrogen on riparian forest growth and implications for streams productivity. Ecology, 82, 2403-2409.

Hilbom, R. and D. Ludwig, 1993. The limits of applied ecological research. Ecological Applications, 3, 550-552.

釋田一東京. 2005. 鮭はダムに殺された. 二風谷ダムとユーラップ川からの警鐘. 岩波書店. 東京, 213p.

Hilderbrand, G.V., T.A. Hanley, C.T. Robbins and C.C. Schwartz, 1999. Role of brown bears (Ursus arctos) in the flow of marine nitrogen into terrestrial ecosystem. Oecologia, 121, 546-550.

Hindar, K., N. Ryman and F. Utter, 1991. Genetic effects of cultured fish on natural fish populations. Canadian Journal of Fisheries and Aquatic Science, 48, 945-957.

Hoegh-Guldberg, O., 1999. Climate change, coral bleaching and the future of the world's coral reefs. Marine and Freshwater Research, 50, 839-866.

Holdgate, M.. 1990. Biological diversity: Why do we need it? IUCN Bulletin, 21, p.27.

Holmes, B., 1997. Don't ignore nature's bottom line. New Scientist, 30, 1-15.

Hooper, D.U., F.S. Chapin III, J.J. Ewel, A. Hector, P. Inchausti, S. Lavorel, J.H. Lawton, D.M. Lodge, M. Loreau, S. Naeem, B. Schmid, H. Setälä, A.J. Symstad, J.Vandermeer, and D.A. Wardle, 2005. Effects of biodiversity on ecosystem functioning: A consensus of current knowledge. Ecological Monographs, 75, 3-35.

Hughes, T.P. and J.H. Connell 1999. Multiple stressors on coral reefs: A long-term perspective. Limnology and Oceanography, 44, 932-940.

Hulshoff, B, and W.P. Gregg, 1985. Biosphere reserves: Demonstrating the value of conservation in sustaining society. Parks, 10, 2-5.

Huston, M.A., 1985. Patterns of species diversity on corla reefs. Annual Review of Ecology and Systematics, 16, 149-177.

IMO, 1991. The London Dumping Convention: The First Decade and Beyond: Provisions of the Convention on the Prevention of Marine Pollution by Dumping of Wastes and Other Matter, 1972 (Amended 1978, 1980 and 1989), and Decisions Made by the Consultative Meeting of Its Contracting Parties (1975-1989). IMO Secretariat, London, 292p.

Jackson, J.B.C., 1997. Reefs since Columbus. Coral Reefs, 16, S23-S32 (suppl.).

Jackson, T. and P.J. Taylor, 1992 The precautionary principle and the prevention of marine pollution. Chemistry and Ecology, 7, 123-134.

Jameson, S.C., J.W. McManus and M.D. Spalding, 1995. State of the Reef: Regional and Global Perspectives. Background paper of the Intemational Coral Reef Intiative. US Department of State, Washington, DC, 32p.

Jinks, R.N., T.L. Markley, E.E. Taylor, G. Perovich, A.I. Dittel, C.E. Epifanio and T.W. Cronin, 2002. Adaptive visual metamorphosis in a deep-sea hydrothermal vent crab. Nature, 42, 68-70.

Johannes, R.E., 1978. Traditional marine conservation methods in Oceania and their demise. Annual Review of Ecology and Systematics, 9, 349-364.

Jumars, P.A., 1976. Deep-sea species diversity: Does it have a characteristic scale? Journal of Marine Research, 4, 217-246.

海洋政策研究財団. 2005. 海洋と日本: 21世紀の海洋政策への提言. 海洋政策研究財団, 東京. 19p.

Karentz, D., 1992. Ozone depletion and UV-B radiation in the Antarctic-Limitations to ecological assessment. Marine Pollution Bulletin, 25, 231-232.

Kendall, M.A. and M. Aschan, 1993. Latitudinal gradients in the structure of macrobenthic communities: a comparison of Arctic, temperate and tropical sites. Journal of Experimental Marine Biology and Ecology, 172, 157-169.

Kikuchi, T. and M. Omori, 1985. Vertical distribution and migration of oceanic shrimps at two locations off the Pacific coast of Japan . Deep-Sea Research, 32A, 837-851.

Kime, D.E., 1995. The effects of pollution on reproduction in fish. Reviews in Fish Biology and Fisheries, 5, 52-96.

Klerks, P. and J.S. Levinton, 1989. Rapid evolution of resistance to extreme metal pollution in a benthic oligochaete. Biological Bulletin, 176, 135-141.

Koslow, J.A., 1997. Seamounts and the ecology of deep-sea fisheries. American Scientist, 85, 168-176.

Langston, W.J., N.D. Pope and G.R. Burt, 1992. Impact of Discharges on Metal Levels in Biota of the West Cambria Coast. Plymouth Marine Laboratory Report 1992. Plymouth Marine Laboratory, Plymouth.

Leigh, E.G.Jr., R.T. Paine, J.F. Quinn and T.H. Suchanek, 1984. Wave energy and intertidal productivity. Proceedings of the National Academy of Sciences, U.S.A, 84, 1314-1318.

Lewin, J., 1978. The world of the razor-clam beach. Pacific Search, April, 12-13.

Lewontin, R.C., 1990. Fallen angels. New York Review of Books, 37, 3-7.

Lindley, D., 1988. Is the Earth alive or dead? Nature, 332, 483-484.

Livingstone, D., P. Donkin and C. Walker, 1992. Pollutants in marine ecosystems: An overview. in "Walker, C. and D. livingstone (eds.), Persistent Organic Pollutants in Ecosystems. Pergamon Press, New York", p. 235-263.

Lovelock, J.E., 1979. Gaia: A New Look at Life on Earth. Oxford University Press, Oxford, 148p.

Lubchenco, J., 1998. Entering the century of the environment; A new social contact for science. Science, 279, 491-497.

Malakoff, D., 1997. Extinction on the high seas. Science, 277, 486-488.

Mann, K.H. and J.R.N. Lazier, 1996. Dynamics of Marine Ecosystems: Biological-Physical Interactions in the Oceans. (2nd eds). Blackwell Scientific Publications, Cambridge, 394p.

Manville, A.M., 1988. Tracking plastic in the Pacific. Defenders, November/December, 10-15.

Maragos, J.E., M.P. Crosby and J.W. McManus, 1996. Coral reefs and biodiversity: A critical and threatened relationship. Oceanography, 9, 83-99.

Marr, J.W.S., 1962. The natural history and geography of the Antarctic krill (Euphausia superba Dana). Discovery Report, 32, 33-464.

Massom, R.A., 1988. The biological significance of open water within the sea ice covers of the polar regions. Endeavour, 12, 21-27.

May, R.M., 1988. How many species are there on Earth? Science, 241, 1441-1448.

May, R.M., 1994a. Biological diversity: Differences between land and sea. Philosophical Transactions of the Royal Society of London, ser. B, 343, 105-111.

Mayer, G. (ed.). 1982. Ecological stress and the New York Bight: Science and Management. Estuarine Research Federation, Columbia, 715p.

McGinn, A.P., 1998. Promoting sustainable fisheries. in "State of the World 1998. W.W. Norton and Company, New York", pp.59-78.

McGowan, J.A., 1986. The biogeography of pelagic ecosystems. in "Pelagic Biogeography : Proceedings of an International Conference, the Netherlands, 29 May-5 June 1985. UNESCO Technical Papers in Marine Science, No. 49. United Nations Educational, Scientific, and Cultural Organization, Paris", pp.191-200.

McGowan,, J.A., D.B. Chelton and A. Conversi, 1996. Plankton patterns climate and change in the California Current. CalCOFI Reports, 37, 45-68.

McGowan, J.A. and P.W. Walker, 1993. Pelagic diversity patterns. in "Ricklefs, R. and D. Schluter (eds.), Sþecies Diversity in Ecological Communities. University of Chicago Press, Chicago", pp.203-214.

McLusky, D.S., 1981. The Estuarine Ecosystem (Teriary Level Biology Series, 150). Halsted Press, John Wiley and Sons, New York, 150p.

Menge, B.A., 1992. Community regulations: Under what conditions are bottom-up factors important on rocky shores? Ecology, 73, 755-765.

Mianzan, H.W., M. Pájaro, L. Machinandiarena and F. Cremonte, 1997. Salps: Possible vectors of toxic dinoflagellates. Fisheries Research, 29, 193-197.

宮崎信之, 田邊信介, 2005. 有機鹽素系化合物の汚染. in "宮崎信之(編). 三陸の海と生物. サイエンテタイストv, 東京", pp.239-258.

Moffat, A.S., 1996. Biodiversity is a boon to ecosystems, not species. Science, 271, p.1497.

Mooney, H.A. et al. 1995. Biodiversity and ecosystem functioning: Ecosystem analysis. in "Heywood, V.H. and R.T. Watson (eds.), UNEP Global Biodiversity Assessment. Cambridge University Press, Cambridge", pp.327-452.

Morse, D.E. and A.N.C. Morse, 1988. Chemical signals and molecular mechanisms: Learning from larvae. Oceanus, 31, 37-43.

Morse, D.E., ANC. Morse, P.T. Raimondi and N. Hooker, 1994. Morphogen-Based Chemical Flypaper for Agaricia humilis Coral Larvae Biological Bulletin, 186, 172-181.

Mowat, F., 1996. Sea of slaughter. Chapters Publishing Company, Shelburne, Vermont, 420p.

村上正志, 2004. 森の中のサケ科魚類. in "前川光司(編), サケマスの生態と進化. 文一綜合出版, 東京", pp.193-211

Myers, N., 1990. Mass extinctions: What can the past tell us about the present and the future? Palaeogeography, Palaeoclimatology, Palaeoecology, 82, 175-185.

Myers, N., 1993. Biodiversity and the precautionary principle. Ambio, 22, 74-79.

Myers, R.A., J.A. Hatchings, and N.J. Barrowman. 1997. Why do fish stock collapse? The example of cod in Atlantic Canada. Ecological Applications, 7, 91-106.

National Research Council (Committee on Biological Diversity in Marine Systems), 1995. Understanding Marine Biodiversity Science. National Academy Press, Washington, D.C., 114p.

N.H.K. [海]プロジェクト, 1998. NHKスペシャル[海-知られざる世界] 第2巻. 日本放送協會, 東京,

西平守孝, 1998. サンゴ礁における多種共存機構. in " 田上民二, 和田英太郎(編), 地球環境學5. 生物多様性とその保全. 岩波書店, 東京", pp.161-195.

西村三郎, 1973. 海の生態学. 生態学研究シリーズ 3, 築地書館, 東京, 317p.

Nybakken, J.W. 1982. Marine Biology: An Ecological Approach. Harper & Row, New York, 446p.

Obayashi, Y., E. Tanoue, K. Suzuki, N. Handa, Y. Nojiri and C.S. Wong, 2001. Spatial and temporal variabilities of phytoplankton community structure in the northern North Pacific as determined by phytoplankton pigments. Deep-Sea Research I, 48, 439-469.

O'Brien, M., 2000. Making Better Environmental Decisions: An Alternative to Risk Assessment. The MIT Press, Cambridge, 286p.

Ogden, J., 1989. Marine biological diversity: A strategy for action. Reef Encounter, 6, p.5.

Omori, M., 2002. One hundred years of the sergestid shrimp fishing industry in Suruga Bay: Development of administration and social policy. in "Benson, K.R. and P.F. Rehbock (eds.), Oceanographic History: The Pacific and Beyond. University of Washington Press, Seattle and London", pp.417-422.

Omori, M., H. Ishii and A Fujinaga, 1995. Life history of Aurelia aurita (Cnidaria, Scyphomedusae) and its impact on the zooplankton community of Tokyo Bay. ICES Journal of Marine Science, 52, 597-603.

Omori, M., C.P. Norman and T. Ikeda, 1998. OceaniC disposal of CO2: Potential effects on deep-sea plankton and micronekton- A review. Plankton Biology and Ecology, 45, 87-99.

大森信, 下池和 幸大, 岩尾研二, 大矢正樹, 1998. サンゴの姿 . in "NHKスペシャル [海-知られざる世界]. 第1巻. 日本放送協會, 東京, pp.104-111.

Orr, J.C., V.J. Fabry, O. Aumont, L. Bopp, S.C. Doney, R.A. Feely, A. Gnanadesikan, N. Gruber, A. Ishida, F. Joos, R.M. Key, K. Lindsay, E. Maier-Reimer, R. Matear, P. Monfray, A. Mouchet, R.G. Najjar, G.K. Plattner, K.B. Rodgers, C.L. Sabine, J.L. Sarmiento, R. Schlitzer, R.D. Slater, I.J. Totterdell, M.-F. Weirig, Y. Yamanaka and A. Yoolet, 2005. Anthropogenic ocean acidification over the twenty-first century and its impact on calcifying organisms. Nature, 439, 681-686.

Pacific Congress on Marine Science and Technology, 1995. Proceedings of the PACON Conference on sustainable Aquaculture 95, June 11-14, 1995. Honolulu, Hawaii. PACON International, Hawaii Chapter, Honolulu.

Pain, S., 1988. No escape from the global greenhouse. New Scientist, November 12, 38-43.

Paine, R.T., 1966. Food web complexity and species diversity. American Naturalist, 100, 65-75.

Paine, R.T., J.C. Castilla and J. Cancino, 1985. Perturbation and recovery patterns of starfish-dominated intertidal assemblages in Chile, New Zealand, and Washington State. American Naturalist, 125, 679-691.

Pauly, D., 1997. Putting fisheries management back in places. Reviews in Fish Biology and Fisheries, 7, 125-127.

Pauly, D., V. Christensen, J. Dalsgaard, R. Froese and F. Torres Jr., 1998. Fishing down marine food webs. Science, 279, 860-863.

Pennisi, E., 1997. Brighter prospects for the world's coral reefs? Science, 277, 491-493.

Pianka, E.R., 1973. Evolutionary Ecology. Harper & Row New York. 356p.

Pielou, E.C., 1979. Biogeography. Wiley-Interscience, New York, 351p.

Pierrot-Bults, A.C., 1997. Biological diversity in oceanic macrozooplankton: More than counting species. in "Ormond, R., J. Gage, and M. Angel (eds.), Marine Biodiversity: Patterns and Processes. Cambridge University Press, Cambridge", pp.69-93.

Pimm, S.L., 1984. The complexity and stability of ecosystems. Nature, 207, 321-326.

Pimm, S.L., 1997. The value of everything. Nature, 87, 231-232.

Pomeroy, L.R., 1992. The microbial food web. Oceanus, 35, 28-35.

Poore, G.C.B. and G.D.F. Wilson, 1993. Marine species richness. Nature, 362, 597-598.

プリマック, R.B., 小堀 洋美, 1997. 保全生物学のすすめ:生物多様性保全のためのニューサイエンス. 文一総合出版, 東京, 398p.

Raffaelli, D. and S. Hawkins, 1996. Intertidal Ecology. Chapman & Hall, London, 356p.

Raffensperger, C. and J.A. Tickner (eds.), 1999. Protecting Public Health and the Environment. Island Press, Washington D.C., 391p.

Raup, D.M. and S.M. Stanley, 1978. Principles of Palentology. (2nd eds). W.H. Freeman, San Francisco, 481p.

Ray, G.C., 1988. Ecological diversity in coastal zones and oceans. in "Wilson, E.O. (ed.), Biodiversity. National Academy Press, Washington, D.C.", pp.36-50.

Ra.y, G.C., 1991. Coastal zones biodiversity patterns: Principles of landscape ecology may help explain the processes underlying coastal diversity. BioScience, 41, 490-498.

Ray, G.C., 1997. Do the metapopulation dynamics of estuarine fishes influence the stability of shelf ecosystems? Bulletin Iof Marine Science, 60, 1040-1049.

Raymont, J.E.G., 1963. Plankton and Productivity in the Oceans. Pergamon Press, Oxford, 660p.

Reaka-Kudla, M.L., 1997. The global biodiversity of coral reefs: A comparison with rainforests. in "Reaka-Kudla, M.L., D.E. Wilson and E.O. Wilson (eds.), Biodiversity Ⅱ: Understanding and Proteting Our Biological Resourse. National Academy Press, Joseph Henry Press. Washington D.C.", pp.83-108.

Reid, J.L., E. Brinton, A. Fleminger, E.L. Venrick and J.A. McGowan, 1978. Ocean circulation and marine life. in "Charnock, H. and G. Deacon (eds.), Advances in Oceanography, Plenum Press, New York", pp.65-130.

Restrepo, V.R. and J.E. Powers. 1999. Precautionary control rules in U.S. fisheries management: Specification and performance. ICES journal of Marine Science, 56, 846-852.

Rex, M.A., 1981. Community structure in deep-sea benthos. Annual Review of Ecology and Systematics, 12, 331-353.

Rex, M.A., R.J. Etter and C.T. Stuart, 1997. Large scale patterns of species diversity in the deep sea benthos. in "Ormond, R., J. Gage and M. Angel (eds.) Marine Biodiversity: Patterns and Processes. Cambridge University

Press, Cambridge", pp.94-121.

Rex, M.A., C.T. Stuart, R.R. Hessler, J.A. Allen, H.L. Sanders and G.D.F. Wilson, 1993. Global scale latitudinal patterns of species diversity in the deep-sea benthos. Nature, 365, 636-639.

Ricklefs, R. and R. Latham, 1993. Global patterns of diversity in mangrove floras. in "Ricklefs, R.E. and D. Schluter (eds.), Sþecies Diversity in Ecological Communities. University of Chicago Press, Chicago", pp. 215-229.

Roemmich, D. and J. McGowan, 1995. Climatic warming and the decline of zooplankton in the California Current. Science, 267, 1324-1326.

Roughgarden, J., S. Gaines and H. Possingham, 1988. Recruitment dynamic in complex life cycles. Science, 241, 1460-1466.

Rowell, T.W. and R.W. Trites, 1985. Distribution of larval and Juvenile Illex (Mollusca: Cephalopoda) in the Blake Plateau region (Northwest Atlantic). Vie Milieu Ser., C35, 149-161.

Ruggieri, G.D., 1976. Drugs from the sea. Science, 194, 491-497.

Safina, C., 1995. The world's imperiled fish. Scientific American, 273, 46-53.

Sale, P.F., 1980. The ecology of fishes on coral reefs. Oceanography and Marine Biology Annual Review, 18, 367-421.

Salm, R.V., J.R. Clark, 1989. Marine and Coastal Protected Areas: A Guide for Planner and Managers. International Union for the Conservation of Nature and Natural Resources, Gland. Switzerland, 302p.

Sanders, H.L., 1968. Marine benthic diversity: A comparative study. American Naturalist, 102, 243-282.

Sarmiento, J.L., 1991. Slowing the buildup of fossil CO2 in the atmosphere by iron fertilization: A comment. Global Biogeochemical Cycles, 5, 1-2.

Sarmiento, J., J. Toggweiler and R. Najjar, 1988. Ocean carbon-cycle dynamics and atmospheric P CO_2. Philosophical Transactions of the Royal Society of London. ser. A., 325, 3-21.

Schmidt, K., 1997. A drop in the ocean. New Scientist, 5, 40-44.

Schneider, S.H., 1997. Laboratory Earth. Orion Publishing Group. New York, 176p. (邦譯 : 田中正之(譯), 1998. 地球温暖化で何が起こるか. 草思社, 東京, 273p).

Shane, B.S., 1994. Introduction to ecotoxicology. in "Cockerham, L.G. and B.S. Shane(eds.), Basic Environmental Toxicology. CRC Press, Boca Raton", pp.3-10.

Sherman, K. et al. 1988. The continental shelf ecosystem off the northeast coast of the United States. in "Postma, H. and J.J. Zijlstra (eds.), Ecosystems of the World, Vol. 27, Continental Shelves. Elsevier.

Amsterdam", pp.279-337.

Short, F. and S. Wyllie-Echeverria, 1996. Natural and human-induced disturbance of seagrasses. Environmental Conservation, 23, 17-27.

Smayda, T., 1990. Novel and nuisance phytoplankton blooms in the sea: Evidence for a global epidemic. in "Granéli, E. et al. (eds.). Toxic Marine Phytoplankton. Elsevier Science Publishing. New York", pp.29-40.

Smayda, T., 1992. Global epidemic of noxious phytoplankton blooms and food chain consequences in large ecosystems. in "Sherman, K., L. Alexander and B. Gold (eds.). Food Chains, Yields Models and Management of Large Marine Ecosystems. Westview Press, Boulder Colo", pp.275-307.

Smayda, T., 1997. Harmful algal blooms: Their ecophysiology and general relevance to phytoplankton blooms in the sea. Limnology and Oceanography, 42, 1137-1153.

Smith, C.R., H. Kukert, R.A. Wheatcroft, P.A. Jumars and J.W. Deming, 1989. Vent fauna on whale remains. Nature, 341, 27-28.

Smith, C., 1992. Whale falls: Chemosynthesis on the deep seafloor. Oceanus, 35, 74-78.

Smith, P.J. and Y. Fugio, 1982. Genetic variation in marine teleosts: High variability in habitat specialists and low variability in habitat generalists. Marine Bio1ogy, 69, 7-20.

Steele, J.H., 1985. A comparison of terrestrial and marine ecological systems. Nature, 313, 355-358.

Stegeman, J.J., P.J. Kloepper-Sams and J.W. Farington, 1986. Monooxygenase induction and chlorobiphenyls in the deep sea fish Coryphaenoides armatus. Science, 231, 1287-1289.

Stehli, F.G., R.G. Douglas and N.D. Newell, 1969. Generation and maintenance of gradients in taxonomic diversity. Science, 164, p.949

Stehli, F.G. and J.W. Wells, 1971. Diversity and patterns in hermatypic corals. Systematic Zoology, 20, 115-126.

Suess, E., G. Bohrmann, Greinert, Lausch, 1999. Flamable ice. Scientific American Novembr, 53-59.

Sutinen, J.G. and M. Soboil, 2003. The performance of fisheries management systems and the ecosystem challenge. in "Sinclair, M. and G. Valdimarsson (eds.), Responsible Fisheries in the Marine Ecolsystem. CABI Publishing Cambridge", pp.291-310.

suzuki, K., N. Handa, H. Kiyosawa and J. Ishizaka, 1995. Distribution the prochlorophyte Prochlorophyte in the central Pacific Ocean as measured by HPLC. Limnology and Oceanography, 40, 983-989.

Tanabe, S., R. Tatsukawa, K. Maruyama and N. Miyazaki, 1982. Transplacentral of PCBs and chlorinated hydrocarbon pesticides from the pregnant striped dolphin (Stenella coeruleoalba) to her fetus. Agricultural and Biological Chemistry, 46, 1269-1275.

The Ring Group, 1981. Gulf Stream cold-core rings: their physics, chemistry, and biology. Science, 212, 1091-1100.

Thiel, H., M. Angel, E. Foell, A. Rice and G. Schriever, 1998. Marine Science and Technology. Environment Risks from Large-Scale Ecological Reasearch in the Deep sea: A Desk Study. Office for Official Publications of the European Communities, Luxenbourg.

Thorne-Miller, B., 1992. The LDC, the precautionary approach, and the assessment of wastes for sea-disposal. Marine Pollution Bulletin, 24, 335-339.

Thorne-Miller, B. 2006. Setting the right goals: Marine fisheries and sustainability in large ecosystems. in "Myers, N.J. and C. Raffensperger (eds.), Precautionary Tools for Resharping Environmental Policy. The MIT Press, Cambridge", pp.155-193.

Tiner, R., 1984. Wetlands of the United States: Current Status and Recent Trends. U.S. Department of the Interior, Washington, D.C., 59p.

Toggweiler, J.R., 1988. Deep-sea carbon: A burning issue. Nature, 334, p.468.

Travis, J., 1993. Probing the unsolved mysteries of the deep. Science, 259, 1123-1124.

Tyler, P.A., 1995. Conditions for the existence of life at the deep-sea floor: An update. Oceanography and Marine Biology: Annual Review, 33, 221-244.

Underwood, A.J. and E.J. Denley, 1984. Paradigms, explanations, and generalizations in models for the structure of intertidal communities on rocky shores. in "Strong, D.R.Jr. (ed.), Ecological Communities: Conceptual Issues and the Evidence. Princeton University Press, Princeton", pp.151-180.

UNEP. 1995. Global Programme of Action for the Protection of the Marine Environment from Land-Based Activities. Note by the secretariat, Intergovernmental Conference to adopt a Global Programme of Action for the Protection of the Marine Environment from Land-Based Activities, Washington, D.C., 23 October-3 November 1995. No. UNEP(OCA)/LBA/IG. 2/7, 5 December. UNEP, Nairobi, Kenya.

U.S. Congress. Office of Technology Assessment. 1986, Serious Reduction of Hazardous Waste: for Pollution Prevention and Industrial Efficiency. U.S. Government Printing Office Washington, D.C., 254p.

van der Spoel, S. and R. P. Heyman, 1983. A Comparative Atlas of Zooplankton: biological patterns in the oceans. Part 2. Springer-Verlag, 186p.

Van Dover, C.L., 1996. The Octopus's Garden. Addison Wesley Publishing Company, Helix Books, 183p. (邦譯: 西田美緒子 譯, 1997. 深海の庭園. 草思社, 東京, 190p.)

Venrick, E.L., 1990. Phytoplankton in an oligotrophic ocean: Species structure and interannual variability. Ecology, 71, 1547-1563.

Vermeij, G.J., 1991. When biotas meet: Understanding biotic interchange. Science, 253, 1099-1104.

Veron, J.E.N., 1995. Corals in Space and Time: The Biogeography and Evolution of The Scleractinia. Cornell University Press, Conell, 321p.

Villareal, T., M. Altabet and K. Culver-Rymsza, 1993. Nitrogen transport by vertically migrating diatom mats in the North Pacific Ocean. Nature, 363, 709-711.

Vitousek, P.M., H.A. Mooney, J. Lubchenco and J.M. Melillo, 1997. Human domination of Earth's ecosystems. Science, 277, 494-499.

鷲谷いずみ, 矢原徹, 1996. 保全生態學入門. 文一綜合出版, 東京. 270p.

Waters, T., 1995. The other grand canyon. Earth, 12, 44-51.

Watson, R., and D. Pauly, 2001. Systematic distortions in world fisheries catch rends. Nature, 414, 534-536.

Weber, P., 1993. Abandon Seas: Reversing the Decline of the Oceans. Worldwatch Institute, Washington D.C., 116p.

Wells, J.W., 1957. Coral reefs. in "Hedgpeth, J.W. (ed.), Treatise on Marine Ecology and Paleoecology. Memoir 67 vol. 1. Geological Society of America, New York", pp.609-631.

Wells, S.M., and J.G. Barzdo, 1991. International trade in marine species-Is CITES a useful control mechanism? Journal of Coastal Management, 19, 135-142.

Wiebe, P.H. and G.R. Flieri, 1983. Euphausiid invation/dispersal in Gulf Stream cold-core rings. Australian Journal of Marine and Freshwater Research, 34, 625-652.

Wiegert, R.G. and L.R. Pomeroy, 1981. The salt-marsh ecosystem: A synthesis. in "Pomeroy, R. and R.G. Wigert (eds.) The Ecology of a Salt Marsh. Springer-Verlag, New York", pp.218-239.

Wilkinson, C.R. (ed.), 2004. Status of Coral Reefs of the World: 2004. GCRMN(Global Coral Reef Monitoring Network) and Australian Institute of Marine Science, Townsville, 301p.

Williamson, M., 1997. Marine biodiversity in its global context. in "Ormond, R., J. Gage and M.Angel (eds.), Marine Biodiversity: Patterns and Processes. Cambridge University Press, Cambridge", pp.1-17.

Wilson, E.O., 1984. Biophilia. Harvard University Press, Cambridge, 176p.

Wilson, E.O. and F.M. Peter (ed.). 1988. Biodiversity. The National Academy Press, Washington D.C., 521p.

Wilson, R. and E.A.C. Crouch, 1987. Risk assessment and comparisons: An introduction. Science, 236, 257-270.

Windom, H.L., 1991. GESAMP; Two Decades of Accomplishments. IMO (International Maritime Organization). London, 40p.

Winston, J.E., 1990. Life in Antarctic depths. Natural History, 9, 70-75.

Wirth, T.E., 1995. Values and political will. in "Serageldin, I. and R. Barrett (eds.), Ethics and Spiritual Values: Promoting Environmentally Sustainable Development. Environmentally Sustainable Development Proceedings Series, No. 12. World Bank, Washington D.C.", pp.29-31

World Commission on Environment and Development, 1987. Our Common Future. UN(United Nation), 246p.

World Resources Institute. 1987. World Resources 1987: An assessment of the resource base that supports the global economy. Basic Books, New York, 384p.

World Resources Institute, International Institute for Environment and Development and UNEP. 1986. World Resources 1988-89: An Assessment of the Resource Base that Supports the Global Economy With Data Tables for 146 Countries. Basic Books, New York, 372p.

Zaitsev, Y.P., 1992. Recent changes in the trophic structure of the Black sea. Fisheries Oceanography, 1, 180-189.

색 인

ㄱ

ㅂ

ㅅ

ㅇ

ㅈ

ㅊ

ㅋ

ㅌ

ㅍ

ㅎ

기타

■ 저자 약력

大森 信(Makoto Omori)

1937년 Osaka 출생

Hokkaido University 수산학부 졸업, 수산학박사

주요 경력: 미국우즈홀해양연구소와 워싱턴대학대학원에서 수학

동경대학해양연구소, 캘리포니아대학 스크립스해양연구소, 유네스코자연과학국에 근무

동경수산대학 교수를 거쳐 2002년부터 아열대생태연구진흥재단 아희도임해연구소 소장

일본플랑크톤학회 회장, 일본해양학회 평의원 등을 역임

일본 플랑크톤 연구의 제1인자로서 지금은 주로 산호초 보전회복을 위한 연구와 계몽 활동을 하고 있음

2002년에는 NHK에서 8회 방송된 [바다 - 푸른 대자연]을 총 감수하였다.

저 서: ▶ Methods in Marine Zooplankton Ecology, Wiley Interscience/New York

▶ 蝦と蟹, 恒星社厚生閣

▶ さくらえび-漁業百年史, 靜岡新聞社 等

Boyce Thorme-Miller

미국 워싱턴대학 졸업/1972년 미국로드아일랜드대학 대학원 석사수료

해양생물학과 환경정책의 전문가

유명한 환경보호활동 NGO [지구의 친구 International]과 [Seaweb] 수석과학 advisor로 활약.

현재: Ocean Advocates 과학부장, 세계자연보호기금 등 해양환경 컨설탄트로서 국제적으로 알려짐

저 서: ▶ Living Ocean, Island Press/Washington, D.C.

▶ Ocean, Collins Publishers/San Francisco

역자 약력

윤양호 (Yang Ho Yoon)

제주 출생
제주대학교, Nagasaki University, Hiroshima University (학술박사)

현　　재: 전남대학교 해양기술학부 교수

주요 경력: 여수수산대학교 수산과학연구소장, 여수대학교 중앙도서관장
전남대학교 산학협력본부장, 전남대학교 산학협력부처장 역임
국무총리조정실 국정평가 전문위원
해양수산부/국토해양부 중앙연안심의회, 적조심의회, 중앙어초심의회, 해역이용협의센터 위원
환경부 환경친화기업, 환경영향평가 및 사전환경성검토 위원
한국학술진흥재단 학술심의위원
전라남도 적조대책위원, 전라남도테크노파크 운영위원
한국수산자원관리공단 인공어초기술심의회 위원, 국립수산과학원 겸직연구관 등등......

저서 및 역서:
- Red Tides-Biology, Environmental Science and Toxicology. Elsevier (1989, 다인 공저)
- 지구환경과학 Ⅱ. 대한교과서주식회사 (1994, 다인 공저)
- 해양과학. 문운당 (1994, 3인 공저)
- 지구환경과학 Ⅱ. 대한교과서주식회사 (2000-개정판, 다인 공저)
- Harmful Algae 2002. FFWCC & IOC (2004, 다인 공저)
- 가막만 - 자연환경과 산업. 구덕출판사 (2006, 다인 공저)
- 해양환경공학. 동화기술 (2008, 다인 공저)
- Reconciling Fisheries with Conservation. AFS (2008, 다인 공저)
- 2012 여수세계박람회 포럼. 심미안 (2008, 다인 공저)
- 해파리의 경고 (아름답고 불가사의한 생물). 전파과학사 (2009, 단독 번역)
- 바다의 반란 적조 (아산연구총서 304). 집문당(2010, 단독 저서) - 대한민국 학술원 우수학술도서 (2011)
- 하천개발은 바다환경을 어떻게 변화시킬까? 전남대학교출판부 (2010, 단독 번역)
- 해양생물학. 교보출판사 (2011, 다인 공역)
- 한국연안해역의 플랑크톤생태학. 동화기술 (2011, 다인 공저)
- 해사채취와 해저환경. 전남대학교출판부 (2012, 4인 공역)
- 미세조류의 경이로운 세계와 산업적 이용. 전남대학교출판부 (2012, 3인 공저) - 문화체육관광부 우수학술도서 (2012)
- Biodiversity of Invertebrates in Korea. Magnolia Press (2012, 다인 공저)
- 와편모조류 시스트. 전남대학교출판부 (2014, 2인 공저)

신종암 (Jong Am Shin)

제주 출생
제주대학교, 동경수산대학 (수산학석 · 박사)

현　　재: 전남대학교 해양기술학부 교수

주요 경력: 일본 青森대학 공학부 생물공학과 조수,
일본 高知대학 이학부 생물학과 문부교관 조수
국립수산과학원 해조류연구센터 자문위원, 국가과학기술위원회 국가생명자원 확보·관리 및 활용 마스터플랜추진회 자문위원 및 법·제도분과위원, 농림수산식품부 수산물지리적 표시제 위원장
한국종자연구회 부회장
전라남도 정책자문위원 등

바다의 생물다양성

인쇄 2015년 1월 2일
발행 2015년 1월 5일

저 자_Makoto Omori, Boyce Thorme-Miller
역 자_윤양호, 신종암

발행인_지병문
발행처_전남대학교출판부
등 록_1981. 5. 21. 제53호
주 소_500-757 광주광역시 북구 용봉로 77
전 화_(062) 530-0571~2
영업부_(062) 530-0573
팩 스_(062) 530-0579
홈페이지_http: //www.cnup.co.kr
이메일_cnup0571@hanmail.net

값 30,000 원

ISBN 978-89-6849-167-2 (93470)

이 도서의 국립중앙도서관 출판예정도서목록(CIP)은 e-CIP홈페이지(http://www.nl.go.kr/ecip)와
국가자료공동목록시스템(http://www.nl.go.kr/kolisnet)에서 이용하실 수 있습니다.
(CIP제어번호: CIP2015000179)